国家电网
STATE GRID

（2024年版）

国网西藏电力有限公司配电网工程

通用设计

低压分册

国网西藏电力有限公司　国网河北省电力有限公司　组编

中国电力出版社
CHINA ELECTRIC POWER PRESS

内容提要

为进一步统一西藏地区配电网建设标准、统一设备规范、统一设计标准、方便招标及维护，提高整体效率，根据国网西藏电力有限公司设备部工作安排，开展《国网西藏电力有限公司配电网工程通用设计（2024年版）》（共4个分册）修订完善工作。

本分册为《国网西藏电力有限公司配电网工程通用设计 低压分册（2024年版）》，包括六篇，分别是总论、380/220V配电设计、380/220V架空线路通用设计、380/220V电缆线路通用设计、380/220V楼内线通用设计和综合篇。

本书可供电力系统各设计单位，以及从事电力建设工程规划、管理、施工、安装、生产运行等专业人员使用，也可供大专院校有关专业的师生参考。

图书在版编目（CIP）数据

国网西藏电力有限公司配电网工程通用设计. 低压分册：2024年版 / 国网西藏电力有限公司, 国网河北省电力有限公司组编. -- 北京：中国电力出版社, 2025. 6.
ISBN 978-7-5198-9761-1

Ⅰ. TM727

中国国家版本馆 CIP 数据核字第 202568AE40 号

出版发行：中国电力出版社
地　　址：北京市东城区北京站西街 19 号
邮政编码：100005
网　　址：http://www.cepp.sgcc.com.cn
责任编辑：罗　艳（010-63412315）　邓慧都
责任校对：黄　蓓　郝军燕
装帧设计：张俊霞
责任印制：石　雷

印　　刷：三河市航远印刷有限公司
版　　次：2025 年 6 月第一版
印　　次：2025 年 6 月北京第一次印刷
开　　本：880 毫米×1230 毫米　横 16 开本
印　　张：13.5
字　　数：479 千字
印　　数：0001—1100 册
定　　价：210.00 元

《国网西藏电力有限公司配电网工程通用设计　低压分册（2024 年版）》
编　委　会

主　任　龚东昌

副主任　刘文泉　陈　波　赵多青　李永斌　周爱国

委　员　肖方勇　顾　琦　邓春灿　巴桑次仁　周文博　冯喜春　金欣明　高　志　张智远　葛朝晖　肖　征　刑田伟　邵　华
杨宏伟　覃文继　厉　瑜　华　明　廖晓初　周勤哲　刘志宏　尹俊强　陈云瑶　刘　超　刘伟豪　宁首先　车小春
达瓦珠久　吴耀华　邱　振　曾　凯　胡秋阳　尼玛泽旺　黄爱军　李　坚　马成斌　蔡　明　李　博　杨　超　沈玉萍
赵玉兴　唐　洲　马　文　杜宁刚　刘长宇　许伟强　姚　亮　洛桑赤列　扎西多吉　李　斌　许志伟　尼玛石达　王大飞

编写组　宁首先　肖　征　车小春　胡秋阳　达瓦珠久　关　巍　刑田伟　沈宏亮　董俊虎　朱　斌　吴耀华　段　昕　邱　振
曾　凯　刘文安　杨德山　尼玛泽旺　赵春明　黄爱军　李　坚　马成斌　蔡　明　李　博　杨　超　沈玉萍　赵玉兴
唐　洲　马　文　杜宁刚　刘长宇　许伟强　姚　亮　尼玛石达　王大飞　文　钰　刘　建　张红梅　任亚宁　吴　鹏
安有斌　陈玉州　吴易宏　张尧学　旦增平措　贡嘎顿珠　杨强波　卢剑波　牛英福　刘洪春　石　超　黄代飞　熊珍林
蓝　建　广峻男　胥　健　李　中　韩　斐　屈彦明　施　莉　谢兴利　孙凯航　高　硕　邢　琳　李军阔　张　骥
李　渊　王丽欢　马　聪　郜　帆　郭计元　李　楚　宫世杰　李亮玉　吴海亮　张　帅　张戊晨　张绍光　贾振宏
周元强　朱东升　钱　康　王　旗　晏　阳　周　冰　张　罂　戴　炜　马亚林　赵　阳　何梦雪　鹿峪宁　徐雄峰
张　钧　蔡博戎　陈　淳　贾瑞杰　徐志鸿　朱伟俊　周鹏程　杨斯维　杨　典　曾　植　黄兴政　邱　瑞　顿　珠
格桑加央　祁文君　南　嘎　何　易　黄荣海　李雪涛　马　良　马志学　斯郎扎西

《国网西藏电力有限公司配电网工程通用设计 低压分册（2024 年版）》
工 作 组

牵头单位　　国网西藏电力有限公司
　　　　　　国网河北省电力有限公司

成员单位　　国网西藏电力有限公司经济技术研究院
　　　　　　国网河北省电力有限公司经济技术研究院
　　　　　　国网西藏电力有限公司电力科学研究院
　　　　　　国网西藏电力设计咨询有限公司
　　　　　　中国电建集团河北省电力勘测设计研究院有限公司
　　　　　　四川华煜电力设计咨询有限公司
　　　　　　中国能源建设集团江苏省电力设计院有限公司
　　　　　　中国能源建设集团湖南省电力设计院有限公司

《国网西藏电力有限公司配电网工程通用设计　低压分册（2024 年版）》
编　制　人　员

第一篇　总论

第 1 章　概述

编制单位　国网河北省电力有限公司经济技术研究院

审核　杨德山　邢　琳　李军阔　胥　健

设计总工程师　张　骥

校核　王丽欢　李　渊　刘　建

编写　张红梅　任亚宁　吴　鹏

第 2 章　通用设计工作过程

编制单位　国网河北省电力有限公司经济技术研究院

审核　黄爱军　邢　琳　李军阔

设计总工程师　张　骥

校核　王丽欢　李　渊　刘　建

编写　张红梅　任亚宁　吴　鹏

第 3 章　通用设计依据

编制单位　国网西藏电力有限公司经济技术研究院

审核　安有斌　陈玉州

设计总工程师　吴易宏　张尧学

校核　旦增平措　贡嘎顿珠　杨强波

编写　卢剑波　牛英福　刘洪春

第 4 章　380/220V 设计技术方案（模块）组合

编制单位　国网西藏电力设计咨询有限公司

审核　安有斌　陈玉州

设计总工程师　吴易宏　张尧学

校核　旦增平措　贡嘎顿珠　杨强波

编写　卢剑波　牛英福　刘洪春

第二篇　380/220V 配电设计

第 5 章　380/220V 配电设计原则

编制单位　四川华煜电力设计咨询有限公司

审核　刘文安　马　良　蔡　明　李　博

设计总工程师　黄代飞

校核　熊珍林　蓝　建

编写　广峻男　胥　健

第6章　落地式低压电缆分支箱（DF-1）

编制单位　四川华煜电力设计咨询有限公司

审核　马志学　杨德山　沈玉萍　赵玉兴

设计总工程师　黄代飞

校核　熊珍林　蓝建

编写　广峻男　胥健

第7章　落地式低压电缆分支箱（DF-2）

编制单位　四川华煜电力设计咨询有限公司

审核　石超　祁文君　邓欲锋　杨超

设计总工程师　黄代飞

校核　熊珍林　蓝建

编写　广峻男　胥健

第8章　挂墙式低压电缆分支箱（DF-3）

编制单位　四川华煜电力设计咨询有限公司

审核　石超　唐洲　马文

设计总工程师　黄代飞

校核　熊珍林　蓝建

编写　广峻男　胥健

第9章　挂墙式低压电缆分支箱（DF-4）

编制单位　四川华煜电力设计咨询有限公司

审核　石超　杜宁刚　刘长宇

设计总工程师　黄代飞

校核　熊珍林　蓝建

编写　广峻男　胥健

第10章　低压柱上综合配电箱（DP-1）

编制单位　四川华煜电力设计咨询有限公司

审核　石超　李雪涛　尼玛石达　王大飞

设计总工程师　黄代飞

校核　熊珍林　蓝建

编写　广峻男　胥健

第11章　低压柱上综合配电箱（DP-2）

编制单位　四川华煜电力设计咨询有限公司

审核　石超　黄荣海　许伟强　姚亮

设计总工程师　黄代飞

校核　熊珍林　蓝建

编写　广峻男　胥健

第三篇　380/220V架空线路通用设计

第12章　设计技术原则

编制单位　中国能源建设集团湖南省电力设计院有限公司

审核　贾瑞杰　徐志鸿　何易　李渊

设计总工程师　朱伟俊

校核　周鹏程　杨斯维

编写　杨　典　曾　植　黄兴政

第 13 章　导线张力弧垂

编制单位　中国能源建设集团湖南省电力设计院有限公司

审核　贾瑞杰　徐志鸿　洛桑尼玛　任亚宁

设计总工程师　朱伟俊

校核　周鹏程　杨斯维

编写　杨　典　曾　植　黄兴政

第 14 章　380/220V 架空线路杆型

编制单位　中国能源建设集团湖南省电力设计院有限公司

审核　贾瑞杰　徐志鸿　邱　瑞　马　聪

设计总工程师　朱伟俊

校核　周鹏程　杨斯维

编写　杨　典　曾　植　黄兴政

第 15 章　拉线及基础

编制单位　中国能源建设集团湖南省电力设计院有限公司

审核　贾瑞杰　徐志鸿　斯郎扎西　部　帆

设计总工程师　朱伟俊

校核　周鹏程　杨斯维

编写　杨　典　曾　植　黄兴政

第 16 章　380/220V 架空接户线

编制单位　中国能源建设集团湖南省电力设计院有限公司

审核　贾瑞杰　徐志鸿　赵春明　郭计元

设计总工程师　朱伟俊

校核　周鹏程　杨斯维

编写　杨　典　曾　植　黄兴政

第 17 章　380/220V 金具及绝缘子

编制单位　中国能源建设集团湖南省电力设计院有限公司

审核　贾瑞杰　徐志鸿　李　楚

设计总工程师　朱伟俊

校核　周鹏程　杨斯维

编写　杨　典　曾　植　黄兴政

第 18 章　防雷与接地

编制单位　中国能源建设集团湖南省电力设计院有限公司

审核　贾瑞杰　徐志鸿　格桑加央　贡嘎顿珠

设计总工程师　朱伟俊

校核　周鹏程　杨斯维

编写　杨　典　曾　植　黄兴政

第四篇　380/220V 电缆线路通用设计

第 19 章　设计技术原则

编制单位　中国能源建设集团江苏省电力设计院有限公司

审核　贾振宏　周元强　朱东升　钱　康

设计总工程师　王　旗

校核　晏　阳　周　冰　张　塱

编写　戴　炜　蔡博戎　陈　淳

第20章　各模块技术组合

编制单位　中国能源建设集团江苏省电力设计院有限公司

审核　贾振宏　周元强　朱东升　钱　康

设计总工程师　王　旗

校核　晏　阳　周　冰　张　塱

编写　戴　炜　蔡博戎　陈　淳

第21章　电缆直埋敷设方案（A 模块）

编制单位　中国能源建设集团江苏省电力设计院有限公司

审核　贾振宏　周元强　朱东升　钱　康

设计总工程师　王　旗

校核　晏　阳　周　冰　张　塱

编写　戴　炜　徐雄峰　张　钧

第22章　电缆排管敷设方案（B 模块）

编制单位　中国能源建设集团江苏省电力设计院有限公司

审核　贾振宏　周元强　朱东升　钱　康

设计总工程师　王　旗

校核　晏　阳　周　冰　张　塱

编写　戴　炜　徐雄峰　张　钧

第23章　电缆井敷设方案（E 模块）

编制单位　中国能源建设集团江苏省电力设计院有限公司

审核　贾振宏　周元强　朱东升　钱　康

设计总工程师　王　旗

校核　晏　阳　周　冰　张　塱

编写　戴　炜　何梦雪　鹿峪宁

第五篇　380/220V 楼内线通用设计

第24章　设计技术原则

编制单位　国网河北省电力有限公司经济技术研究院

审核　邢　琳　李军阔　贾瑞杰

设计总工程师　王丽欢

校核　刘　建　李　渊　吴　鹏

编写　郜　帆　马　聪　张红梅

第25章　楼内线预分支电缆形式通用设计方案

编制单位　国网河北省电力有限公司经济技术研究院

审核　邢　琳　李军阔

设计总工程师　王丽欢

校核　刘　建　李　渊　马　聪

编写 郭计元 宫世杰 李 楚

第 26 章 楼内线普通电缆形式通用设计方案

编制单位 国网河北省电力有限公司经济技术研究院

审核 邢 琳 李军阔

设计总工程师 王丽欢

校核 刘 建 李 渊 马 聪

编写 郭计元 宫世杰 李 楚

第 27 章 楼内线封闭母线形式通用设计方案

编制单位 国网河北省电力有限公司经济技术研究院

审核 邢 琳 李军阔

设计总工程师 张 骥

校核 吴 鹏 李亮玉 吴海亮

编写 张红梅 张 帅 张戊晨

第六篇 综合篇

第 28 章 分布式电源接入、电动汽车接入部分

编制单位 国网河北省电力有限公司经济技术研究院

审核 邢 琳 李军阔

设计总工程师 张 骥

校核 吴 鹏 李亮玉 吴海亮

编写 张红梅 张 帅 张戊晨

第 29 章 380/220V 标识及警示装置

编制单位 国网河北省电力有限公司经济技术研究院

审核 邢 琳 李军阔

设计总工程师 王丽欢

校核 李 渊 任亚宁 郗 帆

编写 郭计元 宫世杰 李 楚

前　　言

　　《国网西藏电力有限公司配电网工程通用设计　低压分册（2024 年版）》是国网西藏电力有限公司标准化建设成果体系的重要组成部分。在省公司领导的关心指导下、在公司各职能部门的大力支持下，国网西藏电力有限公司设备部牵头组织相关科研单位和设计院，在广泛调研的基础上，经专题研究和专家论证，历时一年编制完成《国网西藏电力有限公司配电网工程通用设计　低压分册（2024 年版）》。

　　本书涵盖了国网西藏电力有限公司供电范围内的 380/220V 配电设计、380/220V 架空线路通用设计、380/220V 电缆线路通用设计、380/220V 楼内线通用设计、分布式电源接入和电动汽车接入设计技术原则，该研究成果具有安全可靠、经济适用、协调统一等显著特点，是国网西藏电力有限公司标准化体系建设的又一重大研究成果，对指导西藏地区配电网工程建设、提高电网建设质量和效率都将发挥积极推动和技术引领作用。

　　本书在编制过程中得到了国网西藏电力有限公司相关部门的大力支持，在此谨表感谢。

　　由于编者水平有限，书中难免存在不足之处，敬请广大读者给予指正。

编　者

二〇二五年二月

目　录

第三篇 380/220V架空线路通用设计

第四篇　380/220V电缆线路通用设计

第五篇　380/220V楼内线通用设计

第六篇　综　合　篇

国家电网
STATE GRID

第一篇

总　论

第 1 章　概　述

为进一步深化西藏地区配电网建设标准、统一设备规范、统一设计标准、方便招标及维护，提高整体效率，2023 年国网西藏电力有限公司设备部结合西藏地区配电网建设需要和规程规范调整，在现行通用设计基础上，组织编制了《国网西藏电力有限公司配电网工程通用设计（2024 年版）》，提高西藏配电网工程设计建设质量、技术水平。

1.1　编制内容

《国网西藏电力有限公司配电网工程通用设计（2024 年版）》（简称本通用设计）是在《国家电网公司配电网工程典型设计（2016 年版）》《国家电网公司 220/380V 配电网工程典型设计（2018 年版）》典型设计方案基础上，针对西藏地区特殊的高海拔地理环境、高寒条件下施工安全和工艺质量等特点，结合西藏地区配电网现状及城网配电自动化、简易变、用户专变模块、线路大档距等设计需求，进行精细化（深化）设计，编制完成国网西藏电力有限公司配电网工程通用设计技术导则，力求贴近西藏地区配电网建设改造实际需求，具有更强的针对性和实用性。

《国网西藏电力有限公司配电网工程通用设计（2024 年 版）》是由《国网西藏电力有限公司配电网工程典型设计　架空线路分册（2024 年版）》《国网西藏电力有限公司配电网工程典型设计　配电站房分册（2024 年版）》《国网西藏电力有限公司配电网工程典型设计　电缆分册（2024 年版）》和《国网西藏电力有限公司配电网工程典型设计　低压分册（2024 年版）》四个部分组成。

1.2　目的和意义

编制本通用设计的目的是贯彻实施国家电网公司品牌战略，深入贯彻集约化管理思想，一是统一建设标准，统一材料规范；二是规范设计程序，加快设计、评审、材料加工的进度，提高工作效率和工作质量；三是统一设备规范，方便物资招标，方便运行维护，控制工程造价，提高投资效益；四是降低建设和运行成本，发挥规模优势，提高整体效益。

1.3　编制原则

按照国家电网公司配电网标准化建设目标、顺应智能配电网建设和发展的要求，编制配电网工程通用设计，遵循安全可靠、坚固耐用、先进适用、标准统一、覆盖面广、提高效率、注重环保、节约资源、降低造价原则，做到统一性与适用性、可靠性、先进性、经济性和灵活性的协调统一。

（1）统一性：通用设计基本方案统一，设计原则统一，建设标准统一。

（2）适用性：综合考虑西藏地区实际情况，具有广泛的适用性，并能在一定时间内，对不同规模、不同形式、不同外部条件均能基本适用。

（3）可靠性：以实现坚固耐用为目标，保证模块设计安全可靠，通过模块拼接得到的技术方案安全可靠。

（4）先进性：推广应用成熟适用的新技术、新设备和新材料，符合电网技术发展趋势，通用设计各项技术经济指标先进。

（5）经济性：按照全寿命周期设计理念和方法，在保证高可靠性的前提下，进行技术经济综合分析，实现工程全寿命周期内功能匹配、寿命协调、费用平衡。

（6）灵活性：通用设计模块划分合理，组合方案多样，工程应用灵活方便。

1.4 工作方式

按照"统一组织、统筹规划、充分调研、严格把关"的原则，加强协调、团结合作、控制进度、按期完成；本通用设计以应用为重点，以工程设计为核心，采用模块化设计手段，推进标准化设计，不断更新、补充和完善通用设计。

（1）统一组织，分工负责：本次通用设计工作由国网西藏电力有限公司设备部统筹指导，国网西藏经研院、国网河北经研院牵头组织，中国能源建设集团湖南省电力设计院有限公司、中国电建集团河北省电力勘测设计研究院有限公司、中国能源建设集团江苏省电力设计院有限公司、四川华煜电力设计咨询有限公司等单位共同参加编写。国网西藏电力有限公司设备部提出统一的配电网工程通用设计指导性意见，统一协调进度安排，统一组织推广应用，统一组织滚动修订。

（2）充分调研，征求意见：国网西藏电力有限公司设备部统一组织，结合西藏地区配电网发展实际状况，采用实地考察、印发调研函、召开座谈会等方式，组织开展调研工作。在国网通用设计的基础上，结合西藏配电网应用情况，优化确定技术方案组合，并征求各市公司意见。

（3）严格把关，保证质量：国网西藏电力有限公司设备部牵头成立工作组，把控工作进度，分阶段开展通用设计成果方案审查，确保工作质量，保证按期完成。

第 2 章　通用设计工作过程

2023 年 7 月，根据国网西藏电力有限公司设备部工作安排，为进一步深化西藏配电网标准化建设成果，提出开展《国网西藏电力有限公司配电网工程通用设计》修编工作。在《国家电网公司配电网工程典型设计》（2016 年版）、《国家电网公司 380/220V 配电网工程通用设计》（2018 年版）通用设计方案基础上，深入调研，总结西藏配电网典型设计应用经验，保持技术原则的连续性，保留应用成熟的设计方案和技术条件，精简安全风险高、运维困难、可替代设计方案，合并技术参数差别较小的方案，将部分应用率高、适用面广的方案纳入增补方案。

本次配电网工程典型设计修编工作共分为需求调研阶段、技术原则编制、通用设计方案编制三个阶段。

2023 年 7 月，国网西藏电力有限公司设备部启动《国网西藏电力有限公司配电网工程通用设计》修编工作，开展配电网设计需求调研工作。

2023 年 10 月，召开通用设计修订讨论会，确定配电网通用设计系列要求及技术方案，明确设计分工及进度要求。

2023 年 12 月，完成通用设计技术导则及设计方案编制工作初稿。

2023 年 12 月—2024 年 5 月，开展通用设计交叉互审、内部审查及修改完善工作。

2024 年 5 月，完成通用设计成果评审。

2024 年 7 月，完成通用设计成果统稿及发布。

2.1 需求调研

2023 年 7 月，通过调研座谈会、现场调研方式调研国网西藏电力各市公司配电网通用设计方案应用需求，根据应用情况确定通用设计方案。

2023 年 9 月，向各市公司征求意见，经讨论后确定配电网通用设计各分册主要设备选型、布置方式、技术方案组合等主要技术条件。

2.2 技术原则编制

2023 年 10 月，各专业明确通用设计具体要求，统一主要设计原则，经国网西藏电力有限公司、设计单位的专家研讨和评审，完成配电网通用设计技术导则，确定了设计内容、深度要求，同时向各市公司征求修改意见。针对反馈意见，各专业进一步讨论确定主要设计原则，确保技术合理先进。

2.3 通用设计方案编制

2023 年 10—11 月，各参编单位根据通用设计编制大纲开展《国网西藏电力有限公司配电网工程通用设计》编制工作。

2023 年 11 月 11—20 日，经编制单位内部校核、交叉互查、统稿，形成通用设计初稿。

2023 年 12 月，在河北石家庄召开第一阶段内审会，对通用设计进行集中审查。

2024 年 1—3 月，依据内审意见修改完善通用设计方案，完成校核、统稿。

2024 年 5 月，在四川成都召开通用设计评审会，编制组根据审查意见对通用设计内容再次进行修改、完善。

2024 年 7 月，完成国网西藏电力有限公司配电网通用设计成果。

第 3 章　通　用　设　计　依　据

下列凡是注日期的引用文件和标准，仅所注日期的版本适用于本通用设计。凡是不注日期的引用文件和标准，其最新版本（包括所有的修改单）适用于本通用设计。

3.1　设计依据性文件

国家电网设备〔2018〕979 号　《关于印发〈国家电网有限公司十八项电网重大反事故措施〉（修订版）的通知》

国家电网营销〔2012〕1247 号　国家电网公司业扩报装工作规范（试行）

国家电网营销〔2012〕1247 号　国家电网公司业扩供电方案编制导则

《国家电网公司配电网工程典型设计（2016 年版）》

《西藏城市配电网规划设计技术指导手册（2023 年版）》

《西藏农牧区配电网规划设计技术指导手册（2023 年版）》

3.2　主要设计标准、规程规范

GB/T 1094.1　电力变压器　第 1 部分：总则

GB/T 1094.11　电力变压器　第 11 部分：干式变压器

GB/T 11032　交流无间隙金属氧化物避雷器

GB 26860　电力安全工作规程　发电厂和变电站电气部分

GB/T 311.1　绝缘配合　第 1 部分：定义、原则和规则

GB 3096　声环境质量标准

GB/T 4208　外壳防护等级（IP 代码）

GB/T 50011　建筑抗震设计标准（2024 年版）

GB 50016　建筑设计防火规范（2018 年版）

GB 50052　供配电系统设计规范

GB 50053　20kV 及以下变电所设计规范

GB 50054　低压配电设计规范

GB 50057　建筑物防雷设计规范

GB 50060　3～110kV 高压配电装置设计规范

GB 50061　66kV 及以下架空电力线路设计规范

GB/T 50065　交流电气装置的接地设计规范

GB 50217　电力工程电缆设计标准

GB 50260　电力设施抗震设计规范

GB/T 7251.1　低压成套开关设备和控制设备　第 1 部分：总则

GB/T 13955　剩余电流动作保护装置安装和运行

GB 50168　电气装置安装工程　电缆线路施工及验收标准

GB 50116　火灾自动报警系统设计规范

GB 50034　建筑照明设计标准

GB 50229　火力发电厂与变电站设计防火标准

GB 50009　建筑结构荷载规范

GB 50003　砌体结构设计规范

GB/T 50010　混凝土结构设计标准（2024 年版）

GB 50330　建筑边坡工程技术规范

GB 50108　地下工程防水技术规范

GB/T 2952　电缆外护层

GB/T 3048　电线电缆电性能试验方法

GB/T 6995　电线电缆识别标志方法

GB/T 12706　额定电压 1kV（U_m＝1.2kV）到 35kV（U_m＝40.5kV）挤包绝缘电力电缆及附件

GB 50169　电气装置安装工程　接地装置施工及验收规范

GB 50096　住宅设计规范

GB/T 22582　电力电容器　低压功率因数校正装置

GB/T 4623　环形混凝土电杆

GB/T 11022　高压交流开关设备和控制设备标准的共用技术要求

GB/T 22072　干式非晶合金铁心配电变压器技术参数和要求

GB/T 14049　额定电压 10kV 架空绝缘电缆

GB/T 12527　额定电压 1kV 及以下架空绝缘电缆

GB/T 18380　电缆和光缆在火焰条件下的燃烧试验

GB/T 1179　圆线同心绞架空导线

GB/T 2314　电力金具通用技术条件

GB/T 2315　电力金具标称破坏载荷系列及连接型式尺寸

GB/T 2317　电力金具试验方法

GB/T 5075　电力金具名词术语

GB/T 7253　标称电压高于 1000V 的架空线路绝缘子　交流系统用瓷或玻璃绝缘子元件　盘形悬式绝缘子元件的特性

GB/T 50064　交流电气装置的过电压保护和绝缘配合设计规范

GB 51348　民用建筑电气设计标准（共二册）

DL/T 284　输电线路杆塔及电力金具用热浸镀锌螺栓与螺母

DL/T 683　电力金具产品型号命名方法

DL/T 756　悬垂线夹

DL/T 757　耐张线夹

DL/T 758　接续金具

DL/T 759　连接金具

DL/T 764.1　电力金具用杆部带销孔六角头螺栓

DL/T 1343　电力金具用闭口销

DL/T 765.1　架空配电线路金具　第 1 部分：通用技术条件

DL/T 765.2　架空配电线路金具　第 2 部分：额定电压 35kV 及以下架空裸导线金具

DL/T 765.3　架空配电线路金具　第 3 部分：额定电压 35kV 及以下架空绝缘导线金具

DL/T 768.1　电力金具制造质量　第 1 部分：可锻铸铁件

DL/T 768.2　电力金具制造质量　第 2 部分：黑色金属锻制件

DL/T 768.3　电力金具制造质量　第 3 部分：冲压件

DL/T 768.4　电力金具制造质量　第 4 部分：球墨铸铁件

DL/T 768.5　电力金具制造质量　第 5 部分：铝制件

DL/T 768.6　电力金具制造质量　第 6 部分：焊接件和热切割件

DL/T 768.7　电力金具制造质量　钢铁件热镀锌层

DL/T 5253　架空平行集束绝缘线低压配电线路设计与施工规程

DL 5027　电力设备典型消防规程

DL/T 401　高压电缆选用导则

DL/T 404　3.6kV～40.5kV 交流金属封闭开关设备和控制设备

DL/T 448　电能计量装置技术管理规程

DL/T 5486　架空输电线路杆塔结构设计技术规程

DL/T 5118　农村电力网规划设计导则

DL/T 5103　35kV～220kV 无人值班变电站设计规程

DL/T 5219　架空输电线路基础设计规程

DL/T 5220　10kV 及以下架空配电线路设计规范

DL/T 5222　导体和电器选择设计规程

DL/T 5216　35kV—220kV 城市地下变电站设计规程

DL/T 5218　220kV～750kV 变电站设计技术规程

DL/T 537　高压/低压预装式变电站

DL/T 599　中低压配电网改造技术导则

DL/T 601　架空绝缘配电线路设计技术规程

DL/T 728　气体绝缘金属封闭开关设备选用导则

DL/T 825　电能计量装置安装接线规则

DL/T 5390　发电厂和变电站照明设计技术规定

DL/T 5707　电力工程电缆防火封堵施工工艺导则

DL/T 802　电力电缆导管技术条件

JB/T 10181　电缆载流量计算

CJJ 37　城市道路工程设计规范（2016 年版）

YB/T 5004　镀锌钢绞线

JB/T 10088　6kV～1000kV 级电力变压器声级

JGJ 118　冻土地区建筑地基基础设计规范

Q/GDW 176　架空平行集束绝缘导线低压配电线路设计规程

Q/GDW 514　配电自动化终端/子站功能规范

Q/GDW 463　非晶合金铁心配电变压器选用导则

Q/GDW 1738　配电网规划设计技术导则

Q/GDW 11008 低压计量箱技术规范

IEC 60502 Power cables with extruded insulation and their accessoriesfor rated voltages from 1kV（$U_m = 1$，2kV）up to 30kV（$U_m = 36kV$）（额定电压 1kV（$U_m = 1.2kV$）至 30kV（$U_m = 36kV$）的挤包绝缘电力电缆及其附件）

IEC 60754 Test on gases evolved during combustion of materials from cables（电缆燃烧过程中产生的气体测试）

IEC 60287 Electric cables-Calculation of the current rating（电缆—额定电流的计算）

IEC 61034 Measurement of smoke density of cables burning underdefined conditions（电缆在规定条件下燃烧的烟雾密度测量）

第 4 章　380/220V 设计技术方案（模块）组合

4.1　方案编号原则

4.1.1　380/220V 配电通用设计方案编号原则

380/220V 配电通用设计方案编号第一位代表电压等级，第二位代表分支箱、配电箱，第三位代表方案编号。具体编号原则参照表 4-1 和表 4-2。

表 4-1　第 一 位 编 号

类型	第一位
低压（380V）	D

表 4-2　第 二 位 编 号

类型	第二位
分支箱	F
配电箱	P

4.1.2　380/220V 架空线路通用设计模块编号原则

380/220V 架空线路通用设计模块编号第一位代表低压架空线路，第二位代表杆型，第三位代表杆长。各模块编号见表 4-3～表 4-5。

表 4-3　第 一 位 编 号

架空线路类型	第一位
低压三相四线（380V）	D4
低压单相（220V）	D2

表 4-4　第 二 位 编 号

杆型名称	直线杆	直线转角杆	45°转角杆	90°转角杆
杆型编号	Z	ZJ	NJ1	NJ2
杆型名称	T 接杆		终端杆	跨越杆
杆型编号	T		D	K

表 4-5　第 三 位 编 号

电杆长度	10m	12m	15m
杆长编号	10	12	15

4.1.3　380/220V 电缆线路通用设计模块编号原则

380/220V 电缆线路通用设计各模块编号原则在《国家电网有限公司220/380V 配电网工程典型设计（2018 年版）》的基础上进行优化，保留以下 3 个模块。各模块编号见表 4-6。

表 4-6　电缆线路通用设计模块编号原则

模块名称	直埋	排管	电缆井
模块编号	A	B	E

4.1.4　楼内线通用设计方案编号原则

楼内线通用设计方案编号用"LN"表示，如"LN-1"表示楼内线通用设计方案一。

4.2　380/220V 配电通用设计技术方案组合

380/220V 配电通用设计共 6 个方案，技术方案组合见表 4-7 和表 4-8。

表 4-7　　　　　　　　低压电缆分支箱技术方案组合

方案分类 项目名称	DF-1	DF-2	DF-3	DF-4
进出线回路数	一进二出	一进三出	一进四出	一进六出
额定电流	进线 400A，出线 250A/160A			
进线开关	隔离开关			
出线开关	塑壳断路器	塑壳断路器	塑壳断路器	塑壳断路器
安装型式	落地		挂墙	

表 4-8　　　　　　　　低压柱上综合配电箱技术方案组合

编号	出线路数	出线开关配置	尺寸	安装方式
DP-1	2～3	塑壳断路器 （剩余电流动作保护装置）	1350mm×700mm×1200mm 或 800mm×650mm×1200mm	吊装
DP-2	3	塑壳断路器 （剩余电流动作保护装置）	1000mm×650mm×700mm	吊装

4.3　380/220V 架空线路通用设计技术模块组合

国家电网公司 380/220V 架空线路通用设计包括三相四线（380V）架空配电线路 17 个模块、单相（220V）架空配电线路 6 个模块，技术模块组合见表 4-9 和表 4-10。

表 4-9　　　　380V 架空线路水泥杆部分通用设计技术模块组合

序号	模块代号	模块名称	适用范围
1	D4Z-10	380V 10m 直线水泥杆	三相四线（380V）直线水泥杆
2	D4Z-12	380V 12m 直线水泥杆	
3	D4ZJ-10	380V 10m 直线转角水泥杆	三相四线（380V）0°～10°（12°、15°）带拉线直线转角水泥杆
4	D4ZJ-12	380V 12m 直线转角水泥杆	
5	D4NJ1-10	380V 10m 45°转角水泥杆	三相四线（380V）0°～45°带拉线耐张转角水泥杆

续表

序号	模块代号	模块名称	适用范围
6	D4NJ1-12	380V 12m 45°转角水泥杆	
7	D4NJ2-10	380V 10m 90°转角水泥杆	三相四线（380V）45°～90°带拉线耐张转角水泥杆
8	D4NJ2-12	380V 12m 90°转角水泥杆	
9	D4ZT4-10	380V 10m 直线 T 接水泥杆	
10	D4ZT2-10	380V 10m 直线 T 接水泥杆	三相四线（380V）带拉线直线 T 接四线、T 接二线水泥杆
11	D4ZT4-12	380V 12m 直线 T 接水泥杆	
12	D4ZT2-12	380V 12m 直线 T 接水泥杆	
13	D4D-10	380V 10m 终端水泥杆	三相四线（380V）带拉线终端水泥杆
14	D4D-12	380V 12m 终端水泥杆	
15	D4ZK-15	380V 15m 直线跨越水泥杆	三相四线（380V）直线跨越水泥杆
16	D4NJ1K-15	380V 15m 45°转角跨越水泥杆	三相四线（380V）45°转角跨越水泥杆
17	D4NJ2K-15	380V 15m 90°转角跨越水泥杆	三相四线（380V）90°转角跨越水泥杆

表 4-10　　　220V 架空线路水泥杆部分通用设计技术模块组合

序号	模块代号	模块名称	适用范围
1	D2Z-10	220V 10m 直线水泥杆	单相（220V）直线水泥杆
2	D2ZJ-10	220V 10m 直线转角水泥杆	单相（220V）0°～10°（12°、15°）直线转角水泥杆
3	D2NJ1-10	220V 10m 45°转角水泥杆	单相（220V）0°～45°带拉线耐张转角水泥杆
4	D2NJ2-10	220V 10m 90°转角水泥杆	单相（220V）45°～90°带拉线耐张转角水泥杆
5	D2ZT2-10	220V 10m 直线 T 接水泥杆	单相（220V）直线 T 接水泥杆
6	D2D-10	220V 10m 终端水泥杆	单相（220V）终端水泥杆

4.4　380/220V 电缆线路通用设计技术模块组合

电缆线路通用设计按敷设方式共分为 3 个模块。根据敷设规模、断面形式、外部荷载等不同因素又划分为若干个子模块。模块参照《国家电网有限公司 220/380V 配电网工程典型设计（2018 年版）》，部分模块具体方案直接参照《国家电网公司配电网工程典型设计（2016 年版） 10kV 电缆分册》，本通用设计不再赘述。各模块组合见表 4-11。

表 4-11　　　380/220V 电缆线路通用设计技术模块组合

模块名称或敷设方式	子模块编号	电缆根数（根）	电缆截面（mm²）	模块特征描述	备注
直埋	A-6	电缆根数=1	16～240	直埋穿保护管	具体方案设计参照《国家电网有限公司 220/380V 配电网工程典型设计（2018 年版）》
排管	B-1-1 ～ B-1-12	电缆根数 ≤24	16～240	管外混凝土包封管顶深≥0.5m（冻土层以下）	B-1-1～B-1-7子模块具体方案设计参照《国家电网公司配电网工程典型设计（2016 年版） 10kV 电缆分册》，其余参照《国家电网有限公司 220/380V 配电网工程典型设计（2018 年版）》
电缆井	E-1	电缆根数 ≤30	16～240	直线井	具体方案设计参照《国家电网公司配电网工程典型设计（2016 年版） 10kV 电缆分册》
	E-2	电缆根数 ≤30	16～240	转角井	具体方案设计参照《国家电网公司配电网工程典型设计（2016 年版） 10kV 电缆分册》
	E-3	电缆根数 ≤30	16～240	三通井	具体方案设计参照《国家电网公司配电网工程典型设计（2016 年版） 10kV 电缆分册》

续表

模块名称或敷设方式	子模块编号	电缆根数（根）	电缆截面（mm²）	模块特征描述	备注
电缆井	E-4	电缆根数 ≤30	16～240	四通井	具体方案设计参照《国家电网公司配电网工程典型设计（2016 年版） 10kV 电缆分册》
	E-6	电缆根数 ≤12	16～240	手孔井	具体方案设计参照《国家电网有限公司 220/380V 配电网工程典型设计（2018 年版）》

4.5　楼内线通用设计技术方案组合

楼内线通用设计共 3 个方案，模块参照《国家电网有限公司 220/380V 配电网工程典型设计（2018 年版）》，技术方案组合见表 4-12。

表 4-12　　　楼内线部分通用设计技术方案组合

方案编号	方案名称
LN-1	预分支电缆形式
LN-2	普通电缆形式
LN-3	封闭母线形式

第二篇

国家电网 STATE GRID

380/220V 配电设计

第 5 章　380/220V 配电设计原则

5.1　概述

380/220V 电力设备分为低压电缆分支箱、低压柱上综合配电箱二类。

5.1.1　标准化配置要求

按照"资源节约型、环境友好型"的原则，配电网建设与改造应采用成熟先进的新技术、新设备、新材料、新工艺，优先选用小型化、免（少）维护、低损耗节能环保的标准化配电网设备。

主要电气设备选择按照可用寿命期内综合优化原则：选择免检修、少维护的电气设备，其应能满足安全可靠、技术先进、经济适用、环境友好的要求，设备应实现模块化、易扩展。

5.1.2　绝缘配合及过电压保护

（1）电气设备的绝缘配合，参照 GB/T 50064《交流电气装置的过电压保护和绝缘配合设计规范》确定的原则进行。

（2）防雷设计应满足 GB 50057《建筑物防雷设计规范》的要求。

（3）采用交流无间隙金属氧化物避雷器进行过电压保护。采用 T1 级电涌保护器进行雷电磁感应过电压保护。

（4）交流电气装置的接地应符合 GB/T 50065《交流电气装置的接地设计规范》要求。采用水平和垂直接地的混合接地网。接地体的截面和材料选择应考虑热稳定和腐蚀的要求。接地电阻、跨步电压和接触电压应满足有关规程要求。具体工程中如接地电阻不能满足要求，则需要采取降阻措施。

（5）配电网的过电压保护和接地设计应符合 GB/T 50064《交流电气装置的过电压保护和绝缘配合设计规范》、GB/T 50065《交流电气装置的接地设计规范》的要求。

5.1.3　高海拔地区的选型原则

当海拔位于 1000m<H≤3000m 时，采用高原型设备，仅对设备空气间隙及外绝缘水平进行修正，通用设计接线方案与设备平面布置尺寸与海拔≤1000m 时均相同。

当海拔位于 3000m<H≤5000m 时，所有设备采用高原型设备，设备间隙及外绝缘水平按海拔修正。

5.2　低压电缆分支箱

设计范围为电缆分支箱的电气设备、平面布置及建筑物基础结构，与电缆分支箱相关的防火、通风、防洪、防潮、防尘、防毒、防小动物等设施。

5.2.1　电气主接线

（1）电气主接线。单母线接线。

（2）进出线回路。低压电缆分支箱分为一进二出、一进三出、一进四出、一进六出，并可按需增加出线。

5.2.2　主要设备选择

（1）低压电缆分支箱进线开关选用隔离开关，出线开关选用塑壳断路器。

（2）母线及馈出均绝缘封闭，同时预留验电接地功能。

（3）箱体外壳选用纤维增强型不饱和聚酯树脂材料（SMC）或不锈钢材料。

（4）户内型电缆分支箱防护等级不低于 IP33，户外型电缆分支箱防护等级不低于 IP44。

5.2.3 设计方案

低压电缆分支箱分为落地式低压电缆分支箱和挂墙式低压电缆分支箱两类，可根据具体情况选用挂墙或落地安装方式，详见表 5-1。

表 5-1　　　　　电缆分支箱通用技术方案组合

项目名称 ＼ 方案分类	DF-1	DF-2	DF-3	DF-4
进出线回路数	一进二出	一进三出	一进四出	一进六出
额定电流	进线 400A，出线 250A/160A			
进线开关	隔离开关			
出线开关	塑壳断路器	塑壳断路器	塑壳断路器	塑壳断路器
安装型式	落地		挂墙	

5.3 低压柱上综合配电箱

5.3.1 电气主接线

（1）电气主接线。采用单母线接线。

（2）元器件配置。进出线额定电流及无功补偿根据配电变压器容量和出线回路数配置，见表 5-2。

表 5-2　　　　　柱上综合配电箱通用技术方案组合

设备名称		型式及主要参数			备注
进线开关		400kVA：630A； 200kVA：400A； 100kVA：400A			—
出线开关	变压器容量	一出	两出	三出	
	400kVA	—	400A×2	400A×3	—
	200kVA	—	400A×2	400A×3	
	100kVA	200A×1	200A×2	200A×3	
主母线		全绝缘母线，额定电流 600A/400A/200A			相序从上到下为 A 相、B 相、C 相

续表

设备名称	型式及主要参数	备注
计量配置	400kVA：600/5； 200kVA：300/5； 100kVA：150/5	根据营销计量要求调整
测量配置	400kVA：800/5； 200kVA：400/5； 100kVA：200/5	—
无功补偿	400kVA：2×20Δ＋1×10Δ＋10Y； 200kVA：2×20Δ＋1×15Δ＋5Y； 100kVA：1×10Δ＋1×15Δ＋5Y	根据负荷情况调整

5.3.2 主要设备选择

（1）低压柱上综合配电箱出线开关选用塑壳断路器（或带剩余电流动作保护装置）；断路器应采用智能断路器，配置 RS-485 接口，能够提供开关状态、电压、电流等信息。

（2）母线及馈出均绝缘封闭。

（3）箱体外壳选用纤维增强型不饱和聚酯树脂材料（SMC）或不锈钢材料。

（4）低压柱上综合配电箱防护等级不低于 IP44。

（5）视情况选配无功补偿装置。配置时无功补偿容量根据配电变压器容量和负荷性质通过计算确定，一般按照变压器容量 10%～30% 进行配置，可分组自动投切；补偿方式为单、三相混合补偿。

（6）如有必要，低压综合配电箱增加散热降温设计，预留风扇安装位置。

（7）对供电可靠性要求较高区域，可结合实际需求配置应急发电车快速接入装置。

5.3.3 设计方案

低压柱上综合配电箱母线采用绝缘母线或封闭母线，进线采用熔断式隔离开关，出线 1～3 回，配置塑壳断路器（带剩余电流动作保护装置的应选用 4 极开关），出线开关额定电流根据实际负荷确定，计量配置按照计量要求选配相应电流互感器。

柱上综合配电箱在本通用设计中分为 2 种方案：DP-1 方案是《国网西藏电力有限公司配电网工程通用设计　配电站房分册》中低压综合配电箱的方案，并兼容小型化低压综合配电箱；DP-2 方案是机井通电变台低压综合配电箱方案。柱上综合配电箱进出线及安装方案组合见表 5-3。

表 5–3　　柱上综合配电箱进出线及安装方案组合　　　　　　　　　　　　　　　　　　　　　　　　续表

编号	出线路数	进线开关配置	出线开关配置	参考尺寸	安装方式		编号	出线路数	进线开关配置	出线开关配置	参考尺寸	安装方式
DP–1	2～3	熔断器式隔离开关	塑壳断路器（或剩余电流动作保护装置）	1350mm×700mm×1200mm 或 800mm×650mm×1200mm	吊装		DP–2	3	熔断器式隔离开关	塑壳断路器（或剩余电流动作保护装置）	1000mm×650mm×700mm	吊装

第 6 章　落地式低压电缆分支箱（DF–1）

6.1　设计说明

6.1.1　概述

本通用设计适用于 380/220V 配电新建、改造等工程。

本方案编号为"DF–1"一进二出，设计范围从 380V 落地式电缆分支箱进线端到出线端止，设计内容包括 380V 落地式电缆分支箱接线、外形尺寸、安装图。

低压电缆分支箱进线配置隔离开关，出线配置塑壳断路器。采用元件模块拼装、框架组装结构，箱内母线及馈出均绝缘封闭，母线采用铜导体，额定电流 630A；壳体采用纤维增强型不饱和聚酯树脂材料（SMC）。箱体进出线采用电缆下进下出方式。

6.1.2　方案技术条件

落地式低压电缆分支箱（DF–1）方案技术条件见表 6–1。

表 6–1　　落地式低压电缆分支箱（DF–1）方案技术条件

序号	项目名称	内容
1	进出线回路数	一进二出
2	额定电流	进线开关额定电流 400A，出线开关额定电流 250A
3	额定短路耐受电流	10kA，1S
4	主母排额定电流	630A
5	主要设备选型	铜母线，进线隔离开关，出线塑壳断路器
6	布置方式	进出线开关采用水平排列
7	安装型式	落地安装
8	通风	自然通风

6.1.3　电气一次部分

（1）电气一次部分采用单母线接线。

（2）主要设备选型见表 6–2。

表 6–2　　主　要　设　备　选　型　表

设备名称	型式及主要参数	备注
进线开关	隔离开关：400A，10kA，1S	
出线开关	塑壳断路器，壳架电流为 250A，额定运行分段能力≥31.5kA	可按需配置电气火灾监测或保护装置
主母线	额定电流 630A，需用紫铜	相序从上到下为 A 相、B 相、C 相

（3）绝缘配合及过电压保护。电气设备的绝缘配合参照 GB/T 50064《交流电气装置的过电压保护和绝缘配合设计规范》确定的原则进行。

（4）电气设备布置。本方案采用落地安装箱式结构，进出线开关水平排列在箱体内，采用电缆进出线方式。

（5）箱体要求。

1）标识：电缆分支箱应按国家电网公司相关要求统一安装标识标牌，包括警告标识"电力符号"及"止步，有电危险"，箱门右上角喷涂"报修电话：95598"等。

2）箱壳：箱体外壳选用纤维增强型不饱和聚酯树脂材料（SMC），在薄弱位置应增加加强筋，箱壳应有足够的机械强度，在起吊、运输、安装中不得变形或损伤。

6.1.4　接地要求

（1）户内安装的落地式低压电缆分支箱采用等电位接地方式。箱体外壳为非金属外壳时不接地；箱体外壳为金属外壳时，外壳与建筑物预留接地体连接。

（2）户外安装的落地式低压电缆分支箱接地需敷设垂直接地网，地网埋深需低于冻土层深度。箱体外壳为非金属外壳时不接地；箱体外壳为金属外壳时，外壳与基础预埋接地体连接。

（3）接地系统应符合 GB/T 50065《交流电气装置的接地设计规范》和 GB 50169《电气装置安装工程　接地装置施工及验收规范》的要求。

6.1.5　基础部分

6.1.5.1　概述

低压电缆分支箱应设置在尘埃少、无腐蚀、干燥和震动轻微的地方，选址应遵循安全、可靠适用和经济等原则，并便于安装、进出线、操作、检修和试验，落地式电缆分支箱底部宜安装于高出地面 30～50cm 的混凝土基础上，电缆敷设通道应满足电缆弯曲半径要求，箱体下方及预埋管进出口采用无机堵料、有机堵料及防火涂料进行封堵。

6.1.5.2　排水、消防、通风、环境保护及其他

（1）消防：与其他建筑物距离应满足防火规范要求。

（2）通风：自然通风。

（3）环保：噪声对周围环境影响应符合 GB 3096—2008《声环境质量标准》的规定和要求。

6.2　主要元器件配置

主要元器件配置（DF－1）见表 6－3。

表 6－3　　　　　　　　主要元器件配置（DF－1）

序号	名称	型号规范	单位	数量	备注
1	进线开关	隔离开关	只	1	额定电流 400A，选用 400A 触刀
2	出线开关	塑壳断路器	只	2	壳架电流 250A 可按需配置电气火灾监测或保护装置
3	箱体	厚 320mm×宽 700mm×高 870mm（基础层高度 1050mm）	座	1	纤维增强型不饱和聚酯树脂材料（SMC）
4	铜排	主母排 TMY－63×6.3	m	3	紫铜
		地排 TMY－40×4	m	1	紫铜

6.3　使用说明

本方案进出线回路数按一进二出配置，工程应用中可根据实际需要确定出线回路数量，最多不宜超过六回，出线开关额定电流可按 160A 配置，出线开关可按需选择带漏电保护功能开关。户外安装的分支箱选用混凝土浇筑基础，户内安装的分支箱可选用混凝土浇筑基础或安装于金属安装架上。

本方案箱体选用纤维增强型不饱和聚酯树脂材料（SMC），也可根据需求选用不锈钢材料制作。设于户外时，箱体防护等级为 IP44；设于户内时，箱体防护等级为 IP33。箱体可根据实际使用需求增加箱门闭锁等安全措施。

本方案适用于 TN－C－S 接地系统，当用于 TN－S 接地系统时，应在箱内增设 PE 排。

本方案低压电缆分支箱安装环境要求：

（1）海拔不超过 5000m。

（2）环境温度 －25℃～＋40℃。

（3）相对湿度≤90%（25℃）。

（4）日照强度 0.1W/cm²（风速 0.5m/s）。

（5）最大敷冰厚度 10mm。

（6）污秽等级 3 级。

（7）本方案设备参数适用于温度为 40℃以下地区，其他高温、低温、高湿、高盐雾等使用环境参照相关标准执行。

6.4　设计图

落地式低压电缆分支箱（DF－1）通用设计方案的设计图清单见表 6－4。

表 6－4　　　　　　　　设计图清单（DF－1）

图序	图名
图 6－1	落地式电缆分支箱电气接线图
图 6－2	落地式电缆分支箱布置图
图 6－3	落地式电缆分支箱安装示意图

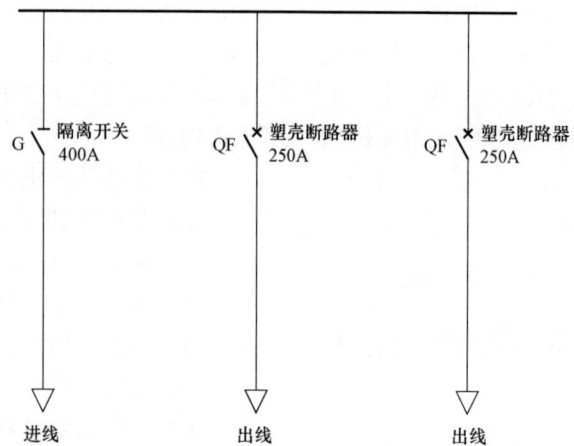

序号	代号	名称	规格及型号	数量	单位
1	G	隔离开关	400A	1	只
2	QF	塑壳断路器	250A	2	只
3		箱体	700mm×320mm×870mm （宽×深×高）	1	台

图 6-1 落地式电缆分支箱电气接线图

870

700

C—C

B

870

A A

700

B

正视图

铭牌

C

320

左视图

C

320

B—B

A—A

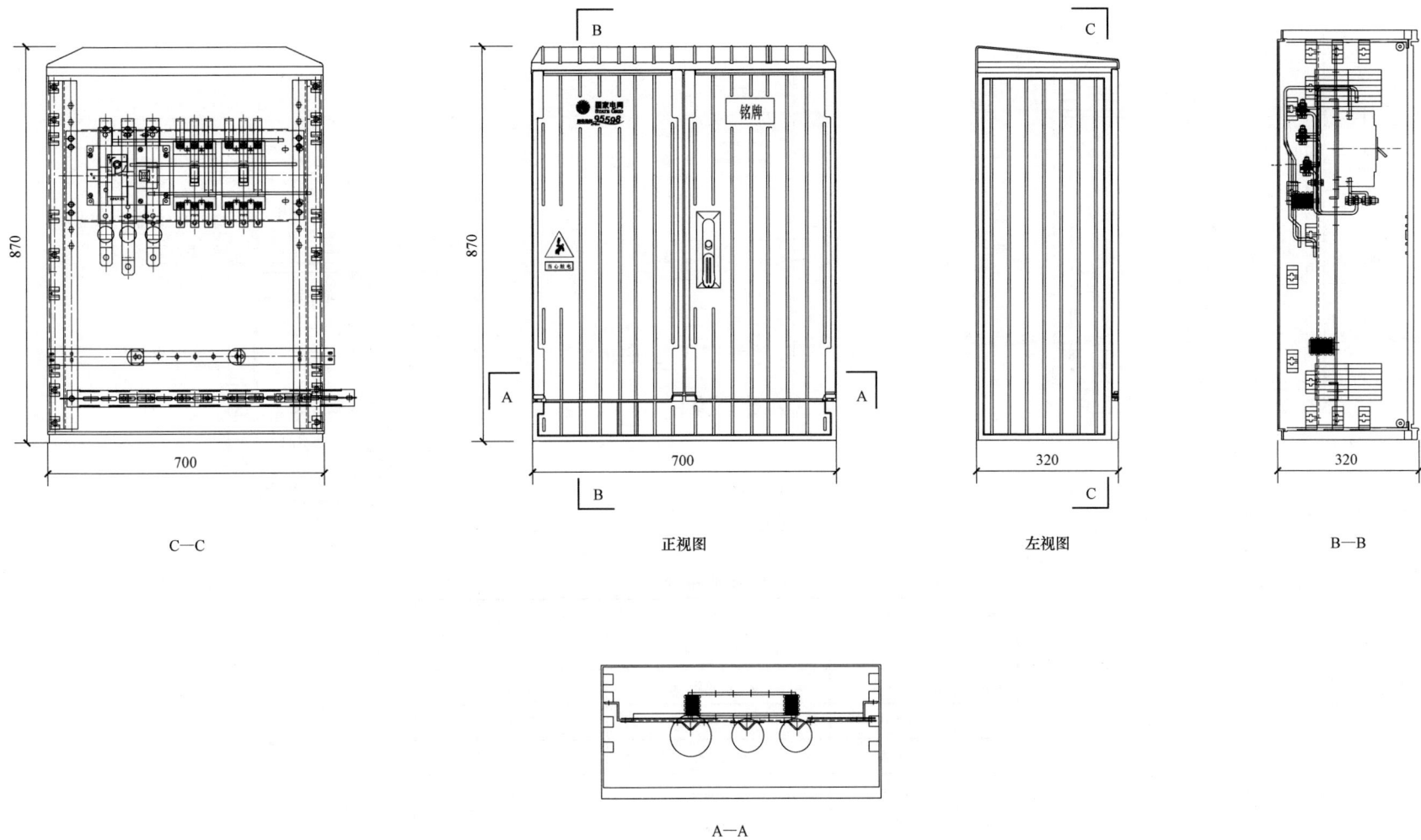

图 6-2 落地式电缆分支箱布置图

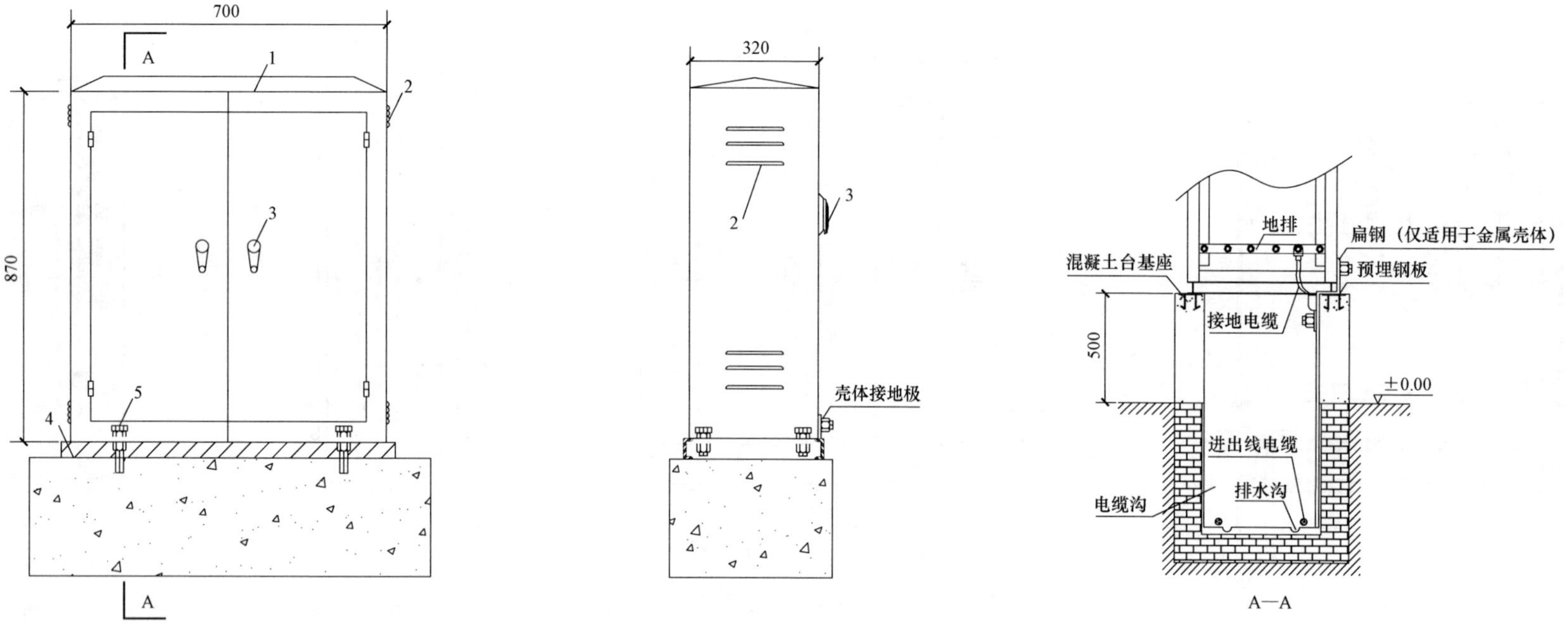
700
A
1
2
870
3
5
4
A
320
2
3
壳体接地极
地排
扁钢（仅适用于金属壳体）
混凝土台基座
预埋钢板
接地电缆
500
±0.00
进出线电缆
排水沟
电缆沟
A—A

主 要 材 料 表

编号	名称	规格型号	单位	数量	备注
1	箱体	320mm × 700mm × 870mm	个	1	
2	散热孔	工厂确定	个	4	
3	箱门锁	工厂确定	个	1	
4	10 号槽钢	施工确定	根	2	
5	固定螺栓	施工确定	个	4	
6	预埋铁	施工确定	块	4	
7	混凝土底座	设计确定	个	1	
8	灰土垫层	施工确定	个	1	

图 6–3　落地式电缆分支箱安装示意图

第7章 落地式低压电缆分支箱（DF－2）

7.1 设计说明

7.1.1 概述

本通用设计适用于 380/220V 配电新建、改造等工程。

本方案编号为"DF－2"一进三出，设计范围从 380V 落地式电缆分支箱进线端到出线端止，设计内容包括 380V 落地式电缆分支箱接线、外形尺寸、安装图。

低压电缆分支箱进线配置隔离开关，出线配置塑壳断路器。采用元件模块拼装、框架组装结构，箱内母线及馈出均绝缘封闭，母线采用铜导体，额定电流 630A；壳体采用纤维增强型不饱和聚酯树脂材料（SMC）。箱体进出线采用电缆下进下出方式。

7.1.2 方案技术条件

落地式低压电缆分支箱（DF－2）方案技术条件见表 7－1。

表 7－1 　　落地式低压电缆分支箱（DF－2）方案技术条件

序号	项目名称	内容
1	进出线回路数	一进三出
2	额定电流	进线开关额定电流 400A，出线开关额定电流 250A
3	额定短路耐受电流	10kA，1S
4	主母排额定电流	630A
5	主要设备选型	铜母线，进线隔离开关，出线塑壳断路器
6	布置方式	进出线开关采用水平排列
7	安装型式	落地安装
8	通风	自然通风

7.1.3 电气一次部分

（1）电气一次部分采用单母线接线。

（2）主要设备选型见表 7－2。

表 7－2 　　主 要 设 备 选 型 表

设备名称	型式及主要参数	备注
进线开关	隔离开关：400A，10kA，1S	
出线开关	塑壳断路器，壳架电流为 250A，额定运行分段能力≥31.5kA	可按需配置电气火灾监测或保护装置
主母线	额定电流 630A，需用紫铜	相序从上到下为 A 相、B 相、C 相

（3）绝缘配合及过电压保护。电气设备的绝缘配合参照 GB/T 50064《交流电气装置的过电压保护和绝缘配合设计规范》确定的原则进行。

（4）电气设备布置。本方案采用落地安装箱式结构，进出线开关水平排列在箱体内，采用电缆进出线方式。

（5）箱体要求。

1）标识：电缆分支箱应按国家电网公司相关要求统一安装标识标牌，包括警告标识"电力符号"及"止步，有电危险"，箱门右上角喷涂"报修电话：95598"等。

2）箱壳：箱体外壳选用纤维增强型不饱和聚酯树脂材料（SMC），在薄弱位置应增加加强筋，箱壳应有足够的机械强度，在起吊、运输、安装中不得变形或损伤。

7.1.4 接地要求

户内安装的落地式低压电缆分支箱采用等电位接地方式。箱体外壳为非金属外壳时不接地；箱体外壳为金属外壳时，外壳与建筑物预留接地体连接。

户外安装的落地式低压电缆分支箱接地需敷设垂直接地网，地网埋深需低于冻土层深度。箱体外壳为非金属外壳时不接地；箱体外壳为金属外壳时，外壳与基础预埋接地体连接。

接地系统应符合 GB 50065《交流电气装置的接地设计规范》和 GB 50169《电气装置安装工程接地装置施工及验收规范》的要求。

7.1.5 基础部分

7.1.5.1 概述

低压电缆分支箱应设置在尘埃少、无腐蚀、干燥和震动轻微的地方，选址应遵循安全、可靠适用和经济等原则，并便于安装、操作、检修和试验，落地式电缆分支箱底部宜安装于高出地面 30～50cm 的混凝土基础上，电缆敷设通道应满足电缆弯曲半径要求，箱体下方及预埋管进出口采用无机堵料、有机堵料及防火涂料进行封堵。

7.1.5.2　排水、消防、通风、环境保护及其他

（1）消防：与其他建筑物距离应满足防火规范要求。

（2）通风：自然通风。

（3）环保：噪声对周围环境影响应符合 GB 3096—2008《声环境质量标准》的规定和要求。

7.2　主要元器件配置

主要元器件配置（DF-2）见表 7-3。

表 7-3　　　　　主要元器件配置（DF-2）

序号	名称	型号规范	单位	数量	备注
1	进线开关	隔离开关	只	1	额定电流 400A，选用 400A 触刀
2	出线开关	塑壳断路器	只	3	壳架电流 250A 可按需配置电气火灾监测或保护装置
3	箱体	深 320mm×宽 790mm×高 870mm（基础层高度 1050mm）	座	1	纤维增强型不饱和聚酯树脂材料（SMC）
4	铜排	主母排 TMY-63×6.3	m	3	紫铜
		地排 TMY-40×4	m	1	紫铜

7.3　使用说明

本方案进出线回路数按一进三出配置，工程应用中可根据实际需要确定出线回路数量，最多不宜超过六回，出线开关额定电流可按 160A 配置，出线开

关可按需选择带漏电保护功能开关。户外安装的分支箱选用混凝土浇筑基础，户内安装的分支箱可选用混凝土浇筑基础或安装于金属安装架上。本方案箱体选用纤维增强型不饱和聚酯树脂材料（SMC），也可根据需求选用不锈钢材料制作。设于户外时，箱体防护等级为 IP44；设于户内时，箱体防护等级为 IP33。箱体可根据实际使用需求增加箱门闭锁等安全措施。

本方案适用于 TN-C-S 接地系统，当用于 TN-S 接地系统时，应在箱内增设 PE 排。

本方案低压电缆分支箱安装环境要求：

（1）海拔不超过 5000m。

（2）环境温度 -25℃～+40℃。

（3）相对湿度≤90%（25℃）。

（4）日照强度 0.1W/cm²（风速 0.5m/s）。

（5）最大敷冰厚度 10mm。

（6）污秽等级 3 级。

（7）本方案设备参数适用于温度为 40℃ 以下地区，其他高温、低温、高湿、高盐雾等使用环境参照相关标准执行。

7.4　设计图

落地式低压电缆分支箱（DF-2）通用设计方案的设计图清单见表 7-4。

表 7-4　　　　　设计图清单（DF-2）

图序	图名
图 7-1	落地式电缆分支箱电气接线图
图 7-2	落地式电缆分支箱布置图
图 7-3	落地式电缆分支箱安装示意图

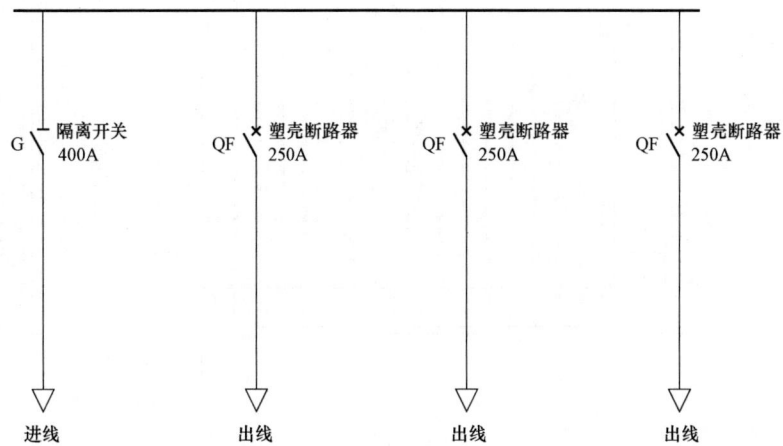

图7-1 落地式电缆分支箱电气接线图

序号	代号	名称	规格及型号	数量	单位
1	G	隔离开关	400A	1	只
2	QF	塑壳断路器	250A	3	只
3		箱体	790mm×320mm×870mm （宽×深×高）	1	台

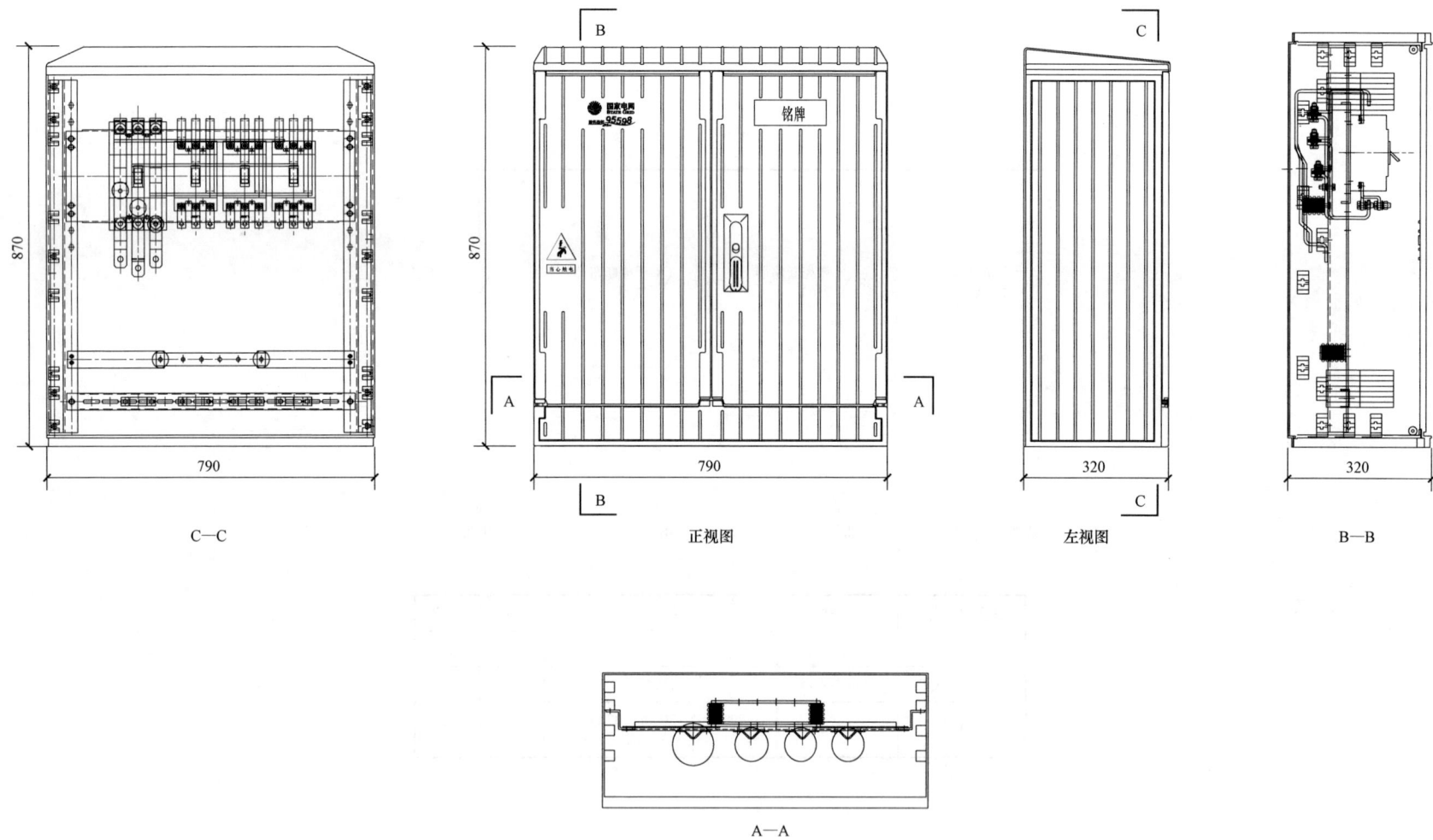

870

790

C—C

B

870

790

B

正视图

铭牌

95598

C

320

左视图

C

320

B—B

A—A

图 7-2 落地式电缆分支箱布置图

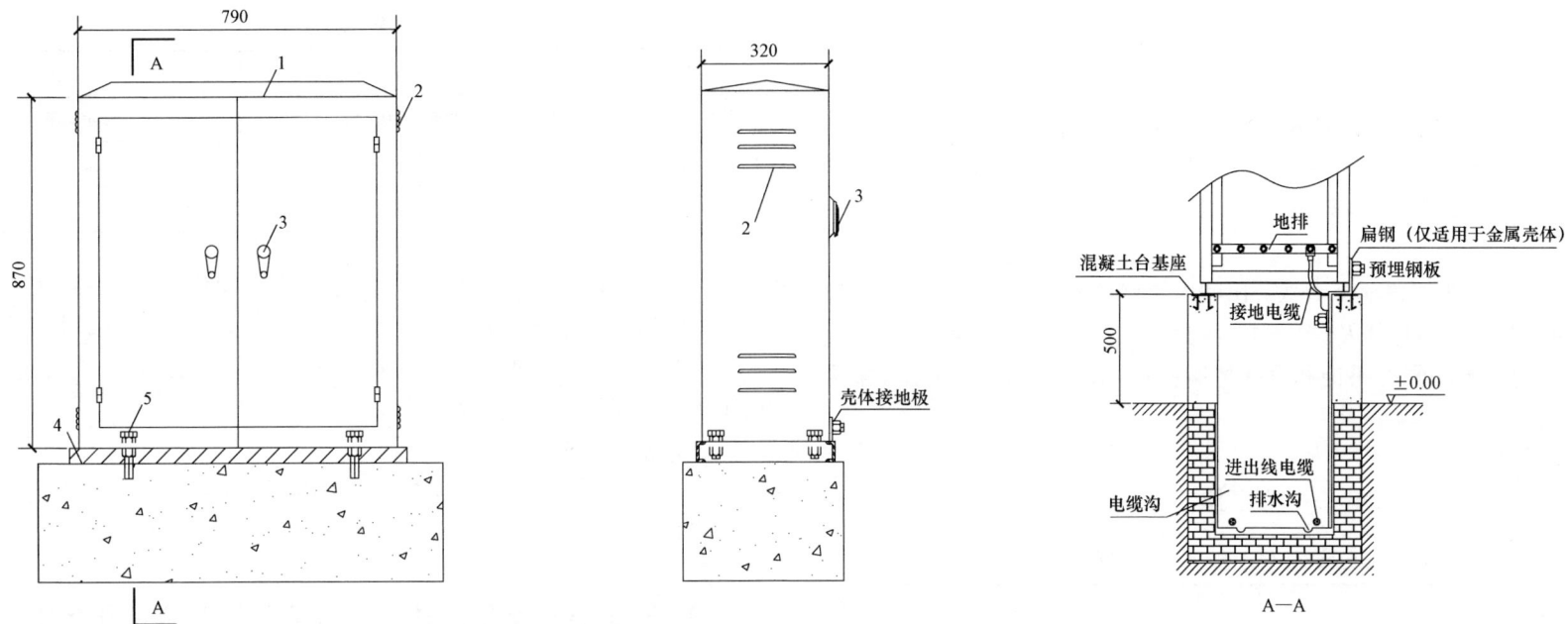

主 要 材 料 表

编号	名称	规格型号	单位	数量	备注
1	箱体	320mm×790mm×870mm	个	1	
2	散热孔	工厂确定	个	4	
3	箱门锁	工厂确定	个	1	
4	10 号槽钢	施工确定	根	2	
5	固定螺栓	施工确定	个	4	
6	预埋铁	施工确定	块	4	
7	混凝土底座	设计确定	个	1	
8	灰土垫层	施工确定	个	1	

图 7-3　落地式电缆分支箱安装示意图

第8章 挂墙式低压电缆分支箱（DF-3）

8.1 设计说明

8.1.1 概述

本通用设计适用于 380/220V 配电新建、改造等工程。

本方案编号为"DF-3"一进四出，设计范围从 380V 挂墙式电缆分支箱进线端到出线端止，设计内容包括 380V 挂墙式电缆分支箱接线、外形尺寸、安装图。

低压电缆分支箱进线配置隔离开关，出线配置塑壳断路器。采用元件模块拼装、框架组装结构，箱内母线及馈出均绝缘封闭，母线采用铜导体，额定电流 630A；壳体采用纤维增强型不饱和聚酯树脂材料（SMC）。箱体进出线采用电缆下进下出方式。

8.1.2 方案技术条件

挂墙式低压电缆分支箱（DF-3）方案技术条件见表 8-1。

表 8-1 挂墙式低压电缆分支箱（DF-3）方案技术条件

序号	项目名称	内容
1	进出线回路数	一进四出，水平排列，进出线全部采用电缆
2	额定电流	进线开关额定电流 400A，出线开关额定电流 250A
3	额定短路耐受电流	10kA，1S
4	主母排额定电流	630A
5	主要设备选型	铜母线，进线隔离开关，出线塑壳断路器
6	布置方式	进出线开关采用水平排列
7	安装型式	挂墙式安装
8	通风	自然通风

8.1.3 电气一次部分

（1）电气一次部分采用单母线接线。

（2）主要设备选型见表 8-2。

表 8-2 主 要 设 备 选 型 表

设备名称	型式及主要参数	备注
进线开关	隔离开关：400A，10kA，1S	额定电流为 400A
出线开关	塑壳断路器：250A	壳架电流为 250A
主母线	全绝缘母线，额定电流 630A，紫铜	相序从上到下为 A 相、B 相、C 相

（3）绝缘配合及过电压保护。电气设备的绝缘配合参照 GB/T 50064《交流电气装置的过电压保护和绝缘配合设计规范》确定的原则进行。

（4）电气设备布置。本方案采用挂墙安装箱式结构，进出线开关水平排列在箱体内，采用电缆进出线方式。

（5）箱体要求。

1）标识：电缆分支箱应按国家电网公司相关要求统一安装标识标牌，包括警告标识"电力符号"及"止步，有电危险"，箱门右上角喷涂"报修电话：95598"等。

2）箱壳：箱体外壳选用纤维增强型不饱和聚酯树脂材料（SMC），在薄弱位置应增加加强筋，箱壳应有足够的机械强度，在起吊、运输、安装中不得变形或损伤。

8.1.4 接地要求

户内安装的挂墙式低压电缆分支箱采用等电位接地方式。箱体外壳为非金属外壳时不接地；箱体外壳为金属外壳时，外壳与建筑物预留接地体连接。

户外安装的挂墙式低压电缆分支箱接地需敷设垂直接地网，地网埋深需低于冻土层深度。箱体外壳为非金属外壳时不接地；箱体外壳为金属外壳时，外壳与基础预埋接地体连接。

接地系统应符合 GB/T 50065《交流电气装置的接地设计规范》和 GB 50169《电气装置安装工程接地装置施工及验收规范》的要求。

8.2 主要元器件配置

主要元器件配置（DF-3）见表 8-3。

表 8－3 主要元器件配置（DF－3）

序号	名称	型号规范	单位	数量	备注
1	进线开关	隔离开关	只	1	隔离开关额定电流为 400A
2	出线开关	熔断器式隔离开关	只	4	壳架电流 250A
3	箱体	深 320mm×宽 990mm×高 870mm（基础层高度 1050mm）	座	1	纤维增强型不饱和聚酯树脂材料（SMC）
4	铜排	主母排 TMY－63×6.3	m	3	紫铜
		地排 TMY－40×4	m	1	紫铜

8.3 使用说明

本方案进出线回路数按一进四出配置，工程应用中可根据实际需要确定出线回路数量，最多不宜超过六回，出线开关额定电流可按 160A 配置。出线塑壳断路器可配置电子式脱扣器，调节出线电流定值。当本方案用于居民楼内分支箱时，出线塑壳开关可增加消防脱扣装置，也可更换为 4P 塑壳断路器，增加漏电报警模块。

本方案箱体选用纤维增强型不饱和聚酯树脂材料（SMC），也可根据需求选用不锈钢材料制作。设于户外时，箱体防护等级为 IP44；设于户内时，箱体防护等级为 IP33。箱体可根据实际使用需求增加箱门闭锁等安全措施。

本方案适用于 TN－C－S 接地系统，当用于 TN－S 接地系统时，应在箱内增设 PE 排。

本方案低压电缆分支箱安装环境要求：

（1）海拔不超过 5000m。

（2）环境温度 －25～40℃。

（3）相对湿度≤90%（25℃）。

（4）日照强度 0.1W/cm^2（风速 0.5m/s）。

（5）最大敷冰厚度 10mm。

（6）污秽等级 3 级。

（7）本方案设备参数适用于温度为 40℃ 以下地区，其他高温、低温、高湿、高盐雾等使用环境参照相关标准执行。

8.4 设计图

挂墙式低压电缆分支箱（DF－3）通用设计方案的设计图清单见表 8－4。

表 8－4 设计图清单（DF－3）

图序	图名
图 8－1	挂墙式电缆分支箱电气接线图
图 8－2	挂墙式电缆分支箱布置图
图 8－3	挂墙式电缆分支箱安装示意图

| | 隔离开关
400A | | 塑壳断路器
250A | | 塑壳断路器
250A | | 塑壳断路器
250A | | 塑壳断路器
250A |
| G | | QF | | QF | | QF | | QF | |

进线　　　　　　出线　　　　　　出线　　　　　　出线　　　　　　出线

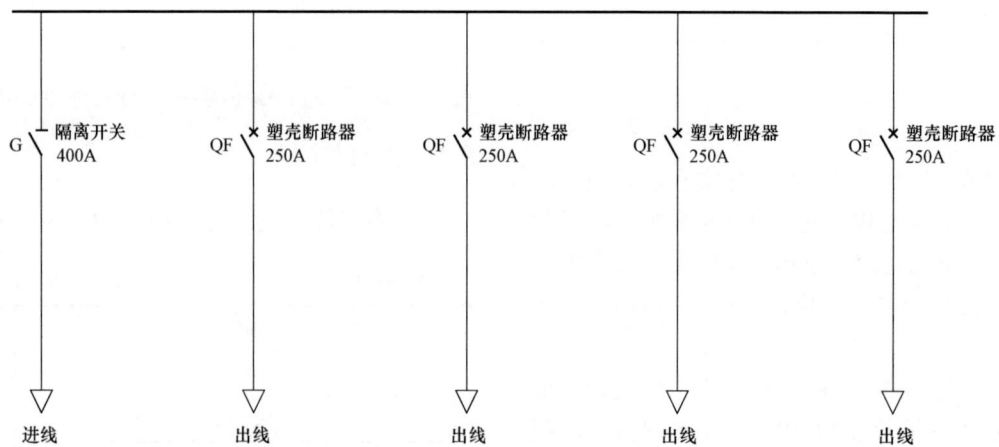

序号	代号	名称	规格及型号	数量	单位
1	G	隔离开关	400A	1	只
2	QF	塑壳断路器	250A	4	只
3		箱体	990mm×320mm×870mm （宽×深×高）	1	台

图 8-1　挂墙式电缆分支箱电气接线图

870

990

C—C

B

A

A

B

870

990

国家电网 STATE GRID
95598

铭牌

正视图

C

320

左视图

C

320

B—B

A—A

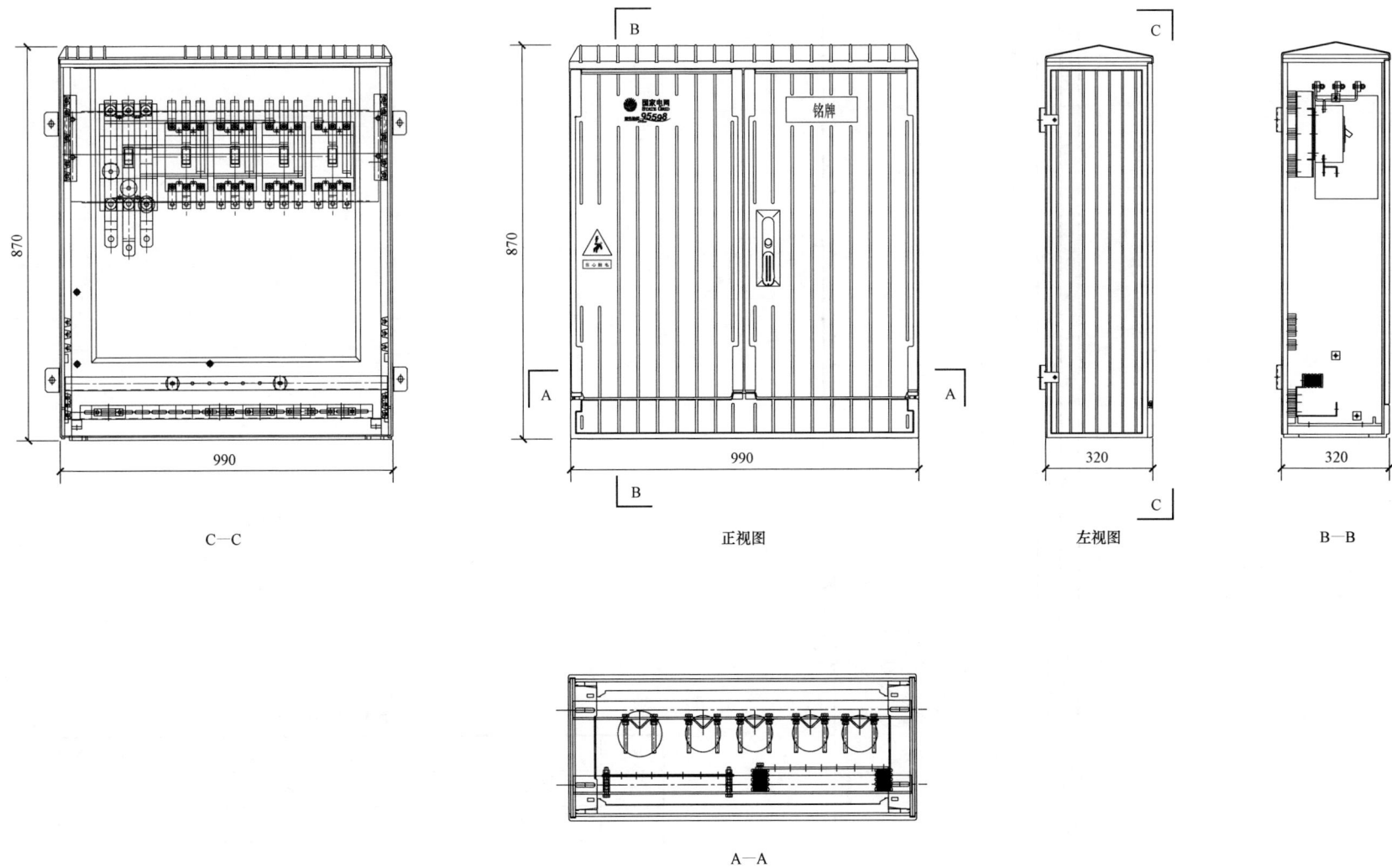

图 8-2　挂墙式电缆分支箱布置图

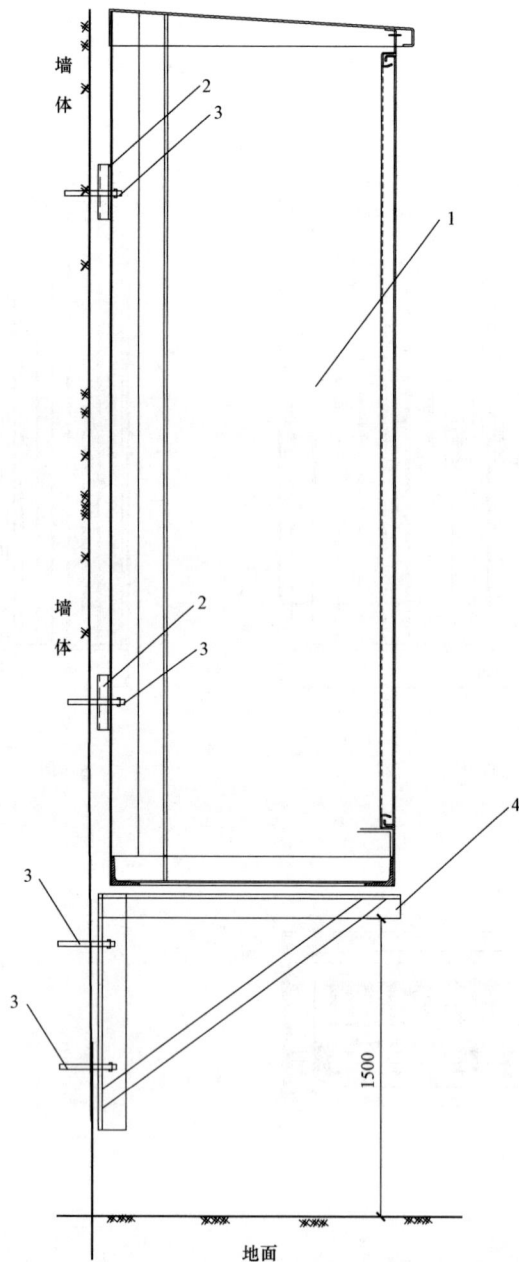

墙体

墙体

2
3

2
3

3

3

3

1

4

1500

地面

主 要 材 料 表

编号	名称	规格及型号	单位	数量	备注
1	箱体	990mm×870mm×320mm	个	1	
2	挂墙件	箱体自带	个	2	
3	膨胀螺栓	施工确定	个	4	
4	箱体托架	∠50mm×5mm	副	1	

图8-3　挂墙式电缆分支箱安装示意图

第9章 挂墙式低压电缆分支箱（DF-4）

9.1 设计说明

9.1.1 概述

本通用设计适用于 380/220V 配电新建、改造等工程。

本方案编号为"DF-4"一进六出，设计范围从 380V 挂墙式电缆分支箱进线端到出线端止，设计内容包括 380V 挂墙式电缆分支箱接线、外形尺寸、安装图。

低压电缆分支箱进线配置隔离开关，出线配置塑壳断路器。采用元件模块拼装、框架组装结构，箱内母线及馈出均绝缘封闭，母线采用铜导体，额定电流 630A；壳体采用纤维增强型不饱和聚酯树脂材料（SMC）。箱体进出线采用电缆下进下出方式。

9.1.2 方案技术条件

挂墙式低压电缆分支箱（DF-4）方案技术条件见表 9-1。

表 9-1　　挂墙式低压电缆分支箱（DF-4）方案技术条件

序号	项目名称	内容
1	进出线回路数	一进六出，水平排列，进出线全部采用电缆
2	额定电流	进线开关额定电流 400A，出线开关额定电流 160A
3	额定短路耐受电流	10kA，1S
4	主母排额定电流	630A
5	主要设备选型	全绝缘铜母线，进线隔离开关；出线为塑壳断路器
6	布置方式	进出线开关采用水平排列
7	安装型式	挂墙式安装
8	通风	自然通风

9.1.3 电气一次部分

（1）电气一次部分为单母线接线。

（2）主要设备选型见表 9-2。

表 9-2　　　　　主 要 设 备 选 型

设备名称	型式及主要参数	备注
进线开关	隔离开关：400A，10kA，1S	额定电流为 400A
出线开关	塑壳断路器：160A	壳架电流为 160A
主母线	全绝缘母线，额定电流 630A，紫铜	相序从上到下为 A 相、B 相、C 相

（3）绝缘配合及过电压保护。电气设备的绝缘配合参照 GB/T 50064《交流电气装置的过电压保护和绝缘配合设计规范》确定的原则进行。

（4）电气设备布置。本方案采用挂墙安装箱式结构，进出线开关水平排列在箱体内，采用电缆进出线方式。

（5）箱体要求。

1）标识：电缆分支箱应按国家电网公司相关要求统一安装标识标牌，包括警告标识"电力符号"及"止步，有电危险"，箱门右上角喷涂"报修电话：95598"等。

2）箱壳：箱体外壳选用纤维增强型不饱和聚酯树脂材料（SMC），在薄弱位置应增加加强筋，箱壳应有足够的机械强度，在起吊、运输、安装中不得变形或损伤。

9.1.4 接地要求

户内安装的挂墙式低压电缆分支箱采用等电位接地方式。箱体外壳为非金属外壳时不接地；箱体外壳为金属外壳时，外壳与建筑物预留接地体连接。

户外安装的挂墙式低压电缆分支箱接地需敷设垂直接地网，地网埋深需低于冻土层深度。箱体外壳为非金属外壳时不接地；箱体外壳为金属外壳时，外壳与基础预埋接地体连接。

接地系统应符合 GB/T 50065《交流电气装置的接地设计规范》和 GB 50169《电气装置安装工程接地装置施工及验收规范》的要求。

9.2 主要元器件配置表

主要元器件配置（DF-4）见表 9-3。

表 9-3　　　　主要元器件配置（DF-4）

序号	名称	型号规范	单位	数量	备注
1	进线开关	隔离开关	只	1	隔离开关额定电流为 400A
2	出线开关	塑壳断路器	只	6	壳架电流 160A
3	箱体	深 320mm×宽 790mm×高 1150mm（基础层高度 1050mm）	座	1	纤维增强型不饱和聚酯树脂材料（SMC）
4	铜排	主母排 TMY-63×6.3	m	3	紫铜
		地排 TMY-40×4	m	3	紫铜

9.3　使用说明

本方案进出线回路数按一进六出配置，工程应用中可根据实际需要确定出线回路数量，最多不宜超过六回，出线开关额定电流可按 250A 配置。出线塑壳断路器可配置电子式脱扣器，调节出线电流定值。当本方案用于居民楼内分支箱时，出线塑壳开关可增加消防脱扣装置，也可更换为 4P 塑壳断路器，增加漏电报警模块。

本方案箱体选用纤维增强型不饱和聚酯树脂材料（SMC），也可根据需求选用不锈钢材料制作。设于户外时，箱体防护等级为 IP44；设于户内时，箱体防护等级为 IP33。箱体可根据实际使用需求增加箱门闭锁等安全措施。

本方案适用于 TN-C-S 接地系统，当用于 TN-S 接地系统时，应在箱内增设 PE 排。

本方案低压电缆分支箱安装环境要求：

（1）海拔不超过 5000m。

（2）环境温度 -25~40℃。

（3）相对湿度≤90%（25℃）。

（4）日照强度 0.1W/cm²（风速 0.5m/s）。

（5）最大敷冰厚度 10mm。

（6）污秽等级 3 级。

（7）本方案设备参数适用于温度为 40℃以下地区，其他高温、低温、高湿、高盐雾等使用环境参照相关标准执行。

9.4　设计图

挂墙式低压电缆分支箱（DF-4）通用设计方案的设计图清单见表 9-4。

表 9-4　　　　设计图清单（DF-4）

图序	图名
图 9-1	挂墙式电缆分支箱电气接线图
图 9-2	挂墙式电缆分支箱布置图
图 9-3	挂墙式电缆分支箱安装示意图

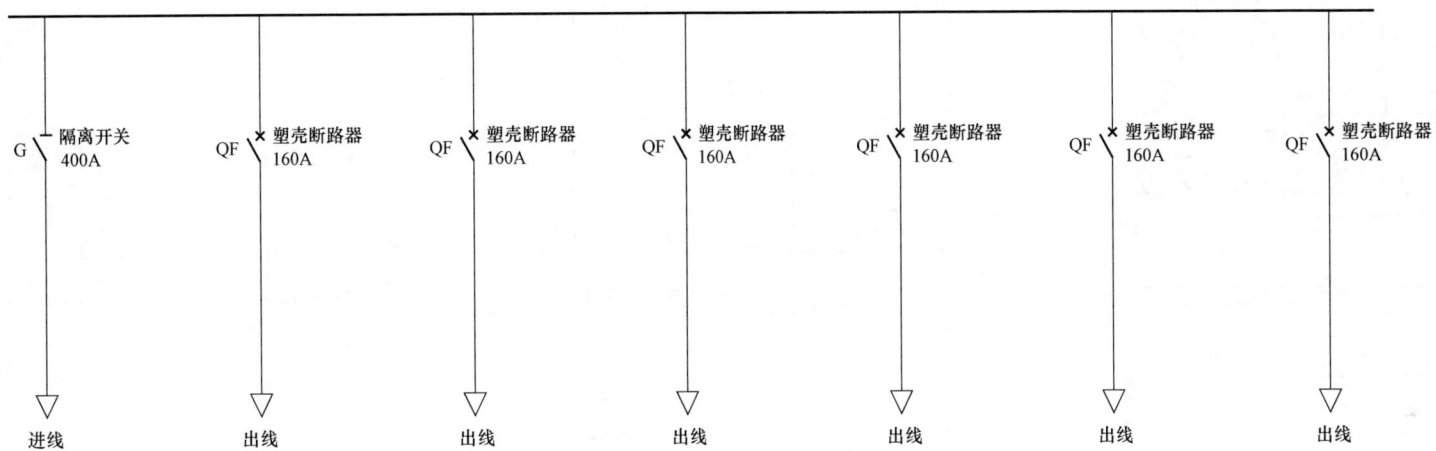

| G | 隔离开关
400A | QF | ✕ 塑壳断路器
160A | QF | ✕ 塑壳断路器
160A | QF | ✕ 塑壳断路器
160A | QF | ✕ 塑壳断路器
160A | QF | ✕ 塑壳断路器
160A | QF | ✕ 塑壳断路器
160A |

进线　　　出线　　　出线　　　出线　　　出线　　　出线　　　出线

序号	代号	名称	规格及型号	数量	单位
1	G	隔离开关	400A	1	只
2	QF	塑壳断路器	160A	6	只
3		箱体	790mm×320mm×1150mm （宽×深×高）	1	台

图 9-1　挂墙式电缆分支箱电气接线图

1150

790

C—C

B

国家电网
95598

铭牌

870

A   A

280

B

790

正视图

C

左视图

320

C

B—B

320

A—A

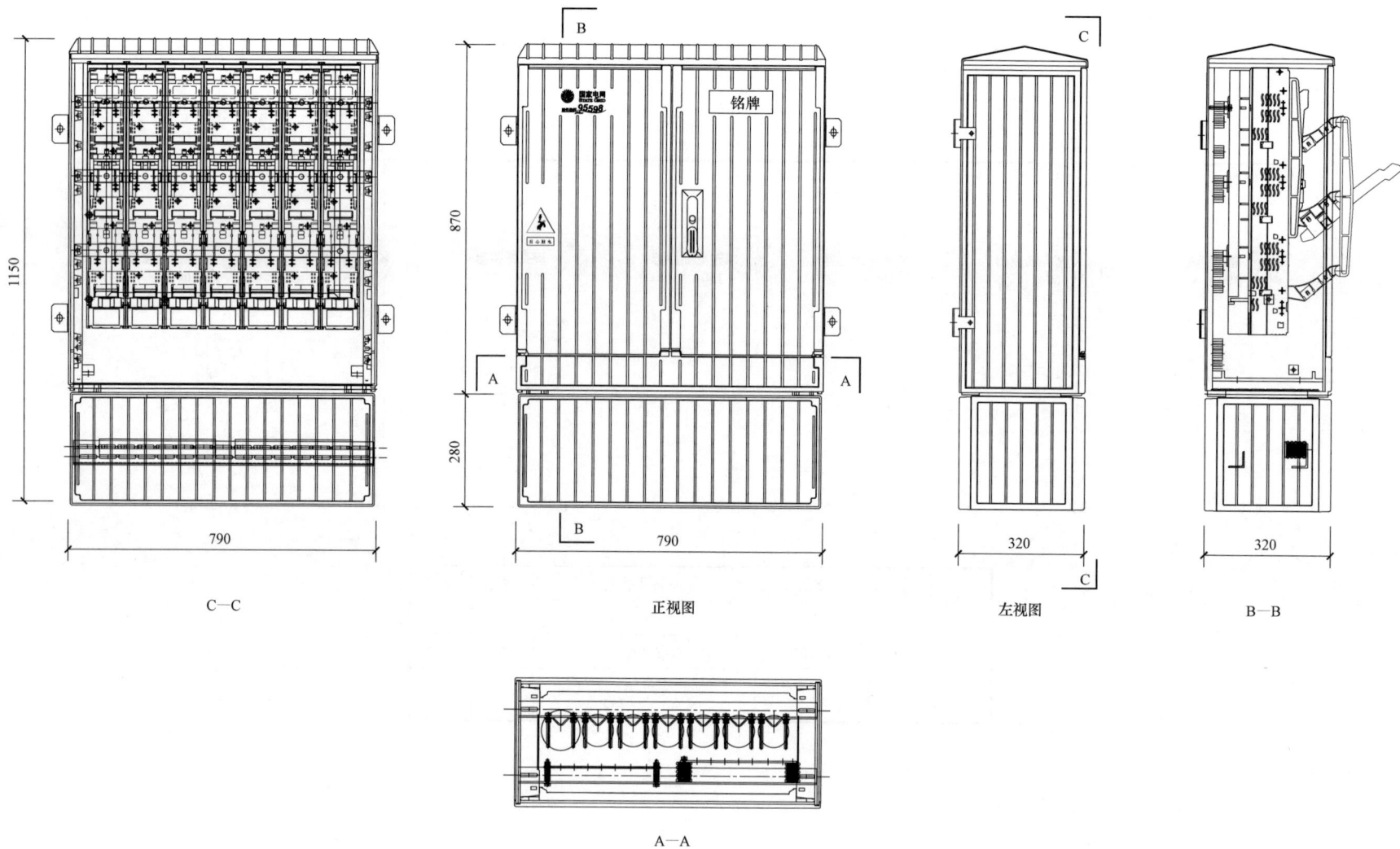

图 9-2　挂墙式电缆分支箱布置图

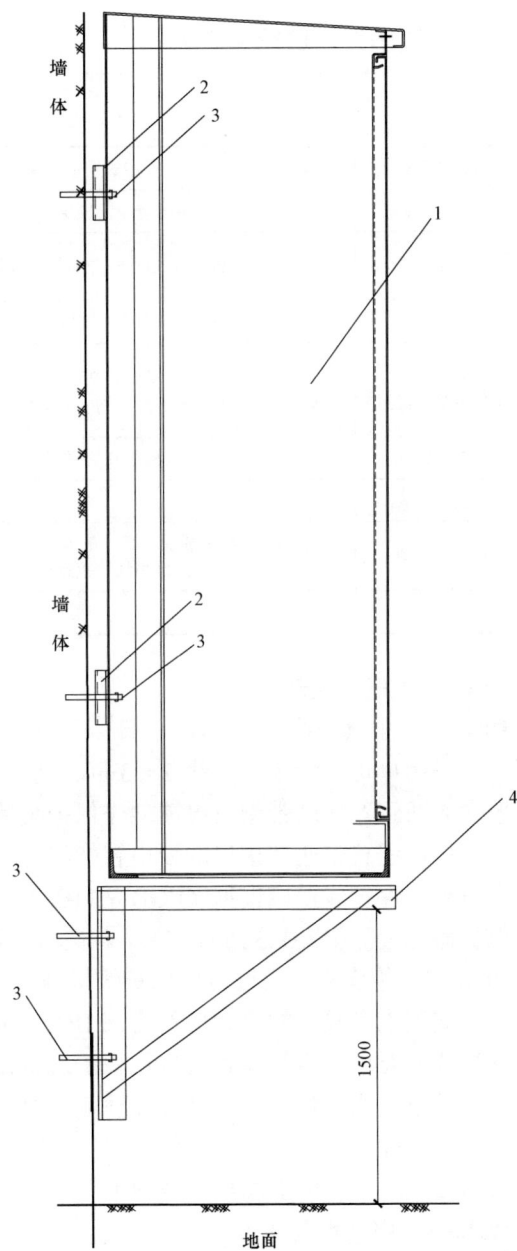

墙体

2
3

墙体

1

2
3

3

4

3

3

1500

地面

主 要 材 料 表

编号	名称	规格及型号	单位	数量	备注
1	箱体	790mm×1150mm×320mm	个	1	
2	挂墙件	箱体自带	个	2	
3	膨胀螺栓	施工确定	个	4	
4	箱体托架	∠50mm×5mm	副	1	

图 9-3 挂墙式电缆分支箱安装示意图

第 10 章 低压柱上综合配电箱（DP-1）

10.1 设计说明

10.1.1 概述

本方案适用于公用柱上变压器台区工程的 380/220V 部分。

本方案为低压柱上综合配电箱，方案编号为"DP-1"。设计范围从 380V 综合配电箱进线连接端到出线连接端止，设计内容包括 380V 综合配电箱接线、外形尺寸、安装图。

DP-1 方案进线采用熔断器式隔离开关，出线选用塑壳断路器（或带剩余电流动作保护装置）。外形尺寸选用 1350mm×700mm×1200mm，满足 400kVA 及以下容量配电变压器的 1 回进线、3 回馈线、计量、无功补偿、配电智能终端等功能模块安装要求。

根据实际情况配置无功补偿单元。400kVA 变压器无功补偿按 120kvar 配置，配置方式为共补（3×10＋3×20）kvar，分补（10＋20）kvar；200kVA 及以下变压器按 200kVA 容量配置，无功补偿不配置或按 60kvar 配置，配置方式为共补（5＋2×10＋20）kvar，分补（5＋10）kvar。对于有三相不平衡问题的台区，可在外形尺寸为 1350mm×700mm×1200mm 的综合配电箱装设 SVG 单元或 SVG＋智能电容（分补）单元代替传统无功补偿单元。

箱内母线采用铜导体，额定电流 630A；箱体采用不锈钢材质或采用纤维增强型不饱和聚酯树脂材料（SMC）；进出线采用电缆，侧上方进线，侧下方出线，并预留下出线孔；安装方式为吊装；配电智能终端需满足线损统计需求，实现双向有功、功率计算功能。

10.1.2 方案技术条件

低压柱上综合配电箱（DP-1）方案技术条件见表 10-1。

表 10-1　低压柱上综合配电箱（DP-1）方案技术条件

设备名称	型式及主要参数		备注
进线开关	200～400kVA：630A（800A）；200kVA 及以下：400A		
出线开关	变压器容量	三出	
	400kVA	630A＋400A×2	
	200kVA 及以下	400A＋250A×2	

续表

设备名称	型式及主要参数	备注
主母线	全绝缘母线，额定电流 630/400A	
计量配置	400kVA：600/5；200kVA 及以下：400/5	0.2S 级，根据营销计量要求调整
测量配置	400kVA：600/5；200kVA 及以下：400/5	0.5
无功补偿（智能电容器组）	400kVA：共补（3×10＋3×20）kvar，分补（10＋20）kvar；200kVA 及以下：共补（5＋2×10＋20）kvar，分补（5＋10）kvar	根据负荷情况选配；可替换为复合开关、电容器、SVG 方案
布置方式	进出线开关采用水平排列	
安装方式	吊装	
防雷接地	防雷采用 T1 级浪涌保护器，壳体、浪涌保护器及避雷器应接地，接地引线与接地网可靠连接	
通风	自然通风	

10.1.3 电气一次部分

10.1.3.1 电气一次部分

采用单母线接线，出线 2～3 回。进线宜配置熔断器式隔离开关，出线配置塑壳断路器（或带剩余电流动作保护装置）。

按需配置带通信接口的配电智能终端和 T1 级电涌保护器。TT 系统的剩余电流动作保护装置应根据 Q/GDW 11020—2013《农村低压电网剩余电流工作保护器配置导则》要求进行安装，若选用不锈钢综合配电箱，外壳须单独接地。

10.1.3.2 绝缘配合及过电压保护级接地

交流电气装置的接地应符合 GB/T 50065—2011《交流电气装置的接地设计规范》要求。电气装置过电压保护应满足 GB/T 50064—2014《交流电气装置的过电压保护和绝缘配合设计规范》要求。

低压柱上综合配电箱防雷采用 T1 级浪涌保护器，壳体、浪涌保护器及避雷器应接地，接地引线与接地网可靠连接。

10.1.3.3 电气设备布置

低压柱上综合配电箱（DP-1）方案采用柱上变压器台架吊装方式，进出线开关水平排列在箱体内，进出线采用电缆，侧上方进线侧下方出线并预留下出线孔。

10.1.3.4 箱体要求

（1）标识：配电箱应按国家电网公司相关要求统一安装安全警示线标识。

（2）箱壳材料：箱体外壳选用不锈钢（304）材料或采用纤维增强型不饱和聚酯树脂材料（SMC），在薄弱位置应增加加强筋，箱壳挂点应有足够的机械强度，在起吊、运输、安装中不得变形或损伤。

（3）SMC 材质低压综合配电箱外观颜色采用海灰 B05，不锈钢材质低压综合配电箱采用亚光处理。

10.1.4 消防、通风、环境保护及其他

（1）消防：与其他建筑物距离应满足防火规范要求。

（2）通风：自然通风。

（3）环保：噪声对周围环境影响应符合 GB 3096—2008《声环境质量标准》的规定和要求。

10.2 主要设备选型

主要设备选型见表 10-2。

表 10-2　　　　　　　主 要 设 备 选 型

单元名称	设备型式及技术参数	备注
进线单元	熔断器式隔离开关 630A 熔断器开断能力≥100kA 铜母线，额定电流 630A	
出线单元	塑壳断路器额定电流 400A 额定运行分断能力≥31.5kA	
无功补偿单元	智能电容器组和或 SVG	也可采用负荷开关、电容器方案
计量单元	预留互感器、电能表、采集终端、配电终端安装位置	按营销计量要求配置

10.3 使用说明

（1）DP-1 方案适用于容量为 400kVA 及以下柱上变压器配置的柱上低压综合配电箱，1 回进线，2~3 回出线，也可根据实际需要配置 1 回出线，进线采用熔断器式隔离开关，出线选用塑壳断路器（或带剩余电流动作保护装置），无功补偿按需选配。当有分布式电源接入需求时，进线宜采用断路器。断路器应采用智能断路器，配置 RS-485 接口，能够提供开关状态、电压、电流等信息。

（2）用于 TT 接地系统时，不锈钢综合配电箱外壳单独接地，剩余电流动作保护装置应根据 Q/GDW 11020—2013《农村低压电网剩余电流工作保护器配置导则》要求进行安装。接地体敷设成围绕变压器的闭合环形，设 2 根及以上垂直接地极。当用于 TN-C-S 接地系统时，380/220V 出线开关不应配置剩余电流动作保护器。

（3）箱体内应预留通信装置位置，满足台区运行监控进一步需求。

（4）本方案箱体防护等级为 IP44，箱体材质为不锈钢，根据工程需要也可选用纤维增强型不饱和聚酯树脂材料（SMC）。箱体可根据实际使用需求增加箱门闭锁等安全措施。

（5）配置 SVG 或 SVG+智能电容（分补）单元的低压综合配电箱，应配置相应的强排风装置和风道，满足 SVG 单元的散热要求。

1）SVG 的单元容量应根据台区的三相不平衡程度确定。应采取有效措施，减少 SVG 单元的损耗和降低工作噪声。

2）SVG 单元尺寸，原则上宽度不超过 320mm，高度不影响综合箱出线布局。若因三相不平衡问题突出，需要安装大容量 SVG 单元，可在确保其余单元安全可靠工作的情况下，适当调整内部结构，以便安装 SVG 单元。若 SVG 单元高度影响电缆侧出线孔，则需考虑优化出线方向。

10.4 设计图

低压柱上综合配电箱（DP-1）通用设计方案设计图清单见表 10-3。

表 10-3　　　　　　　设 计 图 清 单

图序	图名
图 10-1	低压柱上综合配电箱（DP-1）电气系统图（一） （1350mm×700mm×1200mm/200~400kVA）
图 10-2	低压柱上综合配电箱（DP-1）电气系统图（二） （1350mm×700mm×1200mm/200kVA 及以下）
图 10-3	低压柱上综合配电箱（DP-1）电气系统图（三） （800mm×650mm×1200mm/200kVA 及以下）
图 10-4	低压柱上综合配电箱（DP-1）布置图（一） （1350mm×700mm×1200mm）
图 10-5	低压柱上综合配电箱（DP-1）布置图（二） （1350mm×700mm×1200mm，配置 SVG）
图 10-6	低压柱上综合配电箱（DP-1）布置图（三） （800mm×650mm×1200mm）
图 10-7	低压柱上综合配电箱（DP-1）安装示意图

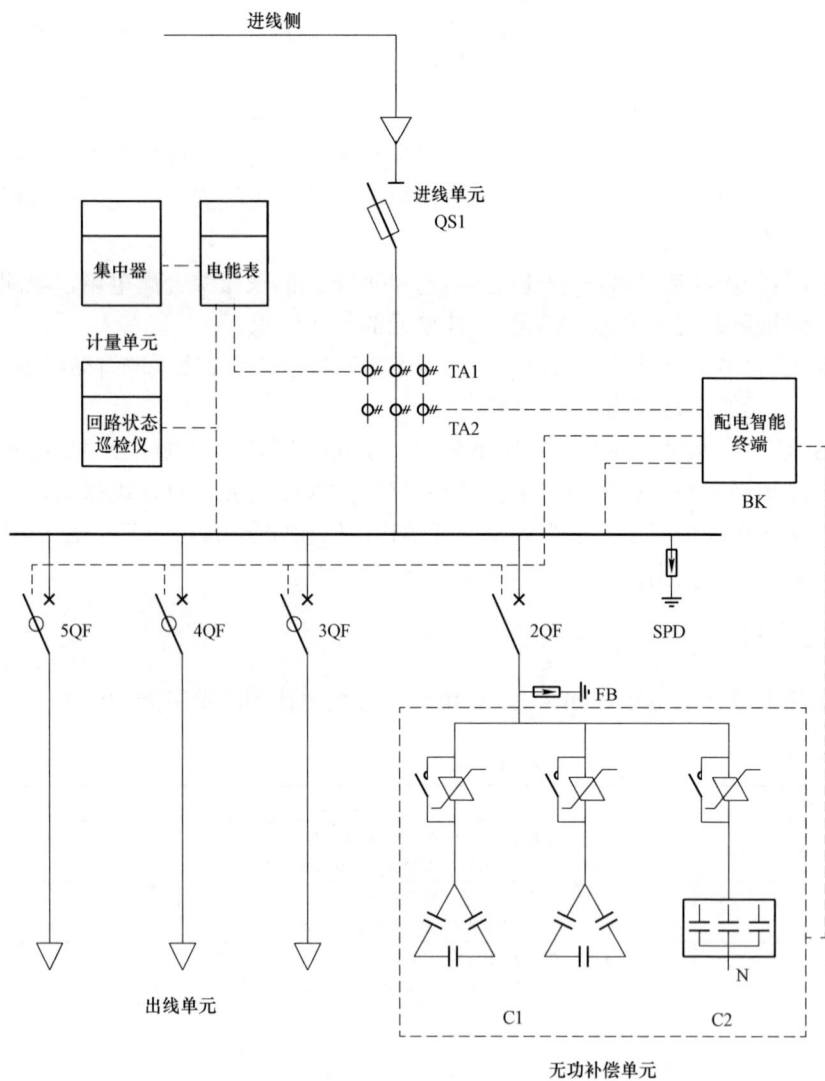

序号	代号	名称	规格及型号	数量	单位	备注
1	QS1	熔断器式隔离开关	630A（800A）	1	个	按实际需求选择
2	TA1	电流互感器	不低于 0.2S 级	3	只	按实际需求调整
3	TA2	电流互感器	不低于 0.5S 级	3	只	按实际需求调整
4	FB	避雷器		3	只	
5	SPD	浪涌保护器	T1 级	1	套	
6	C1	智能电容器组	共补	1	组	可替换为复合开关、电容器方案
7	C2	智能电容器组	分补	1	组	
8	SVG	动态无功补偿装置		1	组	
9	BK	配电智能终端	**通信、数据采集、四遥一体**	1	只	须采集断路器状态、电流等信息
10	3QF	断路器（带剩余电流动作保护）	630A/3P＋N	1	个	选配可视断点型
11	4QF	断路器（带剩余电流动作保护）	400A/3P＋N	1	个	选配可视断点型
12	5QF	断路器（带剩余电流动作保护）	400A/3P＋N	1	个	选配可视断点型
13	2QF	断路器		1	个	按需求配置

说明：1. 无功补偿单元按 120kvar 配置，共补配置（3×10＋3×20）kvar，分补配置（10＋20）kvar。

2. 对于有三相不平衡问题的台区，无功补偿单元采用 SVG＋电容（分补）方案。补偿总量仍按 120kvar 配置，SVG 容量视不平衡度确定。

3. 配电智能终端与无功补偿控制器相配合，可实现协调控制。

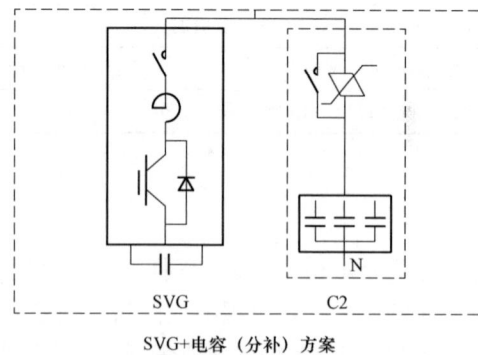

SVG＋电容（分补）方案

图 10-1　低压柱上综合配电箱（DP-1）电气系统图（一）（1350mm×700mm×1200mm/200～400kVA）

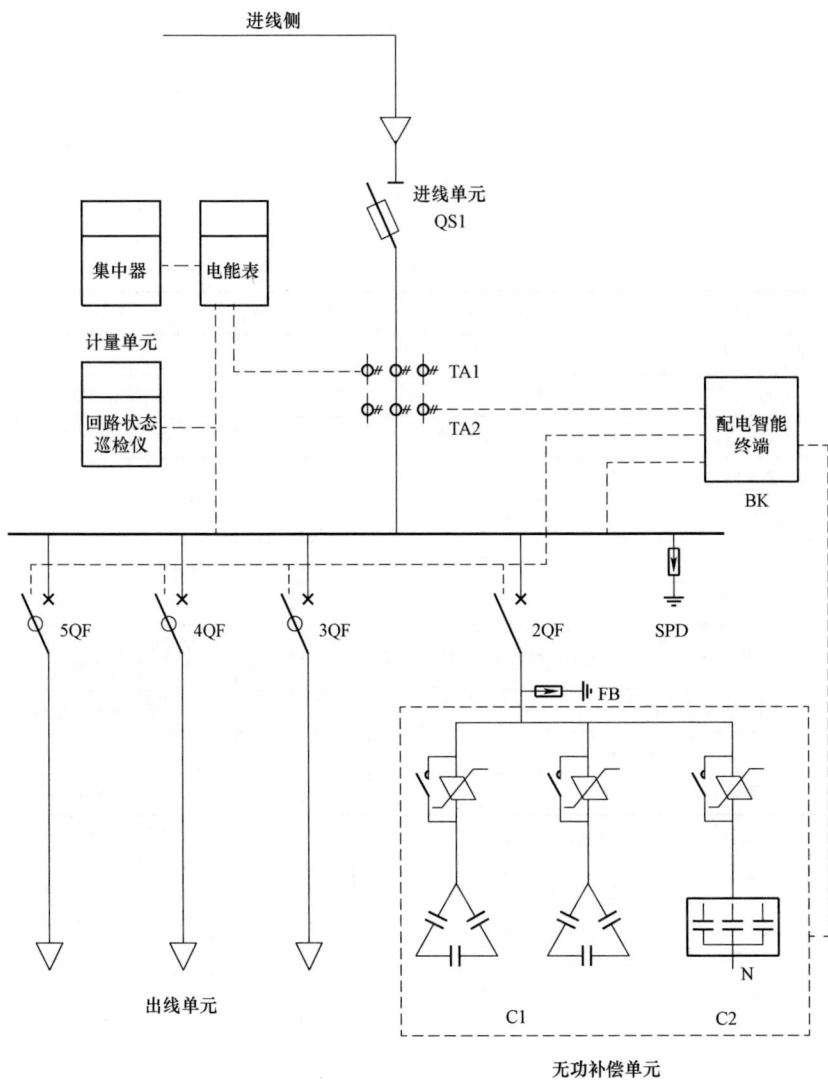

序号	代号	名称	规格及型号	数量	单位	备注
1	QS1	熔断器式隔离开关	400A	1	个	
2	TA1	电流互感器	不低于 0.2S 级	3	只	按实际需求调整
3	TA2	电流互感器	不低于 0.5S 级	3	只	按实际需求调整
4	FB	避雷器		3	只	
5	SPD	浪涌保护器	T1 级	1	套	
6	C1	智能电容器组	共补	1	组	可替换为复合开关、电容器方案
7	C2	智能电容器组	分补	1	组	
8	SVG	动态无功补偿装置		1	组	
9	BK	配电智能终端	通信、数据采集、四遥一体	1	只	须采集断路器状态、电流等信息
10	3QF	断路器（带剩余电流动作保护）	400A/3P＋N	1	个	选配可视断点型
11	4QF	断路器（带剩余电流动作保护）	250A/3P＋N	1	个	选配可视断点型
12	5QF	断路器（带剩余电流动作保护）	250A/3P＋N	1	个	选配可视断点型
13	2QF	断路器		1	个	按需求配置

说明：1. 无功补偿单元按 60kvar 配置，共补配置（5＋2×10＋20）kvar，分补配置（5＋10）kvar。

2. 对于有三相不平衡问题的台区，无功补偿单元采用 SVG＋电容（分补）方案。补偿总量仍按 60kvar 配置，SVG 容量视不平衡度确定。

3. 配电智能终端与无功补偿控制器相配合，可实现协调控制。

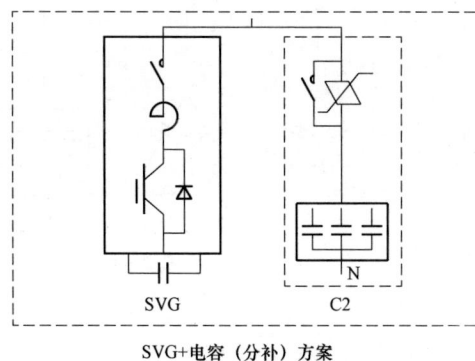

SVG＋电容（分补）方案

图 10－2　低压柱上综合配电箱（DP－1）电气系统图（二）（1350mm×700mm×1200mm/200kVA 及以下）

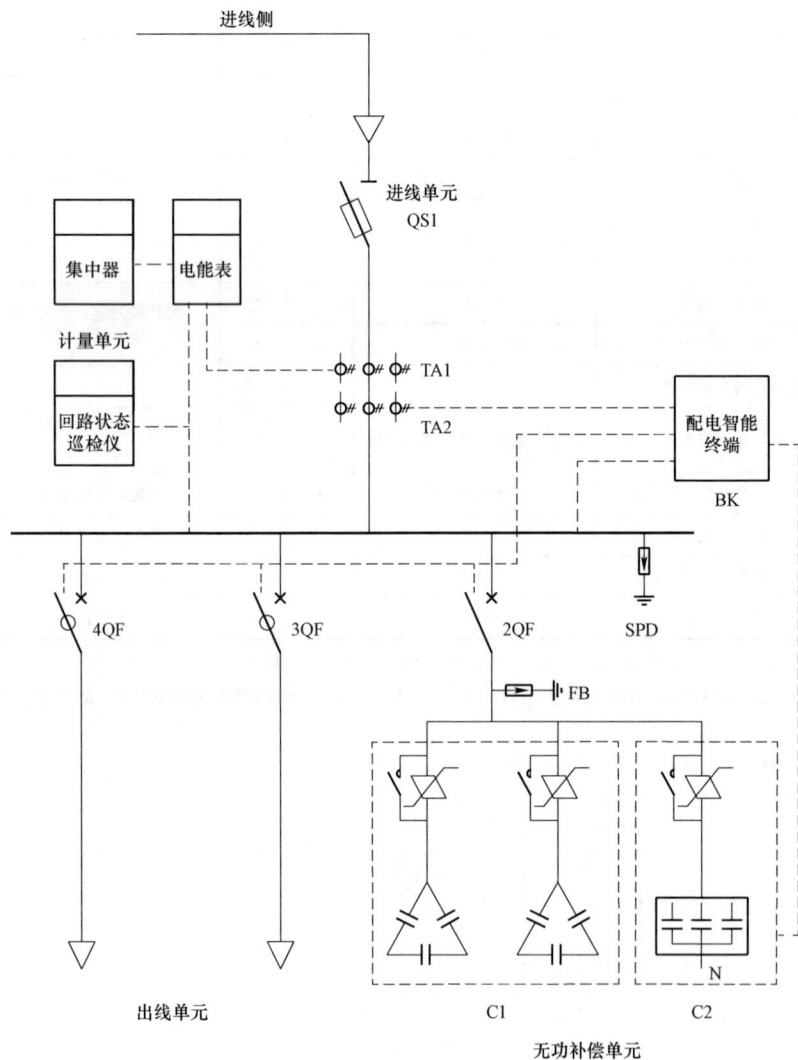

序号	代号	名称	规格及型号	数量	单位	备注
1	QS1	熔断器式隔离开关	400A	1	个	
2	TA1	电流互感器	不低于 0.2S 级	3	只	按实际需求调整
3	TA2	电流互感器	不低于 0.5S 级	3	只	按实际需求调整
4	FB	避雷器		3	只	
5	SPD	浪涌保护器	T1 级	1	套	
6	C1	智能电容器组	共补	1	组	可替换为复合开关、电容器方案
7	C2	智能电容器组	分补	1	组	
8	BK	配电智能终端	**通信、数据采集、四遥一体**	1	只	须采集断路器状态、电流等信息
9	3QF	断路器（带剩余电流动作保护）	400A/3P＋N	1	个	选配可视断点型
10	4QF	断路器（带剩余电流动作保护）	250A/3P＋N	1	个	选配可视断点型
11	2QF	断路器		1	个	按需求配置

说明：配电智能终端与无功补偿控制器相配合，可实现协调控制。

图 10-3　低压柱上综合配电箱（DP-1）电气系统图（三）（800mm×650mm×1200mm/200kVA 及以下）

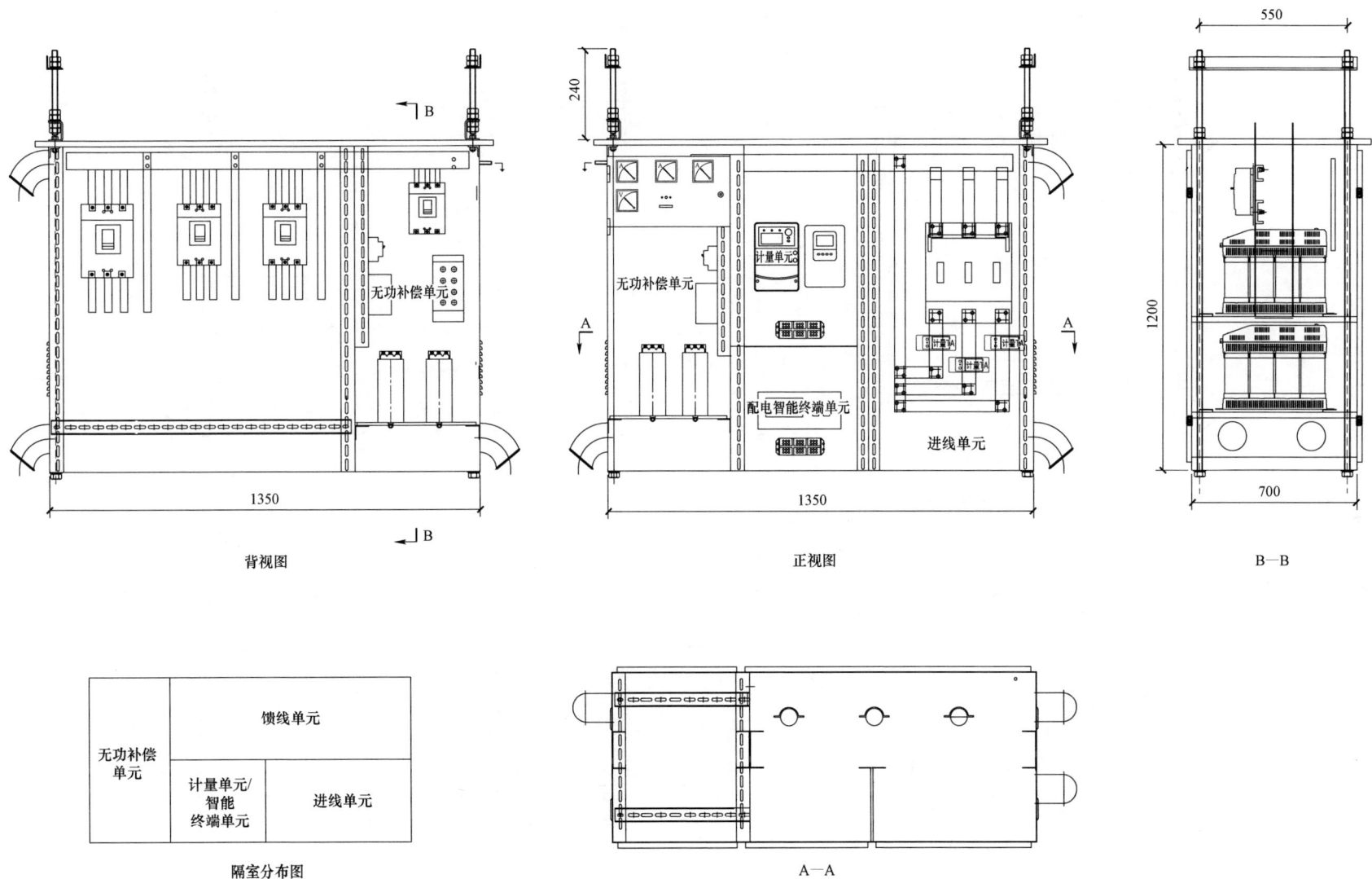

240

550

1200

1350

700

无功补偿单元

背视图

无功补偿单元

计量单元

配电智能终端单元

进线单元

1350

正视图

B—B

| 无功补偿
单元 | 馈线单元 | |
| | 计量单元/
智能
终端单元 | 进线单元 |

隔室分布图

A—A

说明：配电箱母线也可采用母线系统，开关可采用挂接布置。

图 10-4　低压柱上综合配电箱（DP-1）布置图（一）（1350mm×700mm×1200mm）

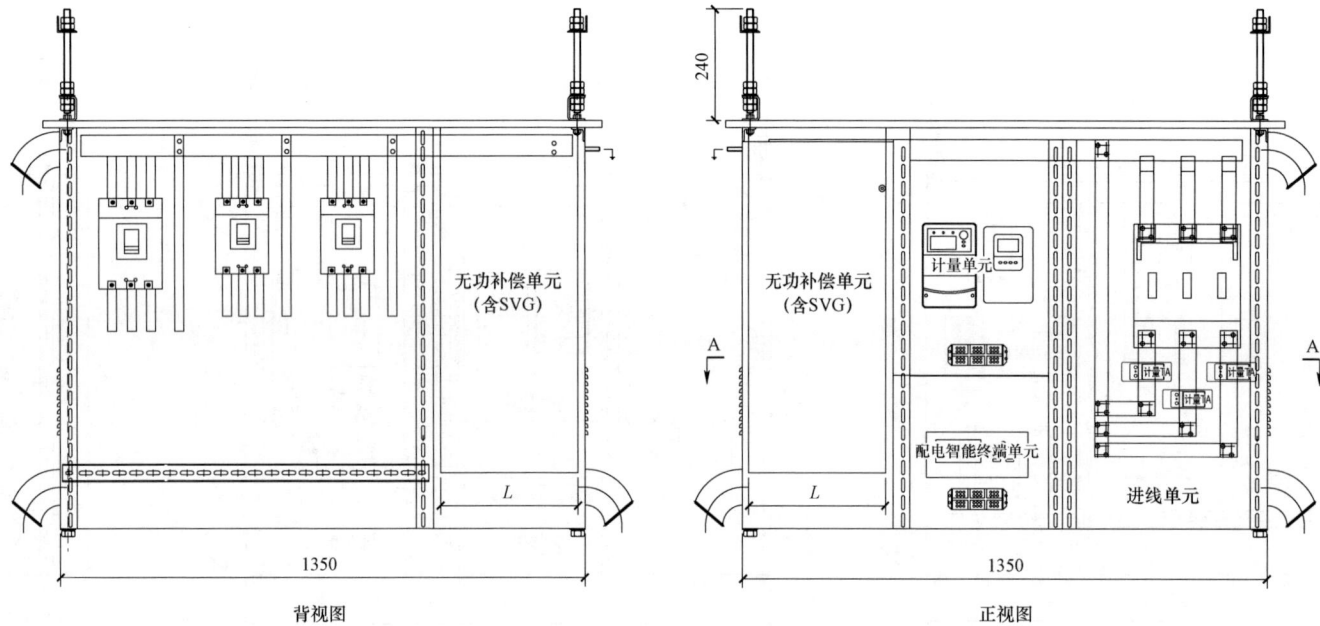

背视图   正视图

隔室分布图

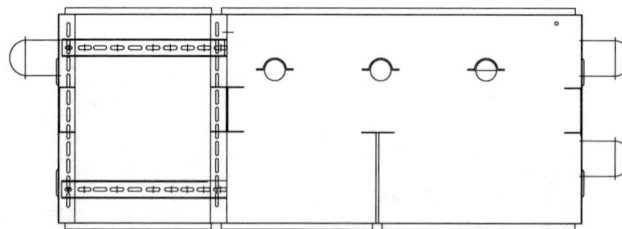

A—A

说明：1. 配电箱母线也可采用母线系统，开关可采用挂接布置。

2. 无功补偿单元（含 SVG）原则上宽度 L 不超过 320mm。

图 10−5   低压柱上综合配电箱（DP−1）布置图（二）（1350mm×700mm×1200mm，配置 SVG）

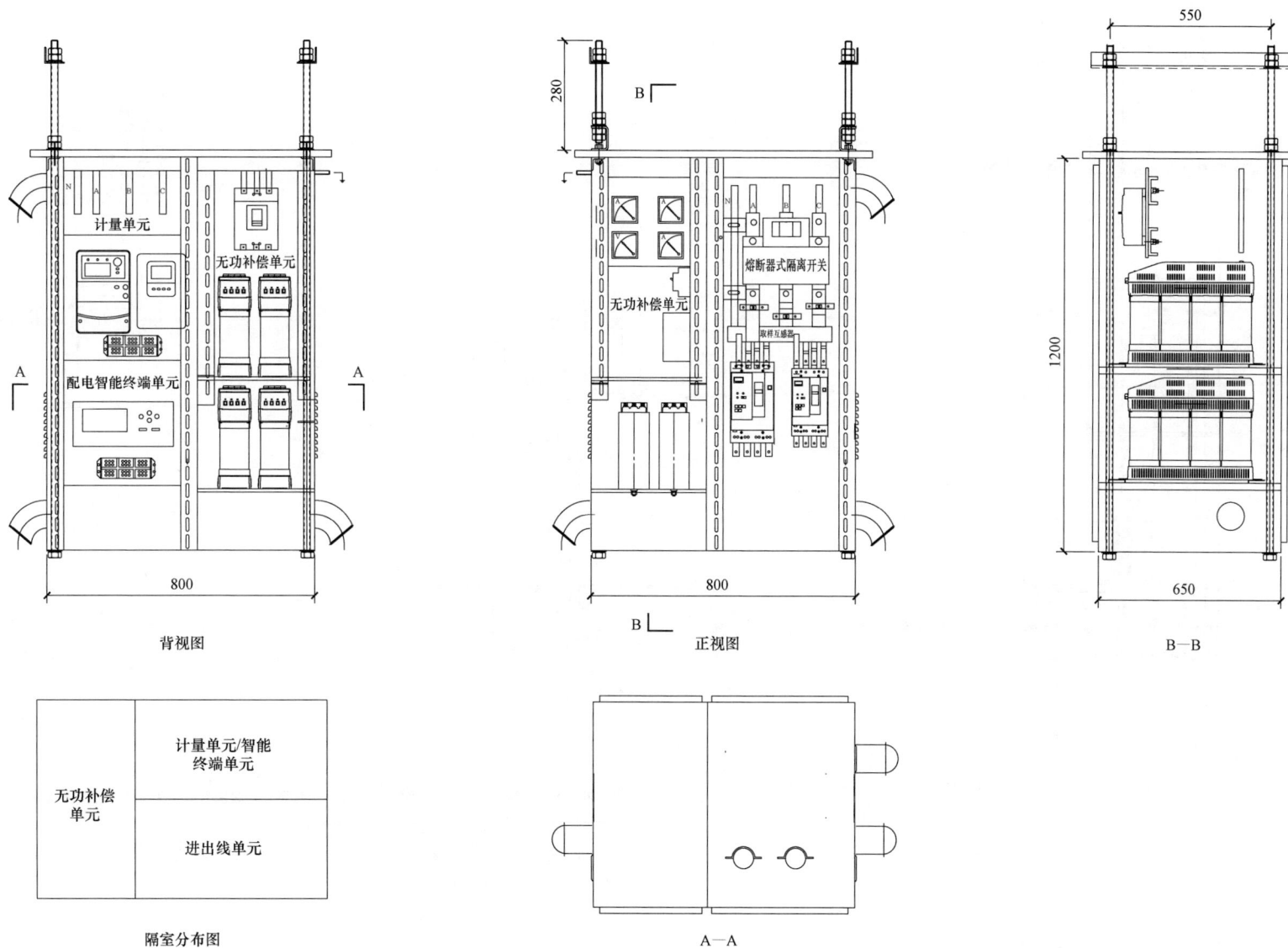

背视图

无功补偿单元 | 计量单元/智能终端单元
| 进出线单元

隔室分布图

A—A

说明：配电箱母线可采用母线系统，开关可采用挂接布置。

图 10-6 低压柱上综合配电箱（DP-1）布置图（三）（800mm×650mm×1200mm）

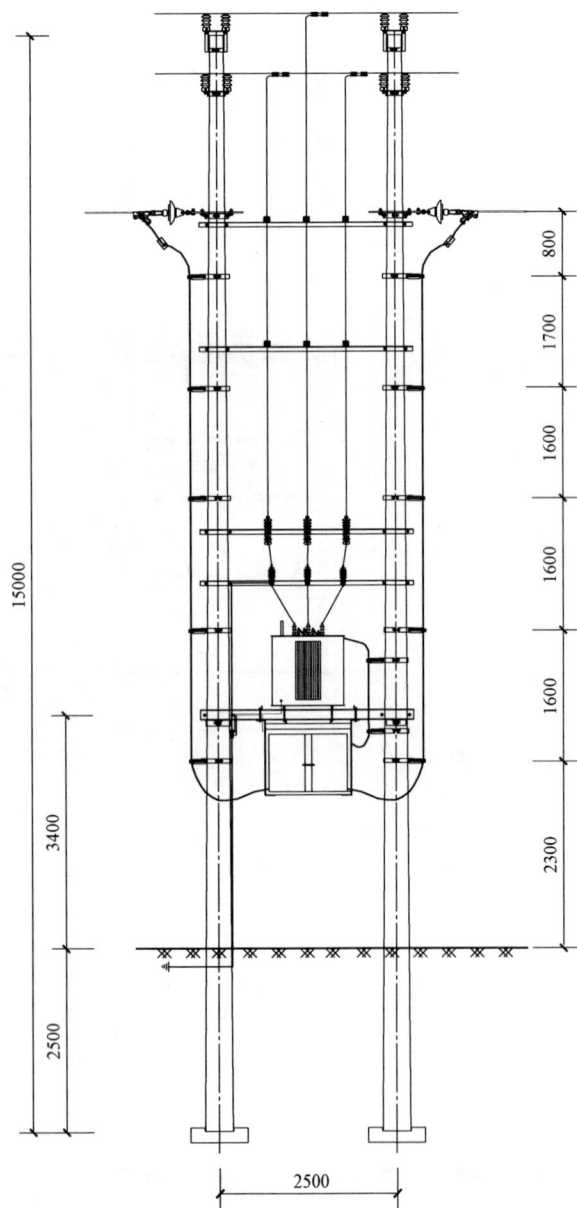

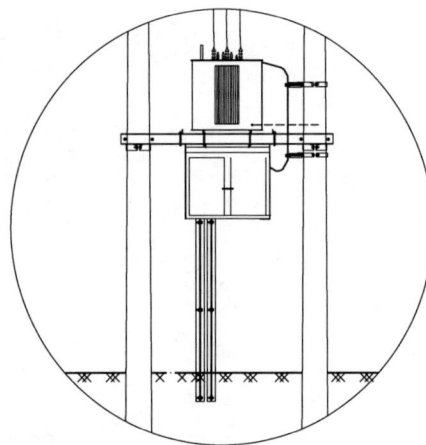

与综合配电箱外壳接地连接
与变压器外壳接地连接
与变压器工作接地连接
与避雷器连接

接地装置引上线

B图

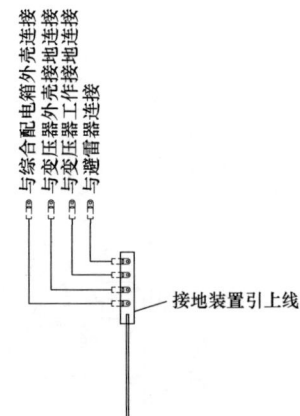

说明：1. 本图采用低压配电箱型式。若为电缆下地出线，见 B 图，同时应考虑电缆保护管的固定措施。
2. 若采用 TT 接地系统，低压综合配电箱外壳须单独接地。
3. 10kV 接地系统采用不接地、消弧线圈时，保护接地和工作接地按图所示汇集一点接地；采用小电阻接地时，保护接地和工作接地需分开设置。

图 10−7　低压柱上综合配电箱（DP−1）安装示意图

第 11 章　低压柱上综合配电箱（DP-2）

11.1　设计说明

11.1.1　概述

本方案适用于机井通电柱上变压器台区工程的 380/220V 部分。

本方案编号为"DP-2"一进三出，设计范围从 380V 综合配电箱进线连接端到出线连接端止，设计内容包括 380V 综合配电箱接线、外形尺寸、安装图。

低压综合配电箱进线采用熔断器式隔离开关，出线采用带剩余电流动作保护装置的塑壳断路器，不配置无功补偿装置；箱内母线采用铜导体，额定电流 200A；箱体采用不锈钢材质；低压进线采用交联聚乙烯绝缘软铜导线或相应载流量的电缆，由配电箱侧面进线；低压出线可采用电缆（铝芯或稀土高铁铝合金芯）或交联聚乙烯绝缘软铜导线，由配电箱侧面或底部出线；安装方式为悬挂式安装。

11.1.2　方案技术条件

低压柱上综合配电箱（DP-2）方案技术条件见表 11-1。

表 11-1　　低压柱上综合配电箱（DP-2）方案技术条件

序号	项目名称	内容
1	进出线回路数	一进三出，水平排列，进出线全部采用电缆
2	额定电流	进线开关额定电流 630A
3	额定短路分断能力	额定运行开断能力≥31.5kA
4	主母排额定电流	630A
5	主要设备选型	选用非挂接系统，全绝缘母线，进线熔断器式隔离开关，出线选用带漏电保护功能的塑壳断路器，配置三段式保护的电子脱扣器，计量部分按营销要求配置
6	布置方式	进出线开关采用水平排列

11.1.3　电气一次部分

（1）电气一次部分采用单母线接线。

（2）主要设备选型见表 11-2。

表 11-2　　主要设备选型表

单元名称	设备型式及技术参数	备注
进线单元	熔断器式隔离开关 200A	
出线单元	塑壳断路器，配置三段式保护功能的电子脱扣器，带剩余电流动作保护装置	
无功补偿单元	不配置	如需配置，按《国网西藏电力有限公司配电网工程通用设计　配电站房分册》执行
计量单元	预留互感器、电能表、采集终端、配置终端安装位置	按营销要求配置

（3）绝缘配合及过电压保护级接地。交流电气装置的接地应符合 GB/T 50065—2011《交流电气装置的接地设计规范》要求。电气装置过电压保护应满足 GB/T 50064—2014《交流电气装置的过电压保护和绝缘配合设计规范》要求。

低压柱上综合配电箱防雷采用 T1 级浪涌保护器，壳体、浪涌保护器及避雷器应接地，接地引线与接地网可靠连接。

（4）电气设备布置。本方案低压综合配电箱采用悬挂式安装方式，低压进线采用交联聚乙烯绝缘软铜导线或相应载流量的电缆，由配电箱侧面进线；低压出线可采用电缆（铝芯或稀土高铁铝合金芯）或交联聚乙烯绝缘软铜导线，由配电箱侧面出线。

（5）箱体要求。

1）标识：配电箱应按国家电网公司相关要求统一安装安全警示线标识。

2）箱壳材料：箱体外壳优先选用不锈钢材料，在薄弱位置应增加加强筋，箱壳挂点应有足够的机械强度，在起吊、运输、安装中不得变形或损伤。

11.1.4　消防、通风、环境保护及其他

（1）消防：与其他建筑物距离应满足防火规范要求。

（2）通风：自然通风。

（3）环保：噪声对周围环境影响应符合 GB 3096—2008《声环境质量标准》的规定和要求。

11.2 主要元器件配置

主要元器件配置（DP-2）见表 11-3。

表 11-3 　　　　　　　主要元器件配置（DP-2）

序号	名称	型号规范	单位	数量	备注
1	熔断器式隔离开关	200A	只	1	
2	塑壳断路器	160A，带剩余电流动作保护器	只	3	
3	电流互感器	200/5A，0.5 级	只	3	测量用
4	电流互感器		只	3	按营销计量要求配置，0.2S 级，计量用互感器应安装加密电子标签
5	浪涌保护器	T1 级	套	1	
6	避雷器		只	3	
7	箱体	优先选用不锈钢材料	座	1	1000mm×650mm×700mm（宽×深×高）

11.3 使用说明

（1）本方案适用于机井通电容量为 100kVA 柱上变压器配置的柱上低压综合配电箱，一进三出，进线采用熔断器式隔离开关，出线采用塑壳断路器，不配置无功补偿。

（2）本方案进线采用熔断器式隔离开关。根据工程需要，进线也可选用塑壳断路器。当有分布式电源接入需求时，进线开关宜采用断路器。

（3）用于 TT 接地系统时，出线断路器应配置剩余电流动作保护器。当用于 TN-C-S 接地系统时，380/220V 出线开关不应配置剩余电流动作保护器。

（4）箱体内应预留通信装置位置，满足台区运行监控进一步需求。

（5）本方案箱体防护等级为 IP44，箱体材质为不锈钢，根据工程需要也可选用纤维增强型不饱和聚酯树脂材料（SMC）。箱体可根据实际使用需求增加箱门闭锁等安全措施。

11.4 设计图

低压柱上综合配电箱（DP-2）通用设计方案设计图清单见表 11-4。

表 11-4 　　　　　　　设 计 图 清 单

图序	图名
图 11-1	低压柱上综合配电箱（DP-2）电气系统图
图 11-2	低压柱上综合配电箱（DP-2）布置图
图 11-3	低压柱上综合配电箱（DP-2）安装示意图

进线侧

进线单元
QS1

集中器 电能表

计量单元

回路状态
巡检仪

TA1

TA2

配电智能
终端

BK

SPD

3QF   2QF   1QF

出线单元

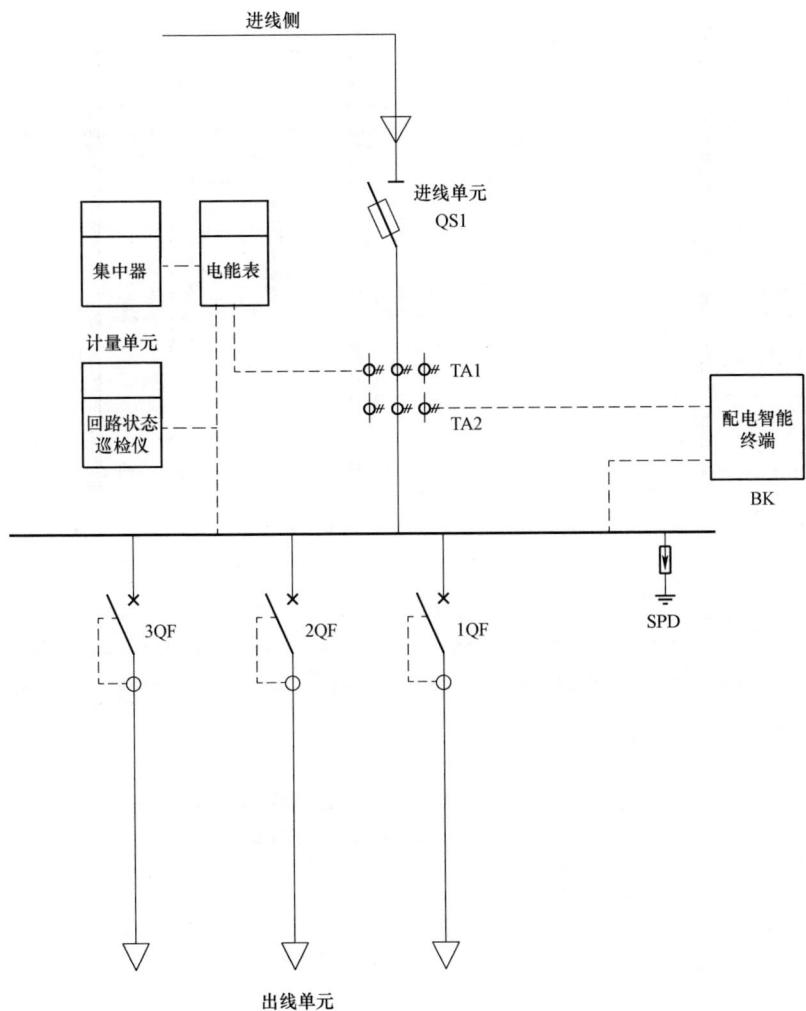

序号	代号	名称	规格及型号	数量	单位	备注
1	QS1	熔断器式隔离开关	200A	1	个	
2	TA1	电流互感器	计量用 0.2S 级	3	只	
3	TA2	电流互感器	测量用 0.5S 级	3	只	按需求配置
4	SPD	浪涌保护器	T1 级	1	套	
5	1QF	断路器（带剩余电流动作保护）	160A/3P＋N	1	个	选配可视断点型
6	2QF～3QF	断路器（带剩余电流动作保护）	100A/3P＋N	2	个	选配可视断点型
7	BK	配电智能终端	通信、数据采集、四遥一体	1	只	按需求配置

图 11-1　低压柱上综合配电箱（DP-2）电气系统图

背视图

正视图

B—B

计量单元

配电智能终端

熔断器式隔离开关

计量单元

出线单元　　　　　进线单元

隔室分布图

A—A

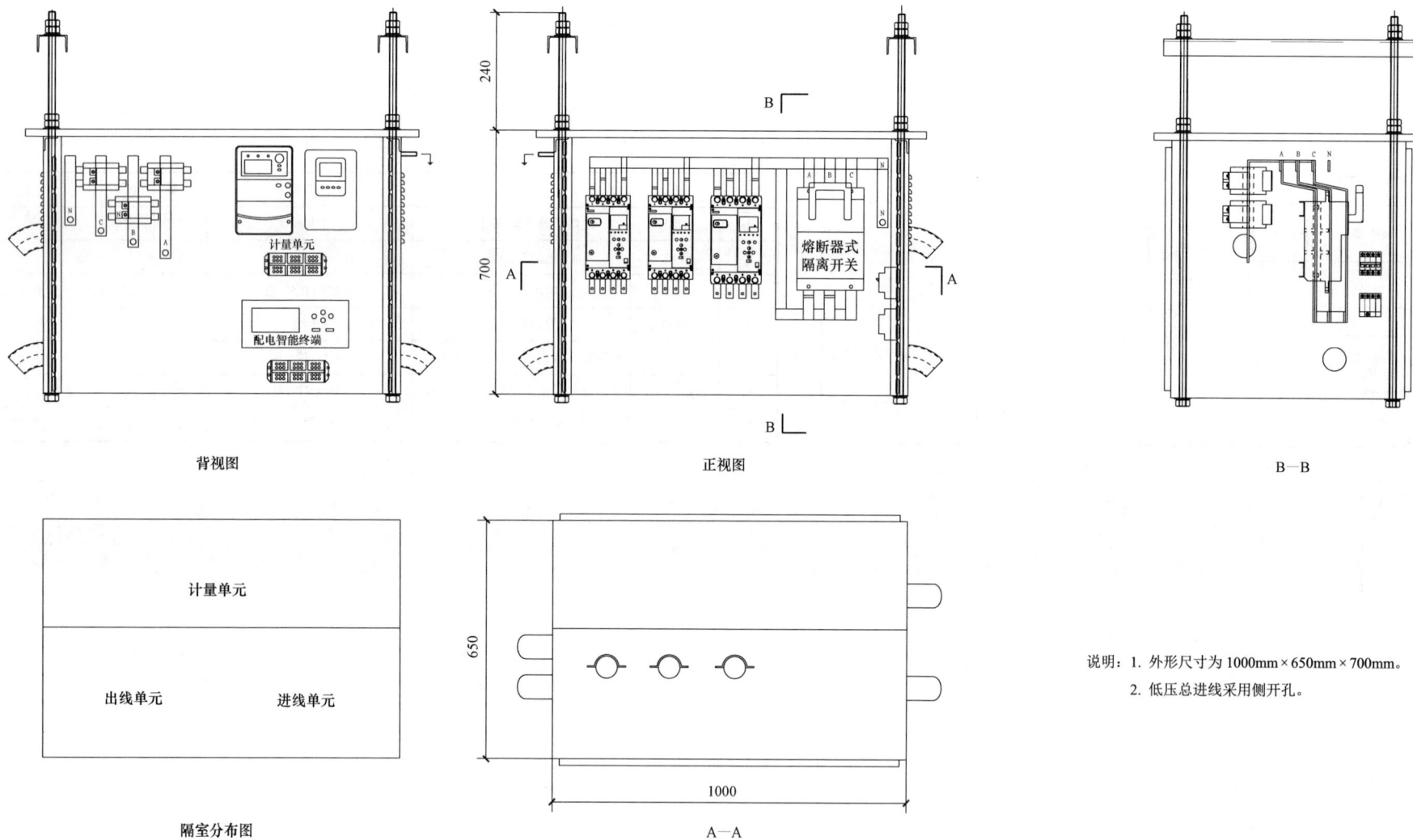

说明：1. 外形尺寸为1000mm×650mm×700mm。
　　　2. 低压总进线采用侧开孔。

图 11-2　低压柱上综合配电箱（DP-2）布置图

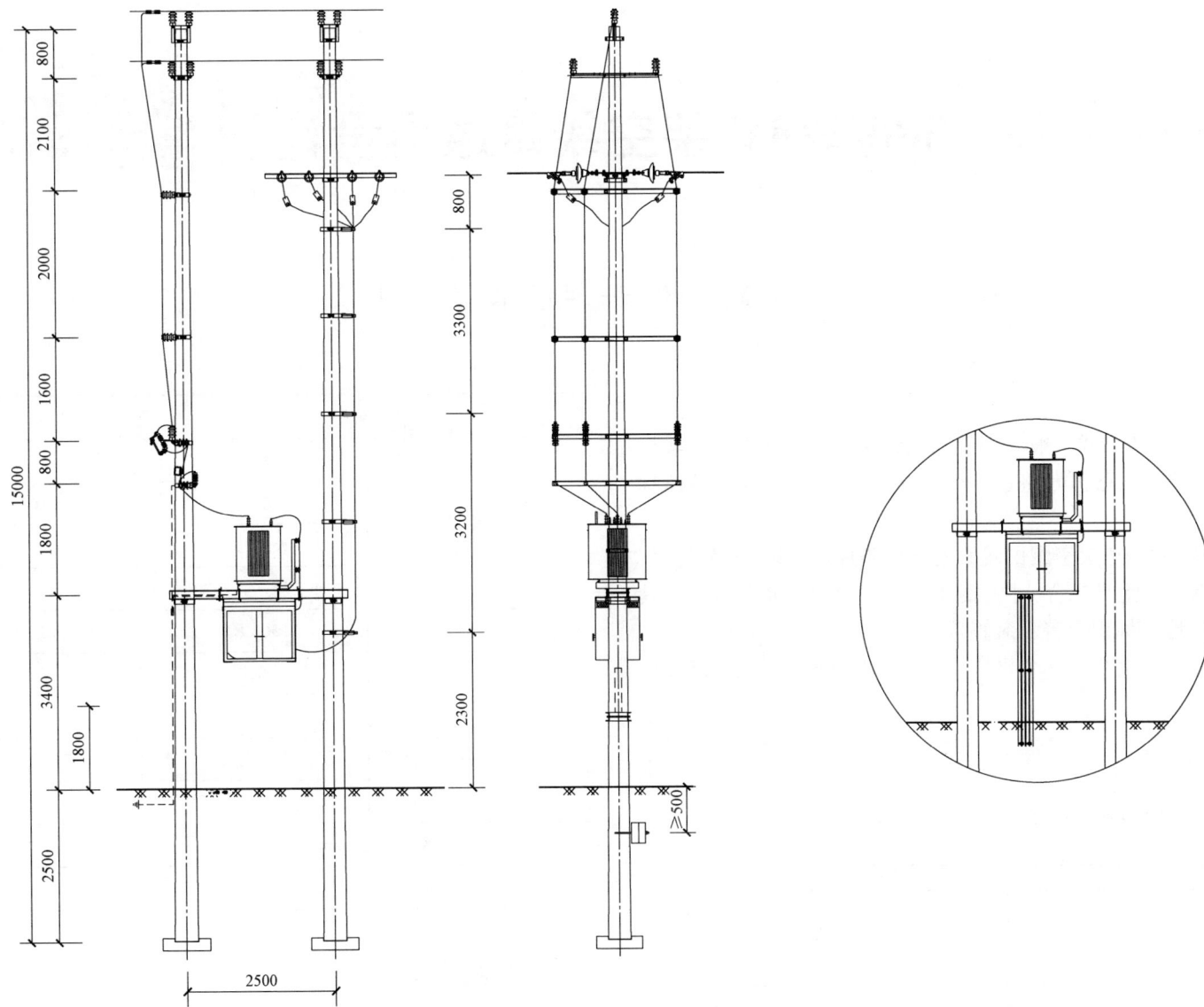

图 11-3 低压柱上综合配电箱（DP-2）安装示意图

第三篇

380/220V 架空线路通用设计

第 12 章　设计技术原则

12.1　概述

380/220V 架空线路按架线方式一般分为三相四线架空线路和单相二线架空线路。以下将三相四线架空线路称为 380V 架空线路，单相二线架空线路称为 220V 架空线路。

通用设计内容包括 380/220V 架空配电线路的气象条件、导线选取和使用、杆型选取和使用、横担选配、绝缘配合、拉线选配、基础选择、接户线、金具及绝缘子选用、防雷与接地、标识及警示装置。

通用设计共给出 380V 架空线路 9 个模块 11 种杆型，220V 架空线路 6 个模块 6 种杆型。

12.2　气象条件

380/220V 架空线路使用的通用气象条件见表 12-1。

表 12-1　　　380/220V 架空线路使用的通用气象条件

气象区		XZ-A	XZ-B
大气温度（℃）	最高	+35	
	最低	-20	-40
	覆冰	-5	

续表

气象区		XZ-A	XZ-B
大气温度（℃）	最大风	-5	
	安装	-10	-15
	外过电压	+15	
	内过电压、年平均气温	+5	-5
风速（m/s）	最大风	27	30
	覆冰	10	
	安装	10	
	外过电压	10	
	内过电压	15	
覆冰厚度（mm）		5	10
冰的密度（kg/m³）		0.9×10^3	

12.3　导线选取和使用

12.3.1　导线截面选取

（1）380/220V 架空线路根据不同负荷需求可以采用 16、35、70、120、150、

240mm² 等多种截面的导线。

（2）主干线截面应按远期规划一次选定。导线截面选择应系列化，同时各地在使用时应根据各自的需要选择 3~4 种常用截面的导线，可使杆型选择、施工备料、运行维护得以简化。

（3）主干线推荐选用 150~240mm²，分支线推荐选用 70~150mm²，接户线推荐选用 70mm² 及以下截面的导线，并进行热稳定校验。零线宜与相线等截面、同型号。

12.3.2 导线型号选取

（1）按照 Q/GDW 10370《配电网技术导则》的要求，为保障线路运行安全，保证人群密集区域人员出行的安全，推荐采用 JKLYJ 系列铝芯交联聚乙烯架空绝缘导线。

（2）380/220V 架空导线各气象区导线型号选取、导线适用档距、安全系数及允许最大直线转角角度见表 12-2。

表 12-2　　导线安全系数及最大直线转角角度

导线分类	适用档距 (m)	导线型号	安全系数		导线允许最大直线转角 (°)
			XZ-A	XZ-B	
绝缘铝导线	L≤60	JKLYJ-1/70	4.0	4.0	15
		JKLYJ-1/120	5.0	5.0	15
		JKLYJ-1/150	5.0	5.0	12
		JKLYJ-1/240	5.0	5.0	3

（3）对于超出表 12-2 导线型号或安全系数限定范围的使用情况，各地应对电杆的适用档距进行核算，并对所选用电杆的电气间隙和结构强度及稳定性进行校验并调整，满足要求后方可使用。

12.3.3 导线参数

绝缘导线参数根据 GB/T 12527《额定电压 1kV 及以下架空绝缘 电缆》选取；标准中对绝缘导线的导体中最小单线根数、绝缘厚度、导线拉断力均有明确规定，但导线的外径、重量和计算截面在标准中尚无明确的规定。通用设计在对国内多家绝缘导线厂家调研的基础上，选取绝缘导线外径、重量、计算截面较大者作为推荐的计算参数，以确保设计的安全裕度。各种规格导线参数见表 12-3。

表 12-3　　　　　导　线　参　数

型号		JKLYJ-1/35	JKLYJ-1/70	JKLYJ-1/120	JKLYJ-1/150	JKLYJ-1/240
构造（根数×直径，mm）	铝	7×2.52	19×2.25	19×2.90	37×2.32	37×2.92
	绝缘厚度 (mm)	1.2	1.4	1.6	1.8	3.4
截面积（mm²）	铝	36.58	75.55	125.50	156.41	264.90
外径（mm）		11.0	13.2	16.8	18.8	26.8
单位质量（kg/km）		130	241	400	501	946.1
综合弹性系数（MPa）		59000	56000	56000	56000	56000
线膨胀系数（1/℃）		0.000023	0.000023	0.000023	0.000023	0.000023
计算拉断力（N）		5177	10354	17339	21033	34679

12.3.4 导线张力弧垂表的使用

导线的张力弧垂根据第 13 章导线张力弧垂进行查取，并根据导线类型及使用档距对导线的初伸长采取不同程度的补偿，详见第 13 章说明。

12.4 杆型选取和使用

12.4.1 杆型分类

（1）杆型按照"一杆多用"原则进行分类。

（2）第 14 章根据 380/220V 架空配电线路中电杆的不同用途，给出了直线水泥杆、直线转角水泥杆、45°和 90°带拉线耐张转角水泥杆、直线 T 接水泥杆、带拉线终端水泥杆、跨越杆等共计 15 个模块 17 种杆型，设计人员可根据各自的使用情况选取适用于本地区的杆型。

（3）通用设计采用使电杆受力最大的杆头型式进行结构计算。

（4）为进一步简化杆型，提高电杆的适用性，多数电杆均能适用 2 个气象区的多种外荷载，按档距、导线型号可选取不同等级的电杆。

12.4.2 电杆回路数

（1）本通用设计仅考虑单回水平排列 380、220V 架空配电线路。

（2）380/220V 线路与 10kV 同杆架设已在 10kV 通用设计中考虑。

12.4.3 电杆选择

通用设计选用 GB/T 4623《环形混凝土电杆》中的锥形普通非预应力电杆共 2 种。按杆高分为 12、15m 两种规格；推荐使用的电杆梢径为 ϕ190；开裂弯矩为 M 级。根据国家电网公司标准化物料要求，具体选型汇总见表 12-4。

表 12-4　水泥杆选型汇总

序号	电杆分类	类型	水泥杆规格
1	$\phi190\times12$m	非预应力水泥杆	$\phi190\times12\times M\times G$
2	$\phi190\times15$m	非预应力水泥杆	$\phi190\times15\times M\times G$

注　$\phi190\times15$m 水泥杆仅限于跨越情况，不做主流杆型使用。如果要使用 $\phi230$ 及以上稍径或 M 级以上开裂检验弯矩电杆，需自行校验使用条件。

12.4.4　电杆水平档距及垂直档距

（1）380、220V 架空配电线路的各种杆型按水平档距 $L_h\leq50$m，垂直档距 $L_v\leq65$m；水平档距 $L_h\leq60$m，垂直档距 $L_v\leq75$m 两种情况进行设计。

（2）第 14 章对各种杆型根据各外荷载对直线水泥杆的水平档距、耐张转角水泥杆和钢管杆的线路转向角度均再做相应的限定，详见各杆型配置适用情况表分表。

12.4.5　杆型汇总表

（1）通用设计共给出 380V 架空线路 9 个模块 11 种杆型，见表 12-5。

表 12-5　380V 架空线路杆型汇总表

杆型编号	杆型模块（方案）	电杆类型	杆型代号
1	12m 380V 直线水泥杆	非预应力水泥杆	D4Z-12-M
2	12m 380V 直线转角水泥杆	非预应力水泥杆	D4ZJ-12-M
3	12m 380V 45°带拉线耐张转角 水泥杆	非预应力水泥杆	D4NJ1-12-M
4	12m 380V 90°带拉线耐张转角 水泥杆	非预应力水泥杆	D4NJ2-12-M
5	12m 380V 直线 T 接水泥杆	非预应力水泥杆	D4ZT4-12-M
6		非预应力水泥杆	D4ZT2-12-M
7		非预应力水泥杆	D4D-12-M
8	12m 380V 带拉线终端水泥杆	非预应力水泥杆	D4DL-12-M
9	15m 380V 直线跨越水泥杆	非预应力水泥杆	D4ZK-15-M
10	15m 380V 45°转角跨越水泥杆	非预应力水泥杆	D4NJ1K-15-M
11	15m 380V 90°转角跨越水泥杆	非预应力水泥杆	D4NJ2K-15-M

注　杆型代码编制规则详见第 14 章各节。

（2）通用设计共列出 220V 架空线路 6 个模块 6 种杆型，见表 12-6。

表 12-6　220V 架空线路杆型汇总表

杆型编号	模块名称	电杆类型	杆型代号
1	12m 220V 直线水泥杆	非预应力水泥杆	D2Z-12-M
2	12m 220V 直线转角水泥杆	非预应力水泥杆	D2ZJ-12-M
3	12m 220V 45°带拉线耐张	非预应力水泥杆	D2NJ1-12-M
4	12m 220V 90°带拉线耐张转角水泥杆	非预应力水泥杆	D2NJ2-12-M
5	12m 220V 直线 T 接水泥杆	非预应力水泥杆	D2ZT2-12-M
6	12m 220V 带拉线终端水泥杆	非预应力水泥杆	D2D-12-M

12.5　横担选配

（1）通用设计第 14 章对横担、抱箍、螺栓及铁附件按强度进行计算，对横担长度经最小线间距离校验后进行归类。并按适用线路、导线截面、不同气象区等条件列出了常用的两线横担和四线横担供设计人员选取。

（2）角钢规格选择是按照导线分档和不同型号同截面导线最大适用角钢规格综合考虑，设计人员可根据导线实际使用需求进一步优化。

12.6　绝缘配合

（1）依照 GB 50061《66kV 及以下架空电力线路设计规范》和 DL/T620《交流电气装置的过电压保护和绝缘配合》进行绝缘设计，使线路能在工频电压、操作过电压和雷电过电压等各种情况下安全可靠地运行。

（2）环境污秽等级划分参照 GB 50061《66kV 及以下架空电力线路设计规范》附录 B 架空电力线路环境污秽等级标准，按 a～c 级考虑，并归类为 a、b、c 级三种情况。

（3）380/220V 架空线路与高电压等级线路临近、交叉、平行接近的安全距离，与弱电线路的跨越及交叉角、保护间隙均应满足规程要求，必要时应进行校核计算，并采取相应的安全防护措施。

（4）通用设计按海拔 5000m 及以下考虑，5000m 以上地区根据修正参数自行校验。各海拔的杆头电气距离、绝缘子选用的外绝缘水平均应满足国家电网公司物资采购标准 Q/GDW 13001《高海拔外绝缘配置技术规范》的相关内容要求。

12.7　拉线选配

（1）本通用设计根据各类杆型按导线截面和不同气象区的最大承受荷载进行计算。第 15 章列出了拉线形式选配表。

（2）第 15 章明确了 380/220V 架空配电线路拉线的钢绞线、拉线棒、拉环等选材和拉线及拉线绝缘子装置要求。列出了拉棒和拉环的型式选用表，并给出了拉线棒、拉线盘及拉环的加工图。

（3）第 15 章根据 380/220V 架空配电线路拉线受力全部按 60m 档距配置进行计算。列出了 4 种不同破断拉力的拉线组合型式供选用。

（4）第 15 章给出了普通拉线、水平拉线、弓形拉线、预绞式拉线 4 种形式的组装图。

12.8　基础选择

（1）本通用设计明确了由于各地地质条件不同，基础型式应根据各地区现场实际情况以及受力状况，结合当地地形条件、施工条件及实际地质参数，综合考虑基础型式并进行计算后进行选择。

（2）第 15 章给出了直埋式、套筒无筋式、套筒式、台阶式等 6 种常用的水泥杆基础型式。

12.9　接户线

（1）第 16 章明确了接户线导线选型、截面选择原则和接户线的装置方式及架设要求。

（2）通用设计给出 380V 分列导线架空接户方式、220V 分列导线架空接户方式。

（3）电缆直埋接户方式、电缆悬挂接户方式、杆上计量接户方式、沿墙敷设接户方式等常用的接户线装置方式可供参考。

（4）接户线支持物由于地区之间差异较大，各地可根据使用需求作出调整。本通用设计推荐了常用的接户线支持物加工示意图。

12.10　金具及绝缘子选用

（1）本通用设计明确了适用于各类型导线的金具型号及选用要求，规定了适用于不同海拔及环境污秽等级的直线及耐张绝缘子型式。

（2）第 17 章给出了线夹、接续、连接、拉线等 4 大类 28 种常用金具供选用；给出了针式、盘形悬式、蝶式、线轴式和拉线等常用的绝缘子。

（3）本通用设计给出了 380/220V 架空配电线路针式、蝶式、线轴式、盘形悬式绝缘子选用配置图表。列出了盘形悬式、蝶式绝缘子耐张串安装图。

（4）本通用设计给出了 380/220V 接地线夹安装示意图。

12.11　防雷与接地

（1）第 18 章阐述了 380/220V 架空配电线路防雷与接地的措施和要求。

（2）通用设计明确了 380/220V 配电网 TN−C、TT、IT 三种供电系统的适用范围。

（3）通用设计给出了水平放射形、水平环形、垂直放射形、垂直环形等四种常用的接地体安装示意图及接地体铁件加工供设计人员选择。

12.12　通用设计图纸查用流程

（1）选定适用的气象区。

（2）在表 12−2 中选定适用的导线型号及其安全系数，并在第 13 章选定对应的导线张力弧垂表。

（3）根据选定的杆型，按照气象区、档距、导线的型号，在第 14 章中选用不同等级的电杆型号，并选择合适的横担。

（4）通用设计钢管杆利用杆身接地，水泥杆采用外接引线接地方式，对于非预应力水泥杆及部分预应力水泥杆，可采用通过非预应力主筋连接上下接地孔的接地方式。

12.13　架空线路标识及警示装置

（1）按照国家电网公司 Q/GDW 742《配电网施工检修工艺规范》和 Q/GDW 434.2《国家电网公司安全设施标准　第二部分：电力线路》的相关要求，规范 380/220V 架空配电线路标识及警示装置的安装要求。

（2）根据第 17 章相关内容，结合本地区特点（海拔、环境污秽等）选用适用的绝缘子和金具。

（3）根据各地勘探的实际地质参数和基础作用力，参考第 15 章所列的拉线及电杆基础型式，并通过计算选择拉线及基础。

13.1　内容说明

（1）导线张力弧垂表（见表 13-2～表 13-9）列出了选用导线的外径、截面、拉断力、单位重量、最大使用张力、安全系数、气象区参数及导线的单位荷载等。

（2）导线张力弧垂表列出了选用导线在最高气温（简称高温）、最低气温（简称低温）、安装、带电、热线、内过电压（简称内过）、最大风（简称大风）、覆冰、年平均气温（简称平温）及架线气象组合等情况下的导线张力和弧垂的数值。

13.2　导线架线弧垂查找方法

弧垂表列出了各种规格导线 10～100m 每隔 5m 各种气象条件下的导线张力和弧垂数值。使用时根据放线耐张段的代表档距 l 和放线时的气温采用插入法查取相应弧垂数值 f 表（并根据上述要求进行导线初伸长的补偿），然后根据 $f_{观察} = (l^*_{观}/l_{代表})^2 \times f$ 表计算出观察档施工弧垂 $f_{观察}$。考虑高差时，代表档距计算公式为 $l_{代表} = \sqrt{\dfrac{l_1^2 \cos^2 b_1}{l_1 \cos b_1}}$。

13.3　导线初伸长的补偿原则

（1）新架导线的初伸长可采用弧垂减小的方法进行，但弧垂减小的幅值与导线的类型、使用档距、安全系数及载流量均相关。通用设计中仅提出推荐的

经验数值，使用时须根据导线使用的实际情况做相应调整，使运行一段时间后的导线弧垂与弧垂表一致。

（2）因 380/220V 配电线路导线均采用松弛张力放线，安全系数取值较大，导线的初伸长建议采用以下处理方式：代表档距 50m 及以下的耐张段不考虑初伸长的补偿（直接根据弧垂表查取的数值进行施工）；代表档距 50m 以上的耐张段导线的初伸长补偿为 JKLYJ 系列绝缘线按弧垂表查取数值乘 0.9 进行施工，JKYJ 系列绝缘线按弧垂表查取数值乘 0.92 进行施工。

13.4　导线张力弧垂表目录

导线张力弧垂表目录见表 13-1。

表 13-1　　　　　　　导线张力弧垂表目录

表序	表名	备注
表 13-2	XZ-A 气象区 JKLYJ-1/70（k=3）导线张力弧垂数据表	
表 13-3	XZ-A 气象区 JKLYJ-1/120（k=4）导线张力弧垂数据表	
表 13-4	XZ-A 气象区 JKLYJ-1/150（k=5）导线张力弧垂数据表	
表 13-5	XZ-A 气象区 JKLYJ-240（k=5）导线张力弧垂数据表	
表 13-6	XZ-B 气象区 JKLYJ-1/70（k=3）导线张力弧垂数据表	
表 13-7	XZ-B 气象区 JKLYJ-1/120（k=4）导线张力弧垂数据表	
表 13-8	XZ-B 气象区 JKLYJ-1/150（k=5）导线张力弧垂数据表	
表 13-9	XZ-B 气象区 JKLYJ-240（k=5）导线张力弧垂数据表	

表 13－2　XZ－A 气象区 JKLYJ－1/70（k＝3）导线张力弧垂数据表

电线型号及参数

型号	JKLYJ－1/70	
截面积	75.55	mm²
外径	13.20	mm
质量	241.00	kg/km
计算拉断力	10354	N
弹性系数	56000	N/mm²
线膨胀系数	23.00	×1e－6 1/℃
保证率	0.95	
年平均运行应力	32.55	N/mm²（25.00%）

气象条件

序号	工况名称	冰厚（mm）	风速（m/s）	气温（℃）
1	低温	0	0.0	－20
2	大风	0	27.0	－5
3	年平	0	0.0	5
4	覆冰	5	10.0	－5
5	高温	0	0.0	35
6	校验	0	0.0	15
7	安装	0	10.0	－10

比 载 表

符号	比载×1e－3（N/mm²）
γ1	31.283
γ2	33.398
γ3	64.681
γ4（，10.0）	13.104
γ4（，27.0）	81.198
γ5（5，10.0）	23.031
γ6（，10.0）	33.916
γ6（，27.0）	87.016
γ7（5，10.0）	68.659

① 表中数据说明，括号外：张力，单位：N，括号内：弧垂，单位：m。
② 安全系数：3.000
③ 最大允许使用张力：3278.77N，年平均运行张力上限（25.00%）：2459.07N。
④ 控制条件：低温控制由 40.0～48.6m。大风控制由 48.6～400.0m。

工况	冰厚	风速	气温	40	49	60	80	100	120	140	160
低温	0	0.0	－20	3278.77（0.14）	3278.77（0.21）	2680.47（0.4）	1917.22（0.99）	1582.64（1.87）	1433.48（2.97）	1355.27（4.28）	1308.92（5.79）
大风	0	27.0	－5	3014.25（0.44）	3278.77（0.59）	3278.77（0.9）	3278.77（1.6）	3278.77（2.51）	3278.77（3.61）	3278.77（4.92）	3278.77（6.43）
年平	0	0.0	5	1449.43（0.33）	1571.95（0.44）	1447.11（0.74）	1330.41（1.42）	1275.09（2.32）	1245.2（3.42）	1227.33（4.72）	1215.82（6.23）
覆冰	5	10.0	－5	2707.7（0.38）	2919.11（0.53）	2841.83（0.82）	2751.84（1.51）	2699.71（2.4）	2668.12（3.5）	2647.89（4.81）	2634.28（6.31）
高温	0	0.0	35	730.73（0.65）	859.9（0.81）	930.37（1.14）	1011.4（1.87）	1060.17（2.79）	1091.12（3.9）	1111.71（5.22）	1125.99（6.73）
校验	0	0.0	15	1079.18（0.44）	1220.31（0.57）	1208.49（0.88）	1196.79（1.58）	1190.71（2.48）	1187.22（3.59）	1185.04（4.89）	1183.6（6.4）
安装	0	10.0	－10	2464.13（0.21）	2520.11（0.3）	2131.31（0.54）	1723.49（1.19）	1542.57（2.08）	1453.15（3.18）	1402.82（4.48）	1371.65（5.99）

工况	冰厚	风速	气温	180	200	220	240	260	280	300	320
低温	0	0.0	－20	1279.01（7.5）	1258.51（9.42）	1243.79（11.54）	1232.86（13.86）	1224.49（16.4）	1217.95（19.13）	1212.73（22.08）	1208.49（25.24）
大风	0	27.0	－5	3278.77（8.14）	3278.77（10.06）	3278.77（12.18）	3278.77（14.51）	3278.77（17.04）	3278.77（19.78）	3278.77（22.73）	3278.77（25.89）
年平	0	0.0	5	1207.96（7.94）	1202.36（9.86）	1198.23（11.98）	1195.1（14.31）	1192.67（16.84）	1190.74（19.58）	1189.19（22.52）	1187.92（25.68）
覆冰	5	10.0	－5	2624.71（8.03）	2617.76（9.94）	2612.56（12.06）	2608.57（14.39）	2605.44（16.92）	2602.94（19.66）	2600.92（22.6）	2599.26（25.76）
高温	0	0.0	35	1136.23（8.45）	1143.81（10.37）	1149.56（12.49）	1154.01（14.82）	1157.53（17.35）	1160.35（20.1）	1162.65（23.05）	1164.55（26.21）
校验	0	0.0	15	1182.6（8.12）	1181.88（10.03）	1181.34（12.15）	1180.93（14.48）	1180.61（17.01）	1180.35（19.75）	1180.14（22.7）	1179.97（25.86）
安装	0	10.0	－10	1350.97（7.7）	1336.51（9.62）	1325.99（11.74）	1318.09（14.06）	1312（16.59）	1307.21（19.33）	1303.37（22.28）	1300.24（25.43）

工况	冰厚	风速	气温	340	360	380	400				
低温	0	0.0	－20	1205（28.6）	1202.1（32.18）	1199.66（35.98）	1197.58（39.98）				
大风	0	27.0	－5	3278.77（29.25）	3278.77（32.84）	3278.77（36.63）	3278.77（40.64）				
年平	0	0.0	5	1186.86（29.05）	1185.98（32.63）	1185.24（36.42）	1184.6（40.43）				
覆冰	5	10.0	－5	2597.88（29.13）	2596.72（32.71）	2595.74（36.51）	2594.9（40.52）				
高温	0	0.0	35	1166.13（29.58）	1167.47（33.16）	1168.6（36.96）	1169.57（40.97）				
校验	0	0.0	15	1179.83（29.23）	1179.71（32.81）	1179.61（36.6）	1179.53（40.61）				
安装	0	10.0	－10	1297.66（28.8）	1295.51（32.38）	1293.69（36.18）	1292.14（40.18）				

表13-3 XZ-A气象区 JKLYJ-1/120（$k=4$）导线张力弧垂数据表

电线型号及参数

型号	JKLYJ-1/120	
截面积	125.50	mm²
外径	16.80	mm
质量	400.00	kg/km
计算拉断力	17339	N
弹性系数	56000	N/mm²
线膨胀系数	23.00	×1e-6 1/℃
保证率	0.95	
年平均运行应力	32.81	N/mm²（25.00%）

气象条件

序号	工况名称	冰厚（mm）	风速（m/s）	气温（℃）
1	低温	0	0.0	-20
2	大风	0	27.0	-5
3	年平	0	0.0	5
4	覆冰	5	10.0	-5
5	高温	0	0.0	35
6	校验	0	0.0	15
7	安装	0	10.0	-10

比载表

符号	比载×1e-3（N/mm²）
γ1	31.256
γ2	24.082
γ3	55.338
γ4（，10.0）	10.040
γ4（，27.0）	62.212
γ5（5，10.0）	16.016
γ6（，10.0）	32.829
γ6（，27.0）	69.622
γ7（5，10.0）	57.609

① 表中数据说明，括号外：张力，单位：N，括号内：弧垂，单位：m。

② 安全系数：4.000

③ 最大允许使用张力：4118.01N，年平均运行张力上限（25.00%）：4118.01N。

④ 控制条件：低温控制由40.0~48.0m。大风控制由48.0~400.0m。

工况	冰厚	风速	气温	40	48	60	80	100	120	140	160
低温	0	0.0	-20	4118.01（0.19）	4118.01（0.27）	3292.75（0.54）	2547.8（1.23）	2251.09（2.18）	2111.52（3.35）	2034.73（4.73）	1987.73（6.33）
大风	0	27.0	-5	3776.43（0.46）	4118.01（0.61）	4118.01（0.96）	4118.01（1.7）	4118.01（2.65）	4118.01（3.82）	4118.01（5.21）	4118.01（6.81）
年平	0	0.0	5	1822.44（0.43）	2016.73（0.56）	1963.41（0.9）	1916.39（1.64）	1892.95（2.59）	1879.78（3.76）	1871.69（5.14）	1866.39（6.74）
覆冰	5	10.0	-5	3394.16（0.43）	3682.03（0.57）	3607.14（0.9）	3532.29（1.64）	3491.46（2.59）	3467.41（3.76）	3452.24（5.14）	3442.12（6.74）
高温	0	0.0	35	1072.31（0.73）	1250.7（1.28）	1383.31（1.28）	1530.23（2.05）	1620.81（3.03）	1679.2（4.21）	1718.47（5.6）	1745.89（7.21）
校验	0	0.0	15	1452.51（0.54）	1651.91（0.68）	1706.87（1.03）	1759.78（1.78）	1788.48（2.74）	1805.49（3.92）	1816.3（5.3）	1823.56（6.9）
安装	0	10.0	-10	2975.03（0.28）	3089.27（0.38）	2677.09（0.69）	2333.12（1.41）	2182.11（2.36）	2104.46（3.53）	2059.37（4.91）	2030.84（6.51）

工况	冰厚	风速	气温	180	200	220	240	260	280	300	320
低温	0	0.0	-20	1956.76（8.14）	1935.21（10.17）	1919.59（12.42）	1907.88（14.88）	1898.87（17.56）	1891.79（20.46）	1886.12（23.59）	1881.51（26.93）
大风	0	27.0	-5	4118.01（8.62）	4118.01（10.65）	4118.01（12.9）	4118.01（15.36）	4118.01（18.04）	4118.01（20.95）	4118.01（24.07）	4118.01（27.42）
年平	0	0.0	5	1862.72（8.55）	1860.09（10.58）	1858.13（12.83）	1856.64（15.29）	1855.48（17.98）	1854.55（20.88）	1853.81（24.01）	1853.2（27.35）
覆冰	5	10.0	-5	3435.05（8.55）	3429.93（10.58）	3426.1（12.82）	3423.18（15.29）	3420.88（17.97）	3419.06（20.88）	3417.58（24）	3416.37（27.35）
高温	0	0.0	35	1765.68（9.03）	1780.37（11.06）	1791.54（13.31）	1800.23（15.78）	1807.1（18.46）	1812.62（21.37）	1817.12（24.5）	1820.84（27.85）
校验	0	0.0	15	1828.65（8.71）	1832.36（10.74）	1835.13（12.99）	1837.26（15.46）	1838.93（18.14）	1840.26（21.04）	1841.34（24.17）	1842.22（27.52）
安装	0	10.0	-10	2011.62（8.32）	1998.04（10.35）	1988.08（12.59）	1980.57（15.06）	1974.75（17.74）	1970.15（20.64）	1966.45（23.77）	1963.44（27.11）

工况	冰厚	风速	气温	340	360	380	400
低温	0	0.0	-20	1877.7（30.51）	1874.53（34.3）	1871.85（38.33）	1869.57（42.58）
大风	0	27.0	-5	4118.01（30.99）	4118.01（34.79）	4118.01（38.82）	4118.01（43.08）
年平	0	0.0	5	1852.69（30.93）	1852.26（34.73）	1851.9（38.75）	1851.6（43.01）
覆冰	5	10.0	-5	3415.36（30.92）	3414.51（34.72）	3413.8（38.75）	3413.18（43）
高温	0	0.0	35	1823.95（31.42）	1826.56（35.23）	1828.79（39.26）	1830.7（43.51）
校验	0	0.0	15	1842.96（31.09）	1843.58（34.89）	1844.1（38.92）	1844.55（43.18）
安装	0	10.0	-10	1960.94（30.68）	1958.86（34.48）	1957.09（38.51）	1955.59（42.76）

表13-4 XZ-A气象区 JKLYJ-1/150（k=5）导线张力弧垂数据表

电线型号及参数

型号	JKLYJ-1/150	
截面积	156.41	mm²
外径	18.80	mm
质量	501.00	kg/km
计算拉断力	21033	N
弹性系数	56000	N/mm²
线膨胀系数	23.00	×1e-6 1/℃
保证率	0.95	
年平均运行应力	31.94	N/mm²（25.00%）

气 象 条 件

序号	工况名称	冰厚（mm）	风速（m/s）	气温（℃）
1	低温	0	0.0	-20
2	大风	0	27.0	-5
3	年平	0	0.0	5
4	覆冰	5	10.0	-5
5	高温	0	0.0	35
6	校验	0	0.0	15
7	安装	0	10.0	-10

比 载 表

符号	比载×1e-3（N/mm²）
γ1	31.412
γ2	21.096
γ3	52.508
γ4（, 10.0）	8.264
γ4（, 27.0）	51.205
γ5（5, 10.0）	13.810
γ6（, 10.0）	32.481
γ6（, 27.0）	60.072
γ7（5, 10.0）	54.293

① 表中数据说明，括号外：张力，单位：N，括号内：弧垂，单位：m。
② 安全系数：5.000
③ 最大允许使用张力：3996.27N，年平均运行张力上限（25.00%）：4995.34N。
④ 控制条件：低温控制由40.0～45.4m。大风控制由45.4～400.0m。

工况	冰厚	风速	气温	40	45	60	80	100	120	140	160
低温	0	0.0	-20	3996.27（0.25）	3996.27（0.32）	3085.81（0.72）	2579.55（1.52）	2381.14（2.58）	2284.03（3.88）	2229（5.41）	2194.65（7.18）
大风	0	27.0	-5	3752.59（0.5）	3996.27（0.61）	3996.27（1.06）	3996.27（1.88）	3996.27（2.94）	3996.27（4.24）	3996.27（5.77）	3996.27（7.55）
年平	0	0.0	5	1916.17（0.51）	2068.25（0.61）	2076.2（1.07）	2081.62（1.89）	2084.36（2.95）	2085.92（4.25）	2086.89（5.78）	2087.52（7.55）
覆冰	5	10.0	-5	3509.93（0.48）	3732.25（0.59）	3690.39（1.04）	3659.83（1.86）	3643.81（2.92）	3634.54（4.21）	3628.74（5.75）	3624.89（7.52）
高温	0	0.0	35	1237.52（0.79）	1375.66（0.92）	1568.37（1.41）	1735.94（2.27）	1838.1（3.35）	1903.36（4.66）	1946.96（6.2）	1977.25（7.98）
校验	0	0.0	15	1596.04（0.62）	1748.5（0.72）	1861.05（1.19）	1945.87（2.02）	1992.08（3.09）	2019.54（4.39）	2037.03（5.92）	2048.78（7.7）
安装	0	10.0	-10	2896.03（0.35）	3000.85（0.44）	2632.77（0.87）	2416.37（1.68）	2320.57（2.74）	2270.19（4.03）	2240.46（5.57）	2221.42（7.34）

工况	冰厚	风速	气温	180	200	220	240	260	280	300	320
低温	0	0.0	-20	2171.72（9.19）	2155.61（11.45）	2143.85（13.94）	2135（16.67）	2128.16（19.65）	2122.77（22.88）	2118.44（26.36）	2114.91（30.08）
大风	0	27.0	-5	3996.27（9.56）	3996.27（11.81）	3996.27（14.3）	3996.27（17.04）	3996.27（20.02）	3996.27（23.25）	3996.27（26.73）	3996.27（30.45）
年平	0	0.0	5	2087.96（9.57）	2088.28（11.82）	2088.52（14.31）	2088.7（17.05）	2088.84（20.03）	2088.95（23.26）	2089.04（26.73）	2089.12（30.46）
覆冰	5	10.0	-5	3622.22（9.53）	3620.28（11.78）	3618.84（14.28）	3617.74（17.01）	3616.87（19.99）	3616.19（23.22）	3615.63（26.7）	3615.17（30.42）
高温	0	0.0	35	1999.04（9.99）	2015.16（12.25）	2027.4（14.75）	2036.89（17.49）	2044.39（20.47）	2050.42（23.7）	2055.32（27.18）	2059.37（30.91）
校验	0	0.0	15	2057.04（9.71）	2063.04（11.96）	2067.54（14.46）	2071（17.2）	2073.71（20.18）	2075.87（23.41）	2077.62（26.88）	2079.06（30.61）
安装	0	10.0	-10	2208.49（9.35）	2199.31（11.6）	2192.55（14.09）	2187.43（16.83）	2183.45（19.81）	2180.31（23.04）	2177.77（26.51）	2175.7（30.24）

工况	冰厚	风速	气温	340	360	380	400				
低温	0	0.0	-20	2111.99（34.06）	2109.56（38.29）	2107.5（42.77）	2105.74（47.52）				
大风	0	27.0	-5	3996.27（34.43）	3996.27（38.66）	3996.27（43.15）	3996.27（47.9）				
年平	0	0.0	5	2089.18（34.44）	2089.23（38.67）	2089.27（43.16）	2089.31（47.9）				
覆冰	5	10.0	-5	3614.8（34.4）	3614.48（38.63）	3614.21（43.12）	3613.98（47.87）				
高温	0	0.0	35	2062.75（34.89）	2065.6（39.12）	2068.02（43.62）	2070.09（48.37）				
校验	0	0.0	15	2080.26（34.59）	2081.26（38.82）	2082.12（43.31）	2082.85（48.06）				
安装	0	10.0	-10	2173.99（34.21）	2172.55（38.44）	2171.34（42.93）	2170.31（47.68）				

表 13-5 XZ-A 气象区 JKLYJ-240（k=5）导线张力弧垂数据表

电线型号及参数

型号	JKLYJ-1/240	
截面积	244.39	mm²
外径	26.80	mm
质量	946.10	kg/km
计算拉断力	34680	N
弹性系数	56000	N/mm²
线膨胀系数	23.00	×1e-6 1/℃
保证率	0.95	
年平均运行应力	33.70	N/mm²（25.00%）

气象条件

序号	工况名称	冰厚（mm）	风速（m/s）	气温（℃）
1	低温	0	0.0	-20
2	大风	0	27.0	-5
3	年平	0	0.0	5
4	覆冰	5	10.0	-5
5	高温	0	0.0	35
6	校验	0	0.0	15
7	安装	0	10.0	-10

比载表

符号	比载×1e-3（N/mm²）
γ1	37.964
γ2	18.040
γ3	56.004
γ4（，10.0）	7.539
γ4（，27.0）	46.717
γ5（5，10.0）	11.293
γ6（，10.0）	38.706
γ6（，27.0）	60.197
γ7（5，10.0）	57.131

① 表中数据说明，括号外：张力，单位：N，括号内：弧垂，单位：m。
② 安全系数：5.000
③ 最大允许使用张力：6589.20N，年平均运行张力上限（25.00%）：8236.50N。
④ 控制条件：低温控制由 40.0～52.5m。大风控制由 52.5～400.0m。

工况	冰厚	风速	气温	40	53	60	80	100	120	140	160
低温	0	0.0	-20	6589.2（0.28）	6589.2（0.49）	5994.79（0.7）	5116.93（1.45）	4739.33（2.45）	4548.22（3.68）	4438.31（5.13）	4369.18（6.81）
大风	0	27.0	-5	5842.88（0.5）	6589.2（0.77）	6589.2（1.01）	6589.2（1.79）	6589.2（2.79）	6589.2（4.02）	6589.2（5.48）	6589.2（7.16）
年平	0	0.0	5	3462.4（0.54）	4012.11（0.8）	4039.26（1.03）	4084.06（1.82）	4107.7（2.83）	4121.47（4.06）	4130.12（5.52）	4135.88（7.2）
覆冰	5	10.0	-5	5643.42（0.49）	6350.86（0.76）	6333.27（0.99）	6303.3（1.77）	6287.08（2.78）	6277.52（4.01）	6271.49（5.47）	6267.45（7.15）
高温	0	0.0	35	2301.06（0.81）	2848.12（1.12）	3028.77（1.38）	3375.66（2.2）	3593.16（3.23）	3735.02（4.48）	3831.21（5.95）	3898.8（7.64）
校验	0	0.0	15	2927.5（0.63）	3500.77（0.91）	3611.23（1.16）	3804.63（1.95）	3913.81（2.97）	3980.2（4.2）	4023.1（5.66）	4052.23（7.35）
安装	0	10.0	-10	4956.11（0.38）	5311.43（0.61）	5071.48（0.84）	4707.32（1.61）	4535.97（2.61）	4443.41（3.84）	4387.98（5.29）	4352.2（6.97）

工况	冰厚	风速	气温	180	200	220	240	260	280	300	320
低温	0	0.0	-20	4322.79（8.72）	4290.12（10.86）	4266.22（13.22）	4248.2（15.82）	4234.26（18.64）	4223.26（21.7）	4214.43（24.99）	4207.22（28.52）
大风	0	27.0	-5	6589.2（9.07）	6589.2（11.21）	6589.2（13.58）	6589.2（16.17）	6589.2（19）	6589.2（22.06）	6589.2（25.35）	6589.2（28.88）
年平	0	0.0	5	4139.9（9.11）	4142.81（11.24）	4144.98（13.61）	4146.64（16.21）	4147.95（19.03）	4148.98（22.09）	4149.82（25.39）	4150.51（28.92）
覆冰	5	10.0	-5	6264.63（9.06）	6262.58（11.19）	6261.05（13.56）	6259.88（16.16）	6258.96（18.98）	6258.23（22.04）	6257.63（25.34）	6257.15（28.87）
高温	0	0.0	35	3947.79（9.55）	3984.29（11.7）	4012.12（14.07）	4033.78（16.67）	4050.95（19.5）	4064.78（22.56）	4076.06（25.86）	4085.38（29.39）
校验	0	0.0	15	4072.84（9.26）	4087.92（11.4）	4099.26（13.76）	4107.99（16.36）	4114.85（19.19）	4120.34（22.25）	4124.79（25.55）	4128.46（29.08）
安装	0	10.0	-10	4327.78（8.88）	4310.37（11.02）	4297.52（13.38）	4287.76（15.98）	4280.18（18.8）	4274.17（21.86）	4269.33（25.16）	4265.37（28.69）

工况	冰厚	风速	气温	340	360	380	400				
低温	0	0.0	-20	4201.26（32.29）	4196.28（36.29）	4192.07（40.54）	4188.49（45.03）				
大风	0	27.0	-5	6589.2（32.65）	6589.2（36.66）	6589.2（40.91）	6589.2（45.4）				
年平	0	0.0	5	4151.08（32.69）	4151.57（36.7）	4151.97（40.94）	4152.32（45.44）				
覆冰	5	10.0	-5	6256.74（32.63）	6256.4（36.64）	6256.12（40.89）	6255.87（45.38）				
高温	0	0.0	35	4093.17（33.16）	4099.74（37.17）	4105.33（41.42）	4110.13（45.92）				
校验	0	0.0	15	4131.51（32.85）	4134.07（36.85）	4136.25（41.1）	4138.11（45.6）				
安装	0	10.0	-10	4262.09（32.45）	4259.34（36.46）	4257.02（40.71）	4255.03（45.2）				

表 13-6　XZ-B 气象区 JKLYJ-1/70（k=3）导线张力弧垂数据表

电 线 型 号 及 参 数

型号	JKLYJ-1/70	
截面积	75.55	mm²
外径	13.20	mm
质量	241.00	kg/km
计算拉断力	10354	N
弹性系数	56000	N/mm²
线膨胀系数	23.00	×1e-6 1/℃
保证率	0.95	
年平均运行应力	32.55	N/mm² (25.00%)

气 象 条 件

序号	工况名称	冰厚(mm)	风速(m/s)	气温(℃)
1	低温	0	0.0	-40
2	大风	0	30.0	-5
3	年平	0	0.0	-5
4	覆冰	10	10.0	-5
5	高温	0	0.0	35
6	校验	0	0.0	15
7	安装	0	10.0	-15

比 载 表

符号	比载×1e-3 (N/mm²)
γ1	31.283
γ2	85.146
γ3	116.429
γ4（,10.0）	13.104
γ4（,30.0）	88.451
γ5（10,10.0）	32.958
γ6（,10.0）	33.916
γ6（,30.0）	93.820
γ7（10,10.0）	121.004

① 表中数据说明，括号外：张力，单位：N；括号内：弧垂，单位：m。
② 安全系数：3.000
③ 最大允许使用张力：3278.77N，年平均运行张力上限（25.00%）：2459.07N。
④ 控制条件：低温控制由 40.0～51.6m。覆冰控制由 51.6～400.0m。

工况	冰厚	风速	气温	40	52	60	80	100	120	140	160
低温	0	0.0	-40	3278.77 (0.14)	3278.77 (0.24)	2377.9 (0.45)	1353.53 (1.4)	1101.13 (2.69)	1004.44 (4.24)	955.66 (6.07)	927.13 (8.19)
大风	0	30.0	-5	2332.06 (0.61)	2749.39 (0.86)	2704.46 (1.18)	2640.12 (2.15)	2606.89 (3.4)	2587.89 (4.94)	2576.1 (6.76)	2568.32 (8.87)
年平	0	0.0	-5	1079.18 (0.44)	1265.77 (0.62)	1128.53 (0.94)	986.28 (1.92)	931.14 (3.18)	903.77 (4.72)	888.09 (6.54)	878.22 (8.64)
覆冰	10	10.0	-5	2778.9 (0.66)	3278.77 (0.93)	3278.77 (1.26)	3278.77 (2.23)	3278.77 (3.49)	3278.77 (5.03)	3278.77 (6.85)	3278.77 (8.96)
高温	0	0.0	35	576.38 (0.82)	725.05 (1.09)	750.26 (1.42)	787.12 (2.4)	806.86 (3.67)	818.47 (5.21)	825.81 (7.04)	830.72 (9.14)
校验	0	0.0	15	730.73 (0.65)	902.49 (0.87)	888.57 (1.2)	870.88 (2.17)	862.57 (3.43)	858.02 (4.97)	855.28 (6.79)	853.49 (8.9)
安装	0	10.0	-15	1510.82 (0.34)	1686.22 (0.51)	1411.04 (0.82)	1143.74 (1.79)	1049.8 (3.05)	1005.42 (4.6)	980.66 (6.42)	965.33 (8.53)

工况	冰厚	风速	气温	180	200	220	240	260	280	300	320
低温	0	0.0	-40	908.81 (10.58)	896.28 (13.26)	887.31 (16.23)	880.64 (19.49)	875.54 (23.04)	871.55 (26.9)	868.37 (31.05)	865.78 (35.5)
大风	0	30.0	-5	2562.93 (11.26)	2559.04 (13.94)	2556.15 (16.91)	2553.94 (20.17)	2552.21 (23.72)	2550.84 (27.58)	2549.73 (31.73)	2548.82 (36.19)
年平	0	0.0	-5	871.6 (11.04)	866.93 (13.72)	863.51 (16.68)	860.93 (19.94)	858.94 (23.5)	857.36 (27.35)	856.09 (31.5)	855.06 (35.96)
覆冰	10	10.0	-5	3278.77 (11.35)	3278.77 (14.03)	3278.77 (17)	3278.77 (20.26)	3278.77 (23.82)	3278.77 (27.67)	3278.77 (31.83)	3278.77 (36.28)
高温	0	0.0	35	834.16 (11.54)	836.65 (14.22)	838.52 (17.19)	839.95 (20.45)	841.07 (24.01)	841.96 (27.86)	842.68 (32.02)	843.28 (36.48)
校验	0	0.0	15	852.27 (11.29)	851.39 (13.97)	850.74 (16.94)	850.25 (20.2)	849.86 (23.76)	849.56 (27.61)	849.31 (31.76)	849.11 (36.22)
安装	0	10.0	-15	955.15 (10.92)	948.02 (13.6)	942.83 (16.57)	938.92 (19.83)	935.91 (23.38)	933.54 (27.23)	931.63 (31.38)	930.08 (35.84)

工况	冰厚	风速	气温	340	360	380	400
低温	0	0.0	-40	863.66 (40.26)	861.89 (45.33)	860.4 (50.72)	859.13 (56.42)
大风	0	30.0	-5	2548.07 (40.95)	2547.44 (46.03)	2546.9 (51.42)	2546.44 (57.12)
年平	0	0.0	-5	854.21 (40.72)	853.49 (45.8)	852.89 (51.18)	852.37 (56.89)
覆冰	10	10.0	-5	3278.77 (41.05)	3278.77 (46.12)	3278.77 (51.52)	3278.77 (57.22)
高温	0	0.0	35	843.77 (41.24)	844.19 (46.32)	844.54 (51.71)	844.84 (57.42)
校验	0	0.0	15	848.94 (40.98)	848.8 (46.06)	848.68 (51.45)	848.58 (57.16)
安装	0	10.0	-15	928.8 (40.6)	927.73 (45.67)	926.83 (51.06)	926.06 (56.77)

表 13-7 XZ-B气象区 JKLYJ-1/120（*k*=4）导线张力弧垂数据表

电线型号及参数

型号	JKLYJ-1/120	
截面积	125.50	mm²
外径	16.80	mm
质量	400.00	kg/km
计算拉断力	17339	N
弹性系数	56000	N/mm²
线膨胀系数	23.00	×1e-6 1/℃
保证率	0.95	
年平均运行应力	32.81	N/mm²（25.00%）

气象条件

序号	工况名称	冰厚（mm）	风速（m/s）	气温（℃）
1	低温	0	0.0	-40
2	大风	0	30.0	-5
3	年平	0	0.0	-5
4	覆冰	10	10.0	-5
5	高温	0	0.0	35
6	校验	0	0.0	15
7	安装	0	10.0	-15

比载表

符号	比载×1e-3（N/mm²）
γ1	31.256
γ2	59.211
γ3	90.467
γ4（,10.0）	10.040
γ4（,30.0）	67.769
γ5（10,10.0）	21.992
γ6（,10.0）	32.829
γ6（,30.0）	74.630
γ7（10,10.0）	93.102

① 表中数据说明，括号外：张力，单位：N，括号内：弧垂，单位：m。
② 安全系数：4.000
③ 最大允许使用张力：4118.01N，年平均运行张力上限（25.00%）：4118.01N。
④ 控制条件：低温控制由 40.0～52.0m。覆冰控制由 52.0～400.0m。

工况	冰厚	风速	气温	40	52	60	80	100	120	140	160
低温	0	0.0	-40	4118.01（0.19）	4118.01（0.32）	3041.76（0.58）	1987.55（1.58）	1704.77（2.88）	1587.09（4.46）	1525.36（6.32）	1488.46（8.46）
大风	0	30.0	-5	2905.15（0.65）	3479.71（0.91）	3441.04（1.23）	3384.27（2.22）	3355.65（3.49）	3339.47（5.06）	3329.48（6.91）	3322.91（9.06）
年平	0	0.0	-5	1452.51（0.54）	1744.83（0.76）	1642.65（1.08）	1519.52（2.07）	1467.45（3.35）	1440.47（4.91）	1424.64（6.77）	1414.54（8.91）
覆冰	10	10.0	-5	3440.19（0.68）	4118.01（0.96）	4118.01（1.28）	4118.01（2.27）	4118.01（3.55）	4118.01（5.12）	4118.01（6.97）	4118.01（9.12）
高温	0	0.0	35	879.97（0.89）	1113.05（1.19）	1162.78（1.52）	1242.54（2.53）	1286.85（3.82）	1313.48（5.39）	1330.55（7.25）	1342.08（9.4）
校验	0	0.0	15	1072.31（0.73）	1336.06（0.99）	1346.4（1.31）	1361.19（2.31）	1368.54（3.59）	1372.68（5.16）	1375.22（7.01）	1376.9（9.16）
安装	0	10.0	-15	1886.51（0.44）	2182（0.64）	1950.61（0.95）	1696.74（1.94）	1599.08（3.23）	1550.77（4.79）	1523.14（6.65）	1505.78（8.79）

工况	冰厚	风速	气温	180	200	220	240	260	280	300	320
低温	0	0.0	-40	1464.47（10.9）	1447.91（13.63）	1435.97（16.65）	1427.06（19.97）	1420.23（23.59）	1414.87（27.51）	1410.58（31.74）	1407.1（36.28）
大风	0	30.0	-5	3318.37（11.49）	3315.09（14.22）	3312.66（17.24）	3310.81（20.56）	3309.36（24.19）	3308.21（28.11）	3307.28（32.34）	3306.51（36.88）
年平	0	0.0	-5	1407.7（11.34）	1402.84（14.07）	1399.27（17.1）	1396.56（20.42）	1394.47（24.04）	1392.81（27.96）	1391.47（32.19）	1390.38（36.73）
覆冰	10	10.0	-5	4118.01（11.55）	4118.01（14.28）	4118.01（17.31）	4118.01（20.63）	4118.01（24.25）	4118.01（28.17）	4118.01（32.41）	4118.01（36.95）
高温	0	0.0	35	1350.2（11.83）	1356.12（14.56）	1360.57（17.59）	1363.98（20.91）	1366.66（24.54）	1368.81（28.46）	1370.54（32.7）	1371.97（37.24）
校验	0	0.0	15	1378.06（11.59）	1378.89（14.32）	1379.51（17.34）	1379.99（20.67）	1380.36（24.29）	1380.65（28.21）	1380.89（32.44）	1381.08（36.99）
安装	0	10.0	-15	1494.13（11.23）	1485.93（13.95）	1479.92（16.98）	1475.39（20.29）	1471.89（23.92）	1469.12（27.84）	1466.9（32.07）	1465.08（36.61）

工况	冰厚	风速	气温	340	360	380	400				
低温	0	0.0	-40	1404.23（41.13）	1401.84（46.3）	1399.83（51.79）	1398.11（57.6）				
大风	0	30.0	-5	3305.88（41.74）	3305.35（46.91）	3304.9（52.4）	3304.52（58.22）				
年平	0	0.0	-5	1389.47（41.58）	1388.72（46.75）	1388.08（52.25）	1387.53（58.06）				
覆冰	10	10.0	-5	4118.01（41.8）	4118.01（46.97）	4118.01（52.47）	4118.01（58.29）				
高温	0	0.0	35	1373.16（42.1）	1374.15（47.27）	1375（52.77）	1375.73（58.59）				
校验	0	0.0	15	1381.24（41.84）	1381.38（47.01）	1381.49（52.51）	1381.59（58.33）				
安装	0	10.0	-15	1463.58（41.46）	1462.33（46.63）	1461.27（52.12）	1460.37（57.94）				

表 13–8 XZ–B 气象区 JKLYJ–1/150（$k=5$）导线张力弧垂数据表

电线型号及参数

型号	JKLYJ-1/150	
截面积	156.41	mm²
外径	18.80	mm
重量	501.00	kg/km
计算拉断力	21033	N
弹性系数	56000	N/mm²
线膨胀系数	23.00	×1e-6 1/℃
保证率	0.95	
年平均运行应力	31.94	N/mm²（25.00%）

气象条件

序号	工况名称	冰厚（mm）	风速（m/s）	气温（℃）
1	低温	0	0.0	-40
2	大风	0	30.0	-5
3	年平	0	0.0	-5
4	覆冰	10	10.0	-5
5	高温	0	0.0	35
6	校验	0	0.0	15
7	安装	0	10.0	-15

比载表

符号	比载×1e-3（N/mm²）
γ1	31.412
γ2	51.055
γ3	82.467
γ4（，10.0）	8.264
γ4（，30.0）	55.779
γ5（10，10.0）	18.605
γ6（，10.0）	32.481
γ6（，30.0）	64.016
γ7（10，10.0）	84.540

① 表中数据说明，括号外：张力，单位：N，括号内：弧垂，单位：m。
② 安全系数：5.000
③ 最大允许使用张力：3996.27N，年平均运行张力上限（25.00%）：4995.34N。
④ 控制条件：低温控制由 40.0~45.2m。覆冰控制由 45.2~400.0m。

工况	冰厚	风速	气温	40	45	60	80	100	120	140	160
低温	0	0.0	-40	3996.27（0.25）	3996.27（0.31）	2359.53（0.94）	1855.29（2.12）	1696.6（3.63）	1623.78（5.46）	1583.63（7.63）	1558.93（10.14）
大风	0	30.0	-5	2921.5（0.69）	3187.71（0.8）	3122.4（1.44）	3081.68（2.6）	3062.08（4.1）	3051.23（5.93）	3044.62（8.09）	3040.31（10.6）
年平	0	0.0	-5	1596.04（0.62）	1744.24（0.72）	1624.83（1.36）	1561.06（2.52）	1532.87（4.02）	1517.92（5.84）	1509.02（8.01）	1503.3（10.52）
覆冰	10	10.0	-5	3664.73（0.72）	3996.27（0.85）	3996.27（1.49）	3996.27（2.65）	3996.27（4.15）	3996.27（5.98）	3996.27（8.14）	3996.27（10.65）
高温	0	0.0	35	1039.86（0.95）	1160.06（1.08）	1268.34（1.75）	1348.99（2.92）	1392.83（4.42）	1418.83（6.26）	1435.34（8.43）	1446.43（10.94）
校验	0	0.0	15	1237.52（0.79）	1371.76（0.92）	1415.33（1.56）	1443.77（2.73）	1457.92（4.22）	1465.9（6.05）	1470.81（8.22）	1474.05（10.73）
安装	0	10.0	-15	1968.1（0.52）	2120.25（0.61）	1823.58（1.25）	1684.48（2.42）	1627.24（3.91）	1597.89（5.74）	1580.75（7.91）	1569.84（10.41）

工况	冰厚	风速	气温	180	200	220	240	260	280	300	320
低温	0	0.0	-40	1542.57（12.99）	1531.15（16.18）	1522.84（19.72）	1516.6（23.62）	1511.79（27.87）	1508（32.49）	1504.97（37.47）	1502.49（42.82）
大风	0	30.0	-5	3037.34（13.45）	3035.21（16.64）	3033.63（20.19）	3032.43（24.09）	3031.49（28.34）	3030.74（32.96）	3030.14（37.94）	3029.65（43.3）
年平	0	0.0	-5	1499.4（13.37）	1496.62（16.56）	1494.56（20.11）	1493.01（24）	1491.8（28.26）	1490.84（32.87）	1490.07（37.86）	1489.44（43.21）
覆冰	10	10.0	-5	3996.27（13.5）	3996.27（16.7）	3996.27（20.24）	3996.27（24.14）	3996.27（28.39）	3996.27（33.01）	3996.27（37.99）	3996.27（43.35）
高温	0	0.0	35	1454.21（13.79）	1459.86（16.99）	1464.1（20.53）	1467.34（24.43）	1469.89（28.69）	1471.92（33.31）	1473.57（38.3）	1474.92（43.66）
校验	0	0.0	15	1476.29（13.58）	1477.9（16.78）	1479.1（20.32）	1480.01（24.22）	1480.72（28.48）	1481.29（33.09）	1481.75（38.08）	1482.12（43.44）
安装	0	10.0	-15	1562.47（13.26）	1557.24（16.46）	1553.39（20）	1550.49（23.9）	1548.23（28.15）	1546.45（32.77）	1545.01（37.75）	1543.84（43.1）

工况	冰厚	风速	气温	340	360	380	400				
低温	0	0.0	-40	1500.45（48.55）	1498.75（54.67）	1497.31（61.17）	1496.08（68.08）				
大风	0	30.0	-5	3029.24（49.03）	3028.9（55.15）	3028.61（61.66）	3028.36（68.57）				
年平	0	0.0	-5	1488.91（48.95）	1488.47（55.06）	1488.1（61.57）	1487.79（68.48）				
覆冰	10	10.0	-5	3996.27（49.09）	3996.27（55.21）	3996.27（61.72）	3996.27（68.63）				
高温	0	0.0	35	1476.04（49.4）	1476.99（55.52）	1477.79（62.03）	1478.47（68.95）				
校验	0	0.0	15	1482.44（49.17）	1482.7（55.29）	1482.92（61.8）	1483.11（68.71）				
安装	0	10.0	-15	1542.87（48.84）	1542.06（54.95）	1541.37（61.46）	1540.78（68.37）				

表13-9 XZ-B气象区 JKLYJ-240（k=5）导线张力弧垂数据表

① 表中数据说明，括号外：张力，单位：N，括号内：弧垂，单位：m。
② 安全系数：5.000
③ 最大允许使用张力：6589.20N，年平均运行张力上限（25.00%）：8236.50N。
④ 控制条件：低温控制由 40.0～51.9m。覆冰控制由 51.9～400.0m。

电线型号及参数

型号	JKLYJ-1/240	
截面积	244.39	mm²
外径	26.80	mm
重量	946.10	kg/km
计算拉断力	34680	N
弹性系数	56000	N/mm²
线膨胀系数	23.00	×1e-6 1/℃
保证率	0.95	
年平均运行应力	33.70	N/mm²（25.00%）

气象条件

序号	工况名称	冰厚(mm)	风速(m/s)	气温（℃）
1	低温	0	0.0	-40
2	大风（基准高）	0	30.0	-5
3	大风（线平均高）	0	32.0	-5
4	年平	0	0.0	-5
5	覆冰	10	10.0	-5
6	高温	0	0.0	35
7	校验	0	0.0	15
8	安装	0	10.0	-15

注 本工程为B类地面粗糙度。

比载表

符号	比载×1e-3（N/mm²）
γ1	37.964
γ2	41.752
γ3	79.716
γ4（，10.0）	7.539
γ4（，32.0）	57.940
γ5（10，10.0）	17.235
γ6（，10.0）	38.706
γ6（，32.0）	69.270
γ7（10，10.0）	81.558

工况	冰厚	风速	气温	40	52	60	80	100	120	140	160
低温	0	0.0	-40	6589.2（0.28）	6589.2（0.47）	5245.18（0.8）	3985.92（1.86）	3586.64（3.24）	3405.87（4.91）	3307.08（6.9）	3246.66（9.18）
大风	0	32.0	-5	4855.24（0.7）	5767.44（0.99）	5729.11（1.33）	5674.66（2.39）	5647.6（3.75）	5632.39（5.42）	5623.04（7.4）	5616.89（9.69）
年平	0	0.0	-5	2927.5（0.63）	3475.93（0.9）	3369.52（1.24）	3233.95（2.3）	3172.81（3.66）	3140.1（5.33）	3120.56（7.31）	3107.95（9.6）
覆冰	10	10.0	-5	5546.36（0.72）	6589.2（1.02）	6589.2（1.36）	6589.2（2.42）	6589.2（3.79）	6589.2（5.46）	6589.2（7.44）	6589.2（9.73）
高温	0	0.0	35	1944.49（0.96）	2425.45（1.29）	2542.88（1.64）	2730.84（2.72）	2836.37（4.1）	2900.19（5.78）	2941.28（7.76）	2969.11（10.05）
校验	0	0.0	15	2301.06（0.81）	2823.71（1.11）	2875.89（1.45）	2951.95（2.52）	2990.86（3.89）	3013.14（5.56）	3027（7.54）	3036.18（9.83）
安装	0	10.0	-15	3515.73（0.54）	4051.4（0.79）	3783.61（1.13）	3469.56（2.18）	3338.46（3.55）	3270.99（5.22）	3231.55（7.2）	3206.44（9.48）

工况	冰厚	风速	气温	180	200	220	240	260	280	300	320
低温	0	0.0	-40	3206.79（11.78）	3179.03（14.7）	3158.87（17.92）	3143.76（21.47）	3132.12（25.34）	3122.97（29.54）	3115.63（34.06）	3109.66（38.92）
大风	0	32.0	-5	5612.65（12.29）	5609.59（15.2）	5607.32（18.43）	5605.59（21.98）	5604.24（25.85）	5603.17（30.05）	5602.3（34.58）	5601.59（39.44）
年平	0	0.0	-5	3099.34（12.2）	3093.2（15.11）	3088.67（18.34）	3085.22（21.89）	3082.55（25.76）	3080.43（29.96）	3078.72（34.48）	3077.32（39.35）
覆冰	10	10.0	-5	6589.2（12.33）	6589.2（15.24）	6589.2（18.47）	6589.2（22.02）	6589.2（25.89）	6589.2（30.09）	6589.2（34.62）	6589.2（39.48）
高温	0	0.0	35	2988.75（12.65）	3003.09（15.57）	3013.86（18.8）	3022.15（22.36）	3028.66（26.23）	3033.86（30.43）	3038.09（34.96）	3041.56（39.83）
校验	0	0.0	15	3042.55（12.43）	3047.15（15.34）	3050.58（18.57）	3053.2（22.12）	3055.25（26）	3056.88（30.19）	3058.2（34.72）	3059.28（39.59）
安装	0	10.0	-15	3189.45（12.08）	3177.41（15）	3168.56（18.22）	3161.86（21.77）	3156.66（25.64）	3152.56（29.84）	3149.25（34.37）	3146.55（39.23）

工况	冰厚	风速	气温	340	360	380	400				
低温	0	0.0	-40	3104.74（44.12）	3100.62（49.66）	3097.15（55.55）	3094.2（61.79）				
大风	0	32.0	-5	5601（44.64）	5600.51（50.19）	5600.09（56.08）	5599.73（62.33）				
年平	0	0.0	-5	3076.16（44.55）	3075.19（50.09）	3074.37（55.98）	3073.67（62.23）				
覆冰	10	10.0	-5	6589.2（44.68）	6589.2（50.23）	6589.2（56.12）	6589.2（62.37）				
高温	0	0.0	35	3044.44（45.03）	3046.87（50.58）	3048.93（56.47）	3050.69（62.72）				
校验	0	0.0	15	3060.18（44.79）	3060.93（50.33）	3061.57（56.23）	3062.11（62.48）				
安装	0	10.0	-15	3144.31（44.43）	3142.44（49.97）	3140.86（55.86）	3139.51（62.11）				

第 14 章 380/220V 架空线路杆型

14.1 设计说明

14.1.1 杆型分类依据

（1）电杆荷载等级分类。水泥杆根据 GB 4623《环形混凝土电杆》对整根锥形杆及组装锥形杆的标准检验弯矩等级进行分类。本设计水泥杆荷载等级为 M 级。

（2）导线配置分类。根据 380/220V 架空线路导线截面与载流量的匹配原则，综合考虑各地运行经验和物料统一归类对导线配置分类，见表 14-1。

表 14-1　　　　　380/220V 架空线路导线配置分类

适用线路	导线配置分类（mm²）	导线截面范围（mm²）
三相四线（380V）	70	70 及以下
	120	120
	240	150～240
单相（220V）	70	70 及以下
	120	120

主线导线截面选用 JKLYJ-1/240、JKLYJ-1/150 型，分支线导线截面选用 JKLYJ-1/150、JKLYJ-1/120、JKLYJ-1/70 型，接户线导线截面选用 JKLYJ-1/70、JKLYJ-1/35、JKLYJ-1/16 型。绝缘导线绑扎线宜采用不小于 BV-2.5mm² 绝缘导线。

各地在使用时应根据各自的需要选择 3～4 种常用截面的导线，可使杆型选择、施工备料、运行维护得以简化。

（3）电杆配置分类。

1）通用设计中电杆按杆高分为 12、15m 两种。

2）按水泥电杆钢筋受力分为非预应力杆。

3）按使用需要分为直线杆、0°～15° 带拉线直线转角杆、0°～45° 带拉线耐张转角杆、45°～90° 带拉线耐张转角杆、带拉线直线 T 接杆、带拉线终端杆、跨越杆 7 种类型。

14.1.2 计算依据及方法

（1）气象条件、导线安全系数详见第 12 章表 12-1、表 12-2。海拔按 5000m 及以下考虑，5000m 以上根据修正参数自行校验。

（2）380/220V 架空线路档距：水平档距取 $L_h \leqslant 50m$，垂直档距 $L_v \leqslant 65m$ 和水平档距取 $L_h \leqslant 60m$，垂直档距 $L_v \leqslant 75m$ 两种情况。

（3）根据"一杆多用"的原则，通用设计采用水泥杆承受荷载最大力计算。

（4）水泥杆埋深依据 DL/T 5220《10kV 及以下架空配电线路设计规程》中第 10.0.17 条的要求：单回路的配电线路水泥杆埋设深度宜采用表 14-2 中所列数值。

表 14-2　　　　　　水 泥 杆 埋 设 深 度　　　　　　（m）

杆高	12	15
埋深	2	2.5

注　本次通用设计根据上述埋深要求进行计算，但考虑到基础设计不包含在本次通用设计范围内，可根据对应杆位的地质条件进行设计，以确定水泥杆埋深及基础形式。

（5）根部弯矩设计值、标准值及水平力设计值、标准值计算点：直埋基础距地面以下水泥杆埋深 1/3 处，其他基础型式按相关规定执行。

（6）附加弯矩（包含横担构件、绝缘子及金具等产生的风荷载）：直线杆取风荷载的 8%，其他杆型取风荷载的 15%。

（7）电杆采用 GB/T 4623《环形混凝土电杆》标准水泥杆。

（8）耐张转角杆纵向不平衡张力：水泥杆左右代表档距相差 50%。

（9）拉线采用 YB/T 5004《镀锌钢绞线》标准镀锌钢绞线，其中 1×19-13.0 钢绞线抗拉强度为 1370MPa，其余钢绞线均为 1270MPa，且截面不应小于 35mm²。

拉线张力主要由风力和导线张力等可变荷载产生，荷载系数应按 1.4 计算，其强度设计值应按下式计算

$$f = \psi_1 \times \psi_2 \times f_u \qquad (14-1)$$

式中　f——钢绞线强度设计值，N/mm²；

　　　ψ_1——钢绞线强度扭绞调整系数，取 0.9；

ψ_2——钢绞线强度不均匀系数，对 1×7 结构取 0.65，其他结构取 0.56；

f_u——钢绞线的破坏强度，N/mm²。

14.1.3 380V 杆型配置

（1）380V 直线水泥杆。380V 直线水泥杆共有 1 种杆型，杆型及配置见表 14-3。

表 14-3　380V 直线水泥杆杆型及配置

序号	杆型代号	水泥杆规格	杆长（m）	开裂检验弯矩（kN·m）	图号
1	D4Z-12-M	$\phi 190 \times 12 \times M \times G$	12	68.25	图 14-1

杆型代号说明

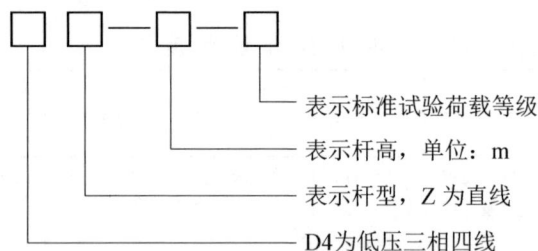

表示标准试验荷载等级

表示杆高，单位：m

表示杆型，Z 为直线

D4 为低压三相四线

例："D4Z-12-M"：D4 表示低压三相四线；Z 表示直线杆；12 表示杆长 12m；M 表示标准试验荷载等级代号为 M 级的非预应力水泥杆。

380V 直线水泥杆型适用表（XZ-A、XZ-B 气象区）见表 14-4。

表 14-4　380V 直线水泥杆型适用表（XZ-A、XZ-B 气象区）

使用情况 杆型	水泥杆规格	水泥杆杆长（m）	120mm² 导线		150mm² 导线		240mm² 导线	
			$L_h \leq 50$	$L_h \leq 60$	$L_h \leq 50$	$L_h \leq 60$	$L_h \leq 50$	$L_h \leq 60$
D4Z-12-M	$\phi 190 \times 12 \times M \times G$	12	√	√	√	√	√	√

注　L_h 为水平档距，单位为 m。

（2）380V 直线转角水泥杆。380V 直线转角水泥杆共有 1 种杆型，杆型及配置见表 14-5。

表 14-5　380V 直线转角水泥杆杆型及配置

序号	杆型代号	水泥杆规格	杆长（m）	开裂检验弯矩（kN·m）	图号
1	D4ZJ-12-M	$\phi 190 \times 12 \times M \times G$	12	68.25	图 14-2

杆型代号说明

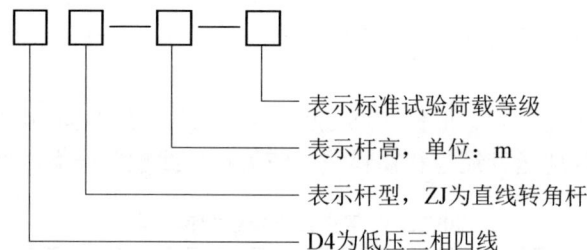

表示标准试验荷载等级

表示杆高，单位：m

表示杆型，ZJ 为直线转角杆

D4 为低压三相四线

例："D4ZJ-12-M"：D4 表示低压三相四线；ZJ 表示直线转角杆；12 表示杆长 12m；M 表示标准试验荷载等级代号为 M 级的非预应力水泥杆。

380V 直线转角水泥杆型适用表（XZ-A、XZ-B 气象区）见表 14-6。

表 14-6　380V 直线转角水泥杆型适用表（XZ-A、XZ-B 气象区）

使用情况 杆型	水泥杆规格	水泥杆杆长（m）	120mm² 导线		150mm² 导线		240mm² 导线	
			$L_h \leq 50$	$L_h \leq 60$	$L_h \leq 50$	$L_h \leq 60$	$L_h \leq 50$	$L_h \leq 60$
D4ZJ-12-M	$\phi 190 \times 12 \times M \times G$	12	$\alpha \leq 15°$	$\alpha \leq 15°$	$\alpha \leq 12°$	$\alpha \leq 12°$	$\alpha \leq 10°$	$\alpha \leq 10°$

注　1. L_h 为水平档距，单位为 m。

　　2. α 为线路转角，其上限值最终根据第 12 章表 12-2 导线允许最大直线转角角度要求确定。

（3）380V 45° 带拉线耐张转角水泥杆。380V 45° 带拉线耐张转角水泥杆共有 1 种杆型，杆型及配置见表 14-7。

表 14-7　380V 45° 带拉线耐张转角水泥杆杆型及配置

序号	杆型代号	主杆型号	杆长（m）	开裂检验弯矩（kN·m）	图号
1	D4NJ1-12-M	$\phi 190 \times 12 \times M \times G$	12	68.25	图 14-3

杆型代号说明

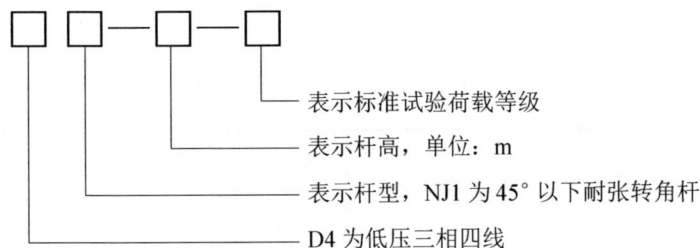

表示标准试验荷载等级

表示杆高，单位：m

表示杆型，NJ1 为 45° 以下耐张转角杆

D4 为低压三相四线

例："D4NJ1－12－M"；D4 表示低压三相四线；NJ1 表示小于 45° 单排横担耐张转角杆；12 表示杆长 12m；M 表示标准试验荷载等级代号为 M 级的非预应力水泥杆。

380V 45° 带拉线耐张转角水泥杆型适用表（XZ－A、XZ－B 气象区）见表 14－8。

表 14－8　380V 45° 带拉线耐张转角水泥杆型适用表（XZ－A、XZ－B 气象区）

使用情况 杆型	水泥杆规格	水泥杆杆长（m）	120mm² 导线		150mm² 导线		240mm² 导线	
			$L_h \leq 50$	$L_h \leq 60$	$L_h \leq 50$	$L_h \leq 60$	$L_h \leq 50$	$L_h \leq 60$
D4NJ1－12－M	$\phi 190 \times 12 \times M \times G$	12	$0° < \alpha \leq 45°$	$0° < \alpha \leq 45°$	$0° < \alpha \leq 45°$	$0° < \alpha \leq 45°$	$0° < \alpha \leq 45°$	$0° < \alpha \leq 45°$

注　1. L_h 为水平档距，单位为 m。
　　2. α 为线路转角。

（4）380V 90° 带拉线耐张转角杆。380V 90° 带拉线耐张转角水泥杆共有 1 种杆型，杆型及配置见表 14－9。

表 14－9　380V 90° 带拉线耐张转角水泥杆杆型及配置

序号	杆型代号	水泥杆规格	杆长（m）	开裂检验弯矩（kN·m）	图号
1	D4NJ2－12－M	$\phi 190 \times 12 \times M \times G$	12	68.25	图 14－4

杆型代号说明

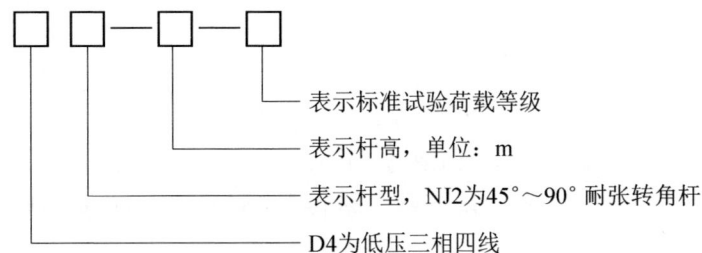

表示标准试验荷载等级

表示杆高，单位：m

表示杆型，NJ2 为 45°～90° 耐张转角杆

D4 为低压三相四线

例："D4NJ2－12－M"：D4 表示低压三相四线；NJ2 表示 45°～90° 双排横担耐张转角杆；12 表示杆长 12m；M 表示标准试验荷载等级代号为 M 级的非预应力水泥杆。

380V 90° 带拉线耐张转角水泥杆型适用表（XZ－A、XZ－B 气象区）见表 14－10。

表 14－10　380V 90° 带拉线耐张转角水泥杆型适用表（XZ－A、XZ－B 气象区）

使用情况 杆型	水泥杆规格	水泥杆杆长（m）	120mm² 导线		150mm² 导线		240mm² 导线	
			$L_h \leq 50$	$L_h \leq 60$	$L_h < 50$	$L_h \leq 60$	$L_h \leq 50$	$L_h \leq 60$
D4NJ2－12－M	$\phi 190 \times 12 \times M \times G$	12	$45° < \alpha \leq 90°$	$45° < \alpha \leq 90°$	$45° < \alpha \leq 90°$	$45° < \alpha \leq 90°$	$45° < \alpha \leq 90°$	$45° < \alpha \leq 90°$

注　1. L_h 为水平档距，单位为 m。
　　2. α 为线路转角。

（5）380V 直线 T 接水泥杆。380V 直线 T 接水泥杆共有 2 种杆型，杆型及配置见表 14－11。

表 14－11　380V 直线 T 接水泥杆杆型及配置

序号	杆型代号	水泥杆规格	杆长（m）	开裂检验弯矩（kN·m）	图号
1	D4ZT4－12－M	$\phi 190 \times 12 \times M \times G$	12	68.25	图 14－5
2	D4ZT2－12－M	$\phi 190 \times 12 \times M \times G$	12	68.25	图 14－6

杆型代号说明

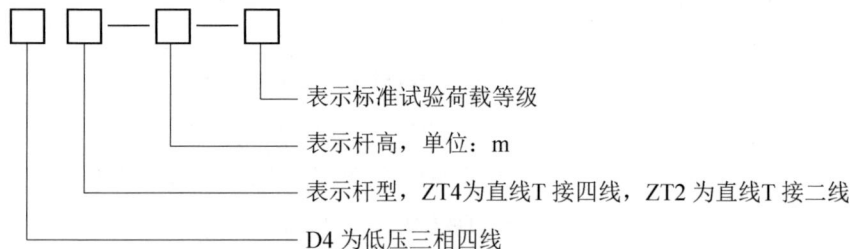

表示标准试验荷载等级

表示杆高，单位：m

表示杆型，ZT4为直线T接四线，ZT2为直线T接二线

D4为低压三相四线

例："D4ZT4-12-M"：D4表示低压三相四线；ZT4表示直线T接四线杆；12表示杆长12m；M表示标准试验荷载等级代号为M级的非预应力水泥杆。

380V直线T接水泥杆型适用表（XZ-A、XZ-B气象区）见表14-12。

表14-12　380V直线T接水泥杆型适用表（XZ-A、XZ-B气象区）

使用情况 杆型	水泥杆 规格	水泥杆 杆长 (m)	120mm² 导线		150mm² 导线		240mm² 导线	
			L_h≤50 (直线) L_h≤25 (耐张)	L_h≤60 (直线) L_h≤30 (耐张)	L_h≤50 (直线) L_h≤25 (耐张)	L_h≤60 (直线) L_h≤30 (耐张)	L_h≤50 (直线) L_h≤25 (耐张)	L_h≤60 (直线) L_h≤30 (耐张)
D4ZT4-12-M	$\phi190\times12\times M\times G$	12	√	√	√	√	√	√
			0°<α≤90°	0°<α≤90°	0°<α≤90°	0°<α≤90°	0°<α≤90°	0°<α≤90°
D4ZT2-12-M	$\phi190\times12\times M\times G$	12	√	√	√	√	√	√
			0°<α≤90°	0°<α≤90°	0°<α≤90°	0°<α≤90°	0°<α≤90°	0°<α≤90°

注　1. L_h为水平档距，单位为m。

　　2. α为T接线路与直线夹角。

　　3. 表中打"×"处表明此水泥杆不适用于该外荷载情况。

　　4. 其中直线部分为直线杆部分的使用条件，耐张部分为T接线的使用条件。

（6）380V带拉线终端水泥杆。380V带拉线终端水泥杆共有2种杆型，杆型及配置详见表14-13。

表14-13　380V 带拉线终端水泥杆杆型及配置

序号	杆型代号	水泥杆规格	杆长 (m)	开裂检验弯矩 (kN·m)	图号
1	D4D-12-M	$\phi190\times12\times M\times G$	12	68.25	图14-7
2	D4DL-12-M	$\phi190\times12\times M\times G$	12	68.25	图14-8

杆型代号说明

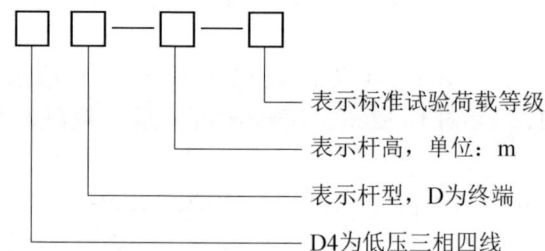

表示标准试验荷载等级

表示杆高，单位：m

表示杆型，D为终端

D4为低压三相四线

例："D4D-12-M"：D4表示低压三相四线；D表示终端杆；12表示杆长12m；M表示标准试验荷载等级代号为M级的非预应力水泥杆。

380V带拉线终端水泥杆型适用表（XZ-A、XZ-B气象区）见表14-14。

表14-14　380V 带拉线终端水泥杆型适用表（XZ-A、XZ-B气象区）

使用情况 杆型	水泥杆规格	水泥杆 杆长 (m)	120mm² 导线		150mm² 导线		240mm² 导线	
			L_h≤25	L_h≤30	L_h≤25	L_h≤30	L_h≤25	L_h≤30
D4D-12-M	$\phi190\times12\times M\times G$	12	α=0°	α=0°	α=0°	α=0°	α=0°	α=0°
D4DL-12-M	$\phi190\times12\times M\times G$	12	α=0°	α=0°	α=0°	α=0°	α=0°	α=0°

注　1. L_h为水平档距，单位为m。

　　2. α为线路转角。

　　3. 表中打"×"处表明此水泥杆不适用于该外荷载情况，"—"表示从经济性考虑不推荐使用。

（7）380V跨越杆。380V跨越杆一般用在因地形限制需要跨越公路、河流和其他障碍物的地区。380V跨越杆共有3种杆型，杆型及配置见表14-15。

表 14-15   **380V 跨越杆杆型及配置**

序号	杆型代号	水泥杆规格	杆长 (m)	开裂检验弯矩 (kN·m)	图号
1	D4ZK-15-M	φ190×15×M×G	15	73.50	图 14-9
2	D4NJ1K-15-M	φ190×15×M×G	15	73.50	图 14-10
3	D4NJ2K-15-M	φ190×15×M×G	15	73.50	图 14-11

杆型代号说明

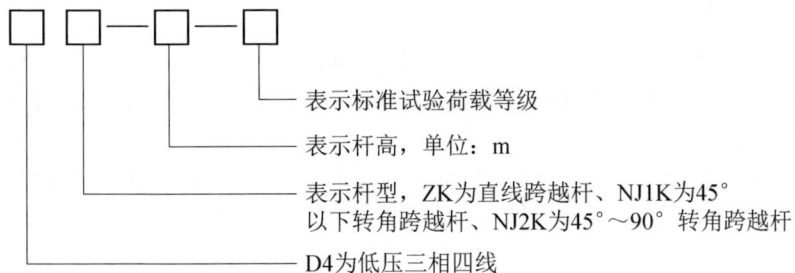

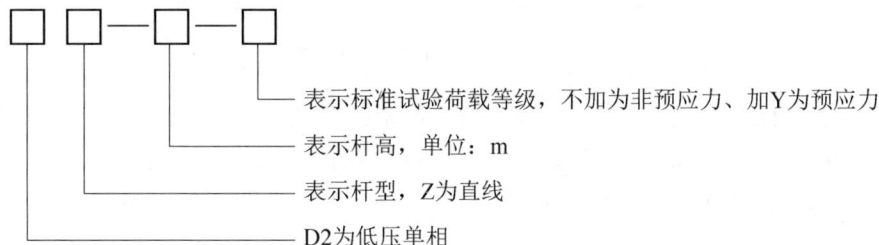

表示标准试验荷载等级

表示杆高，单位：m

表示杆型，ZK 为直线跨越杆、NJ1K 为 45°以下转角跨越杆、NJ2K 为 45°～90°转角跨越杆

D4 为低压三相四线

例：1）"D4ZK-15-M"：D4 表示低压三相四线；ZK 表示直线跨越杆；15 表示杆长 15m；M 表示标准试验荷载等级代号为 M 级的非预应力水泥杆。

2）"D4NJ1K-15-M"：D4 表示低压三相四线；NJ1K 表示 45°以下耐张转角跨越杆；15 表示杆长 15m；M 表示标准试验荷载等级代号为 M 级的非预应力水泥杆。

3）"D4NJ2K-15-M"：D4 表示低压三相四线。

380V 跨越水泥杆型适用表（XZ-A、XZ-B 气象区）见表 14-16。

表 14-16   **380V 跨越水泥杆型适用表（XZ-A、XZ-B 气象区）**

使用情况\\杆型	水泥杆规格	水泥杆杆长 (m)	120mm² 导线		150mm² 导线		240mm² 导线	
			$L_h \leqslant 50$	$L_h \leqslant 60$	$L_h \leqslant 50$	$L_h \leqslant 60$	$L_h \leqslant 50$	$L_h \leqslant 60$
D4ZK-15-M	φ190×15×M×G	15	√	√	√	√	√	√
D4NJ1K-15-M	φ190×15×M×G	15	√	√	√	√	√	√
D4NJ2K-15-M	φ190×15×M×G	15	√	√	√	√	√	√

注 L_h 为水平档距，单位为 m。

14.1.4   220V 杆型配置

（1）220V 直线水泥杆。220V 直线水泥杆共有 1 种杆型，杆型及配置见表 14-17。

表 14-17   **220V 直线水泥杆杆型及配置**

序号	杆型代号	水泥杆规格	杆长 (m)	开裂检验弯矩 (kN·m)	图号
1	D2Z-12-M	φ190×12×M×G	12	68.25	图 14-12

杆型代号说明

表示标准试验荷载等级，不加为非预应力、加 Y 为预应力

表示杆高，单位：m

表示杆型，Z 为直线

D2 为低压单相

例："D2Z-12-M"：D2 表示低压单相；Z 表示直线杆；12 表示杆长 12m；M 表示标准试验荷载等级代号为 M 级的非预应力水泥杆。

220V 直线水泥杆型适用表（XZ-A、XZ-B 气象区）见表 14-18。

表 14-18   **220V 直线水泥杆型适用表（XZ-A、XZ-B 气象区）**

使用情况\\杆型	水泥杆规格	水泥杆杆长 (m)	120mm² 导线		150mm² 导线	
			$L_h \leqslant 50$	$L_h \leqslant 60$	$L_h \leqslant 50$	$L_h \leqslant 60$
D2Z-12-M	φ190×12×M×G	12	√	√	√	√

注 1. L_h 为水平档距，单位为 m。

    2. 表中打"×"处表明此水泥杆不适用于该外荷载情况。

（2）220V 直线转角水泥杆。220V 直线转角水泥杆共有 1 种杆型，杆型及配置见表 14-19。

表14-19　　　　　220V 直线转角水泥杆杆型及配置

序号	杆型代号	水泥杆规格	杆长（m）	开裂检验弯矩（kN·m）	图号
1	D2ZJ-12-M	$\phi 190 \times 12 \times M \times G$	12	68.25	图14-13

杆型代号说明

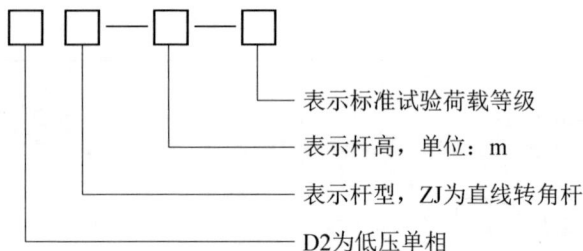

表示标准试验荷载等级

表示杆高，单位：m

表示杆型，ZJ 为直线转角杆

D2 为低压单相

例："D2ZJ-12-M"：D2 表示低压单相；ZJ 表示直线转角杆；12 表示杆长 12m；M 表示标准试验荷载等级代号为 M 级的非预应力水泥杆。

220V 直线转角水泥杆型适用表（XZ-A、XZ-B 气象区）见表14-20。

表14-20　　220V 直线转角水泥杆型适用表（XZ-A、XZ-B 气象区）

杆型 \ 使用情况	水泥杆规格	水泥杆杆长（m）	70mm² 导线		120mm² 导线	
			$L_h \leq 50$	$L_h \leq 60$	$L_h \leq 50$	$L_h \leq 60$
D2ZJ-12-M	$\phi 190 \times 12 \times M \times G$	12	$\alpha \leq 15°$	$\alpha \leq 15°$	$\alpha \leq 12°$	$\alpha \leq 12°$

注　1. L_h 为水平档距，单位为 m。
　　2. α 为线路转角。

（3）220V 45°带拉线耐张转角水泥杆。220V 45°带拉线耐张转角水泥杆共有 1 种杆型，杆型及配置见表14-21。

表14-21　　220V 45°带拉线耐张转角水泥杆杆型及配置

序号	杆型代号	水泥杆规格	水泥杆杆长（m）	开裂检验弯矩（kN·m）	图号
1	D2NJ1-12-M	$\phi 190 \times 12 \times M \times G$	12	68.25	图14-14

杆型代号说明

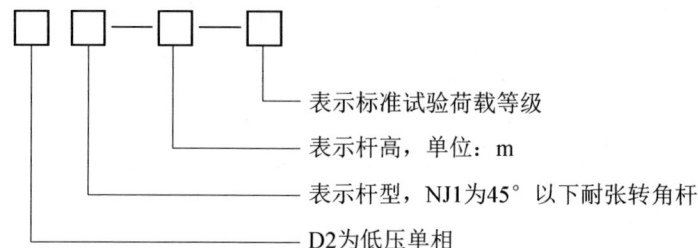

表示标准试验荷载等级

表示杆高，单位：m

表示杆型，NJ1 为45°以下耐张转角杆

D2 为低压单相

例："D2NJ1-12-M"：D2 表示低压单相；NJ1 表示小于 45°单排横担耐张转角杆；12 表示杆长 12m；M 表示标准试验荷载等级代号为 M 级的非预应力水泥杆。

220V 45°带拉线耐张转角水泥杆型适用表（XZ-A、XZ-B 气象区）见表14-22。

表14-22　　220V 45°带拉线耐张转角水泥杆型适用表（XZ-A、XZ-B 气象区）

杆型 \ 使用情况	水泥杆规格	水泥杆杆长（m）	70mm² 导线		120mm² 导线	
			$L_h \leq 50$	$L_h \leq 60$	$L_h \leq 50$	$L_h \leq 60$
D2NJ1-12-M	$\phi 190 \times 12 \times M \times G$	12	$0° < \alpha \leq 45°$	$0° < \alpha \leq 45°$	$0° < \alpha \leq 45°$	$0° < \alpha \leq 45°$

注　1. L_h 为水平档距，单位为 m。
　　2. α 为线路转角。

（4）220V 90°带拉线耐张转角杆。220V 90°带拉线耐张转角水泥杆共有 1 种杆型，杆型及配置见表14-23。

表14-23　　220V 90°带拉线耐张转角水泥杆杆型及配置

序号	杆型代号	水泥杆规格	水泥杆杆长（m）	开裂检验弯矩（kN·m）	图号
1	D2NJ2-12-M	$\phi 190 \times 12 \times M \times G$	12	68.25	图14-15

杆型代号说明

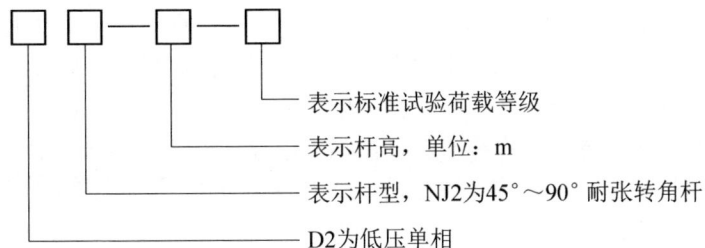

表示标准试验荷载等级

表示杆高，单位：m

表示杆型，NJ2为45°～90°耐张转角杆

D2为低压单相

例："D2NJ2－12－M"：D2 表示低压单相；NJ2 表示 45°～90° 双排横担耐张转角杆；12 表示杆长 12m；M 表示标准试验荷载等级代号为 M 级的非预应力水泥杆。

220V 90° 转角水泥杆杆型配置适用情况表（XZ－A、XZ－B 气象区）见表 14－24。

表 14－24　220V 90° 转角水泥杆杆型配置适用情况表（XZ－A、XZ－B 气象区）

使用情况 杆型	水泥杆规格	水泥杆杆长（m）	70mm² 导线		150 mm² 导线	
			$L_h \leqslant 50$	$L_h \leqslant 60$	$L_h \leqslant 50$	$L_h \leqslant 60$
D2NJ2－12－M	$\phi190 \times 12 \times M \times G$	12	$45° < \alpha < 90°$	$45° < \alpha < 90°$	$45° < \alpha < 90°$	$45° < \alpha < 90°$

注　1. L_h 为水平档距，单位为 m。
　　2. α 为线路转角。

（5）220V 直线 T 接水泥杆。220V 直线 T 接水泥杆共有 1 种杆型，及配置见表 14－25。

表 14－25　220V 直线 T 接水泥杆杆型及配置

序号	杆型代号	水泥杆规格	水泥杆杆长（m）	开裂检验弯矩（kN·m）	图号
1	D2ZT2－12－M	$\phi190 \times 12 \times M \times G$	12	68.25	图 14－16

杆型代号说明

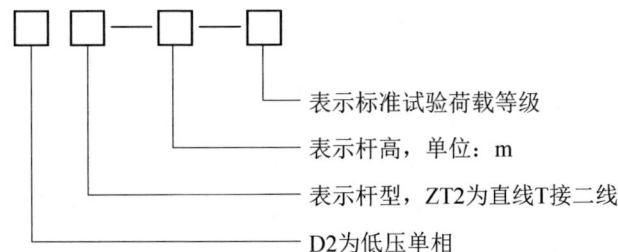

表示标准试验荷载等级

表示杆高，单位：m

表示杆型，ZT2为直线T接二线

D2为低压单相

例："D2ZT2－12－M"：D2 表示低压单相；ZT2 表示直线 T 接二线杆；12 表示杆长 12m；M 表示标准试验荷载等级代号为 M 级的非预应力水泥杆。

220V 直线 T 接水泥杆型适用表（XZ－A、XZ－B 气象区）见表 14－26。

表 14－26　220V 直线 T 接水泥杆型适用表（XZ－A、XZ－B 气象区）

使用情况 杆型	水泥杆规格	水泥杆杆长（m）	70mm² 导线		150mm² 导线	
			$L_h \leqslant 50$（直线）	$L_h \leqslant 60$（直线）	$L_h \leqslant 50$（直线）	$L_h \leqslant 60$（直线）
			$L_h \leqslant 25$（耐张）	$L_h \leqslant 30$（耐张）	$L_h \leqslant 25$（耐张）	$L_h \leqslant 30$（耐张）
D2ZT2－12－M	$\phi190 \times 12 \times M \times G$	12	√	√	√	√
			$0° < \alpha \leqslant 90°$	$0° < \alpha \leqslant 90°$	$0° < \alpha \leqslant 90°$	$0° < \alpha \leqslant 90°$

注　1. L_h 为水平档距，单位为 m。
　　2. α 为 T 接线路与直线夹角。
　　3. 表中打 "×" 处表明此水泥杆不适用于该外荷载情况。
　　4. 其中直线部分为直线杆部分的使用条件，耐张部分为 T 接线的使用条件。

（6）220V 带拉线终端水泥杆。220V 带拉线终端水泥杆共有 1 种杆型，杆型及配置见表 14－27。

表 14－27　220V 带拉线终端水泥杆杆型及配置

序号	杆型代号	水泥杆规格	水泥杆杆长（m）	开裂检验弯矩（kN·m）	图号
1	D2D－12－M	$\phi190 \times 12 \times M \times G$	12	68.25	图 14－17

杆型代号说明

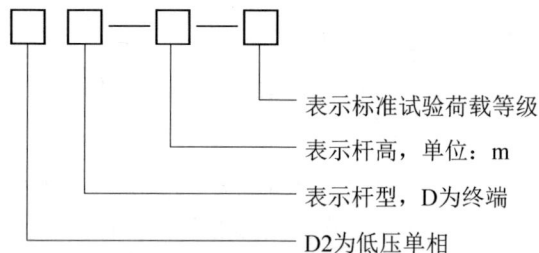

表示标准试验荷载等级

表示杆高，单位：m

表示杆型，D 为终端

D2 为低压单相

例："D2D－12－M"：D2 表示低压单相；D 表示终端杆；12 表示杆长 12m；M 表示标准试验荷载等级代号为 M 级的非预应力水泥杆。

220V 带拉线终端水泥杆型适用表（XZ－A、XZ－B 气象区）见表 14－28。

表 14－28　220V 带拉线终端水泥杆型适用表（XZ－A、XZ－B 气象区）

使用情况 杆型	水泥杆规格	水泥杆杆长（m）	70mm² 导线		120mm² 导线	
			$L_h \leq 50$	$L_h \leq 60$	$L_h \leq 50$	$L_h \leq 60$
D2D－12－M	$\phi190 \times 12 \times M \times G$	12	$\alpha=0°$	$\alpha=0°$	$\alpha=0°$	$\alpha=0°$

注　1. L_h 为水平档距，单位为 m。
　　2. α 为线路转角。

14.1.5　横担选配

（1）导线线间距离。根据 DL/T 5220《10kV 及以下架空配电线路设计规范》和 DL/T 601《架空绝缘配电线路设计技术规程》的 9.0.6 有关规定：配电线路导线的线间距离应结合地区运行经验确定，如无可靠资料，导线的线间距离不应小于表 14－29 的规定。

表 14－29　配电线路的最小线间距离　（m）

档距 线路电压	40m 及以下	50m	60m
1kV 以下	0.3（0.3）	0.4（0.4）	0.45

注："（）"内为绝缘导线数值。1kV 以下配电线路靠近水泥杆两侧导线间水平距离不应小于 0.5m。

（2）横担型式。水泥杆的横担采用 Q235 钢、L 型角钢组合结构。直线水泥杆采用单角钢横担结构，直线转角水泥杆采用双角钢横担结构，45°及以下的耐张转角水泥杆采用单排双横担结构，45°～90°的耐张转角水泥杆采用双排双横担结构。所有的横担及铁附件均采用热镀锌防腐措施，镀锌层厚度不小于 70m。根据 GB 50061《66kV 及以下架空电力线路设计规范》的要求，当架空电力线路交叉跨越时，直线水泥杆横担应按导线双固定方式设计。

（3）横担分类。本着安全、经济、美观，方便加工、施工和运行的原则，对横担尺寸进行统一。

编号说明

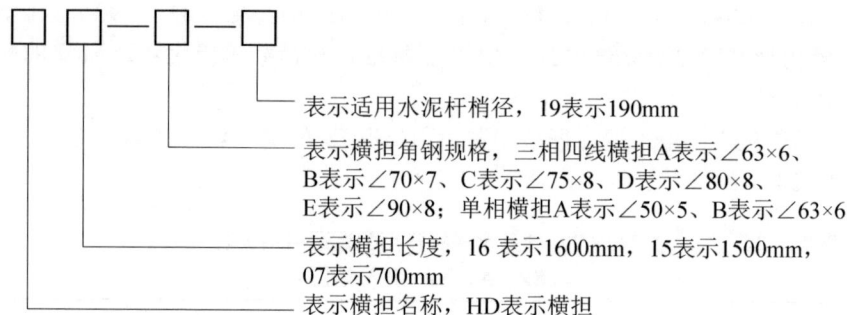

表示适用水泥杆梢径，19 表示190mm

表示横担角钢规格，三相四线横担A表示∠63×6、B表示∠70×7、C表示∠75×8、D表示∠80×8、E表示∠90×8；单相横担A表示∠50×5、B表示∠63×6

表示横担长度，16 表示1600mm，15 表示1500mm，07 表示700mm

表示横担名称，HD 表示横担

例：1）"HD15－A19"表示长度为 1.5m，角钢规格为∠63mm×6mm，适用于三相四线所有梢径为 190mm 水泥杆。

2）"HD15－C19"表示长度为 1.5m，角钢规格为∠75mm×8mm，适用于三相四线所有梢径为 190mm 水泥杆。

3）"HD07－A15"表示长度为 0.7m，角钢规格为∠50mm×5mm，适用于单相所有梢径为 150mm 水泥杆。

横担规格适用表见表 14－30 和表 14－31。

表 14－30　横担规格适用表（$L_h \leq 50$m）（XZ－A、XZ－B 气象区）

适用线路	适用导线截面范围	直线、直线转角			耐张、终端		
		横担编号	角钢规格	长度（mm）	横担编号	角钢规格	长度（mm）
380V	120mm² 及以下	HD16－A19	∠80×8	1600	HD16－D19	∠80×8	1600
	150mm² 及以下	HD16－A19	∠80×8	1600	HD16－D19	∠80×8	1600
	240mm² 及以下	HD16－A19	∠80×8	1600	HD16－D19	∠80×8	1600

适用线路	适用导线截面范围	直线、直线转角			耐张、终端		
		横担编号	角钢规格	长度(mm)	横担编号	角钢规格	长度(mm)
220V	70mm²及以下	HD07-B19	∠63×6	700	HD07-B19	∠63×6	700
	120mm²及以下	HD07-B19	∠63×6	700	HD07-B19	∠63×6	700

表 14-31   横担规格适用表（$L_h \leqslant 60m$）（XZ-A、XZ-B 气象区）

适用线路	适用导线截面范围	直线、直线转角			耐张、终端		
		横担编号	角钢规格	长度(mm)	横担编号	角钢规格	长度(mm)
380V	120mm²及以下	HD16-A19	∠80×8	1600	HD16-D19	∠80×8	1600
380V	150mm²及以下	HD16-A19	∠80×8	1600	HD16-D19	∠80×8	1600
	240mm²及以下	HD16-A19	∠80×8	1600	HD16-D19	∠80×8	1600
220V	70mm²及以下	HD07-B19	∠63×6	700	HD07-B19	∠63×6	700
	120mm²及以下	HD07-B19	∠63×6	700	HD07-B19	∠63×6	700

14.1.6 拉线选配

拉线采用 YB/T 5004《镀锌钢绞线》标准镀锌钢绞线，其中 1×19-13.0 钢绞线抗拉强度为 1370MPa，其余钢绞线均为 1270MPa。其截面应按受力情况计算确定，且截面不应小于 35mm²。钢绞线的强度设计值见表 14-32。

表 14-32   钢绞线的强度设计值   N/mm²

标称	钢绞线强度扭绞调整系数	钢绞线强度不均匀系数	钢绞线的破坏强度	钢绞线的强度设计值
GJ-35	0.9	0.65	1270	742.95
GJ-50	0.9	0.65	1270	742.95
GJ-80	0.9	0.56	1270	640.08
GJ-100	0.9	0.56	1370	690.48

本通用设计拉线转角杆型共 4 类，分别为带拉线直线转角杆、0°～45° 带拉线耐张转角杆、45°～90° 带拉线耐张转角杆、终端杆。并按最大适用导线承受荷载最大的杆型进行检验计算，各种杆型拉线按水泥杆受力大小选择。拉

线组合选型见 15 章。工程中应根据地质和拉线对地夹角等实际情况，经计算后选择表 14-33 中的拉线型式。

表 14-33   拉线组合型式选配表

序号	导线截面	杆型分类	数量	拉线型式	
				XZ-A 气象区	XZ-B 气象区
1	70mm²及以下	直线转角杆	1	LX-35	LX-35
2		0°～45°转角杆	3（2）	LX-50	LX-50
3	70mm²及以下	45°～90°转角杆	2	LX-50	LX-50
4		终端杆	1	LX-50	LX-50
5		直线转角杆	1	LX-50	LX-50
6	150mm²及以下	0°～45°转角杆	3（2）	LX-80	LX-80
7		45°～90°转角杆	2	LX-80	LX-80
8		终端杆、分支杆	1	LX-80	LX-80
9		直线转角杆	1	LX-80	LX-80
10	240mm²及以下	0°～45°转角杆	3（2）	LX-100	LX-100
11		45°～90°转角杆	2	LX-100	LX-100
12		终端杆		LX-100	LX-100

注   LX 表示拉线，35～100 表示拉线的直径，单位 mm；括号内 2 表示使用 2 组拉线，用于以下两种情况：① 220V 架空线路；② 直线耐张（转角为 0°时）。

14.1.7 使用说明

（1）拉线应根据确定的杆型、导线型号和本地区所在气象区选用对应的型式。

（2）所有拉线对地夹角应为 45°，大于或小于 45° 时应重新校验后选用。

（3）0°～15° 带拉线直线转角杆：允许转角的角度应根据导线截面校核，具体可参照表 12-2。

（4）0°～45° 带拉线耐张转角杆：当线路转角为 0 时（直线耐张），拉线分两组，装设在顺线路方向；当线路转角大于 0° 且小于 45° 时，拉线分三组，两组装设在顺线路方向，另一组装设在合力反方向。

（5）45°～90° 带拉线耐张转角杆：拉线分两组，均装设在线路反方向。

（6）带拉线终端杆：拉线设置方向应与线路方向一致。

（7）现场不满足装设拉线时，设计人员校验后可以选用高强度水泥杆或钢管杆。

14.2 设计图

380/220V 架空线路杆型设计图目录见表 14－34。

表 14－34　　　　　　　380/220V 架空线路杆型设计图目录

图序	图名	备注
图 14－1	12m 380V 直线水泥杆杆型图	
图 14－2	12m 380V 直线转角水泥杆杆型图	
图 14－3	12m 380V 45°带拉线耐张转角水泥杆杆型图	
图 14－4	12m 380V 90°带拉线耐张转角水泥杆杆型图	
图 14－5	12m 380V 直线 T 接（四线）水泥杆杆型图	
图 14－6	12m 380V 直线 T 接（二线）水泥杆杆型图	
图 14－7	12m 380V 带拉线终端水泥杆杆型图	
图 14－8	380V 带拉线电缆终端水泥杆杆型图	
图 14－9	15m 380V 跨越水泥杆杆型图	
图 14－10	380V 15m 45°跨越转角水泥杆安装示意图	
图 14－11	380V 15m 90°跨越转角水泥杆安装示意图	

续表

图序	图名	备注
图 14－12	12m 220V 直线水泥杆杆型图	
图 14－13	12m 220V 直线转角水泥杆杆型图	
图 14－14	12m 220V 45°带拉线耐张转角水泥杆杆型图	
图 14－15	12m 220V 90°带拉线耐张转角水泥杆杆型图	
图 14－16	12m 220V 直线 T 接水泥杆杆型图	
图 14－17	12m 220V 带拉线终端水泥杆杆型图	
图 14－18	四线横担加工示意图（一）	
图 14－19	四线横担加工示意图（二）	
图 14－20	两线横担加工示意图	
图 14－21	U 型抱箍加工示意图	
图 14－22	联板加工示意图	
图 14－23	拉线抱箍加工图（一）	
图 14－24	拉线抱箍加工图（二）	
图 14－25	电缆抱箍加工图	
图 14－26	电缆固定支架加工图	
图 14－27	两线横担加工示意图	

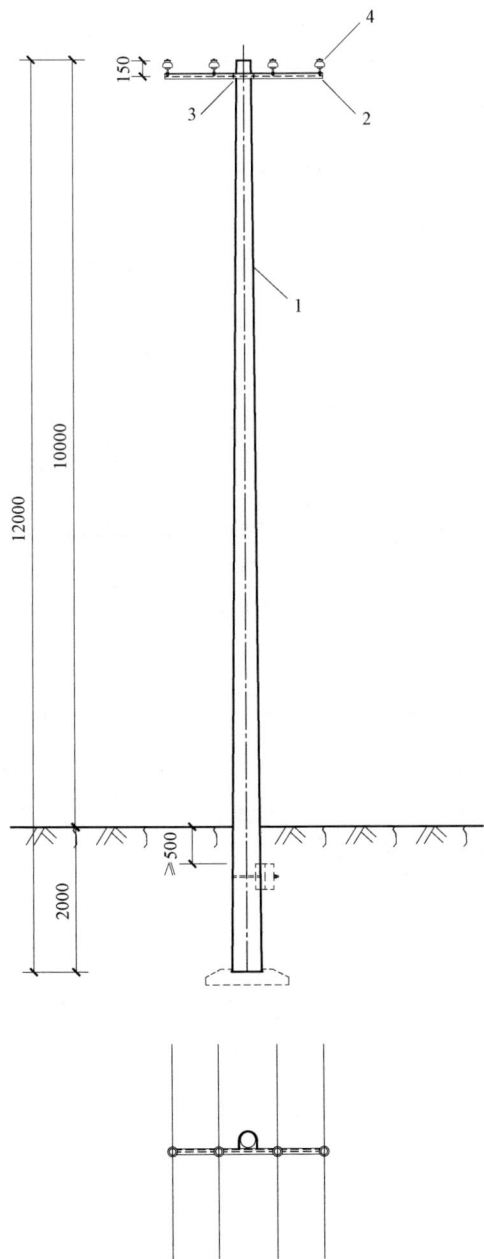

材 料 表

杆型代号				D4Z－12－M
编号	材料名称	单位	数量	材料型号规格
1	水泥杆	根	1	$\phi 190 \times 12 \times M \times G$
2	四线横担	根	1	见适用表
3	U 型抱箍	只	1	U16－190
4	低压绝缘子	个	4	P－6T

杆 型 适 用 表

导线截面		XZ－A 气象区			XZ－B 气象区		
		70mm²	120mm²	240mm²	70mm²	120mm²	240mm²
横担角钢型号	$L_h \leqslant 50$	HD15－A19	HD15－A19	HD15－A19	HD15－A19	HD15－A19	HD15－A19
	$L_h \leqslant 60$	HD16－A19	HD16－A19	HD16－A19	HD16－A19	HD16－A19	HD16－A19

图 14－1　12m 380V 直线水泥杆杆型图

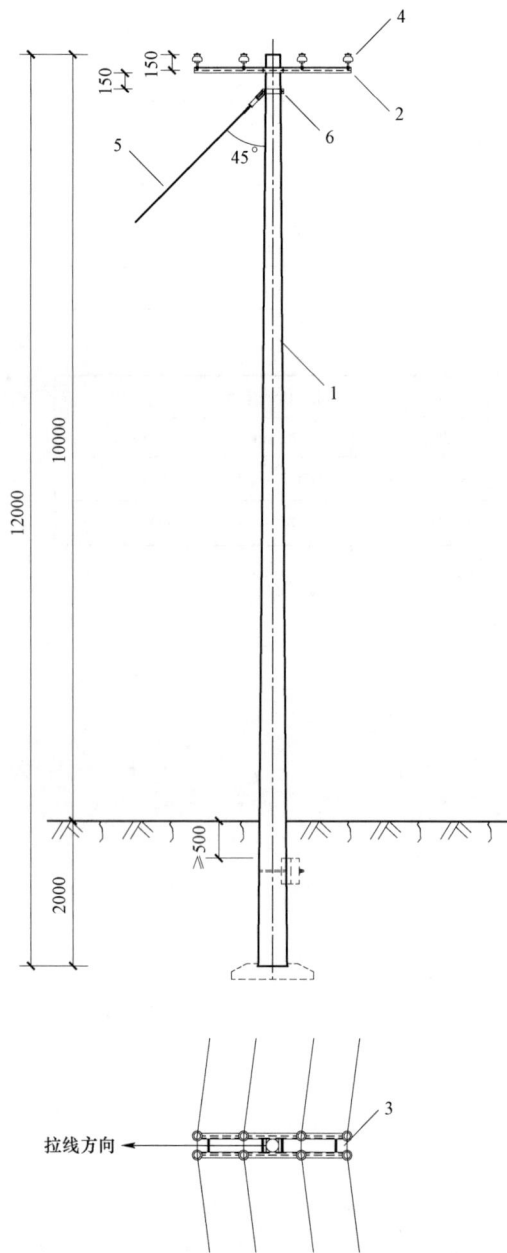

材 料 表

杆型代号				D4ZJ－12－M
编号	材料名称	单位	数量	材料型号规格
1	水泥杆	根	1	$\phi 190 \times 12 \times M \times G$
2	四线横担	根	2	见适用表
3	螺栓	只	4	M18×300
4	低压绝缘子	个	8	P－6T
5	拉线	套	1	见适用表
6	拉线抱箍	套	1	见适用表

杆 型 适 用 表

导线截面		XZ－A 气象区			XZ－B 气象区		
		70mm²	120mm²	240mm²	70mm²	120mm²	240mm²
横担角钢型号	$L_h \leqslant 50$	HD15－A19	HD15－A19	HD15－A19	HD15－A19	HD15－A19	HD15－A19
	$L_h \leqslant 60$	HD16－A19	HD16－A19	HD16－A19	HD16－A19	HD16－A19	HD16－A19
拉线		LX－50	LX－50	LX－50	LX－50	LX－50	LX－50
拉线抱箍		BG8－1－190	BG8－1－190	BG8－2－190	BG8－1－190	BG8－1－190	BG8－2－190

说明：1. 线路转角 45°～90°；拉线对地角 45°。

2. 根据具体实际情况对杆塔基础部分进行计算校核后，选用底盘和卡盘。

图 14－2　12m 380V 直线转角水泥杆杆型图

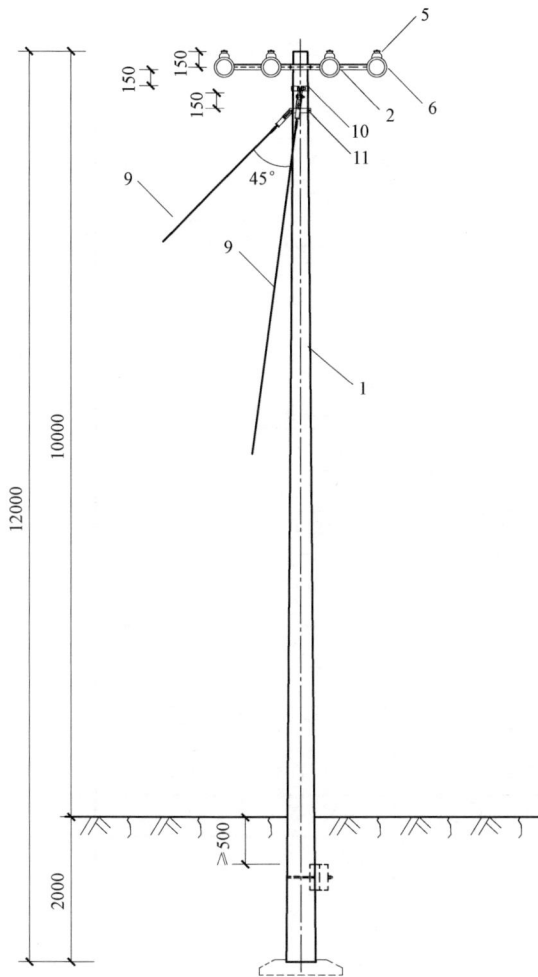

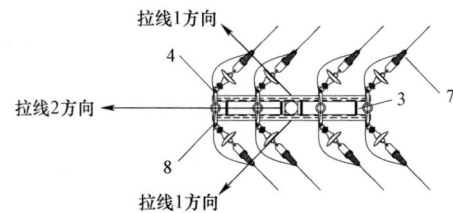

材 料 表

杆型代号				D4NJ1−12−M
编号	材料名称	单位	数量	材料型号规格
1	水泥杆	根	1	$\phi190\times12\times M\times G$
2	四线横担	根	2	见适用表
3	螺栓	只	4	M18×300
4		只	8	M16×40
5	低压绝缘子	个	4	P−6T
6	低压绝缘子耐张串	串	8	根据导线型号及截面选择
7	线夹	套	8	根据导线型号及截面选择
8	联板	套	4	L190
9	拉线	套	3	见适用表
10	拉线1抱箍	套	1	见适用表
11	拉线2抱箍	套	1	见适用表

杆 型 适 用 表

导线截面		XZ−A 气象区			XZ−B 气象区		
		70mm²	120mm²	240mm²	70mm²	120mm²	240mm²
横担角钢型号	$L_h\leqslant50$	HD15−B19	HD15−C19	HD15−D19	HD15−B19	HD15−C19	HD15−E19
	$L_h\leqslant60$	HD16−B19	HD16−C19	HD16−D19	HD16−B19	HD16−C19	HD16−E19
拉线1		LX−50	LX−50	LX−80	LX−50	LX−80	LX−100
拉线2		LX−50	LX−50	LX−80	LX−50	LX−80	LX−100
拉线1抱箍		BG8−1−190	BG8−2−190	BG8−2−190	BG8−1−190	BG8−2−190	BG8−3−190
拉线2抱箍		BG8−1−190	BG8−2−190	BG8−2−190	BG8−1−190	BG8−2−190	BG8−2−190

说明：1. 线路转角 45°～90°；拉线对地角 45°。

2. 根据具体实际情况对杆塔基础部分进行计算校核后，选用底盘和卡盘。

图 14−3　12m 380V 45°带拉线耐张转角水泥杆杆型图

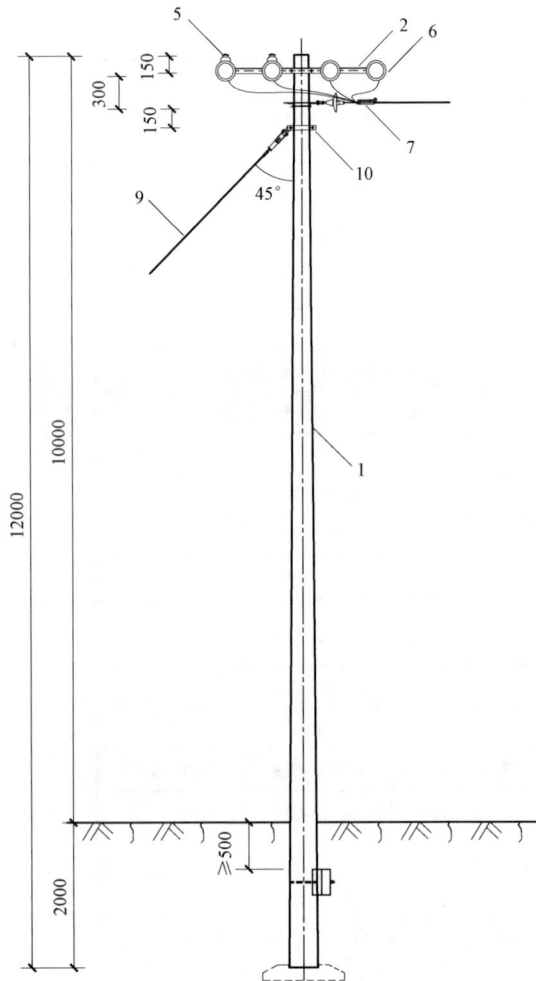

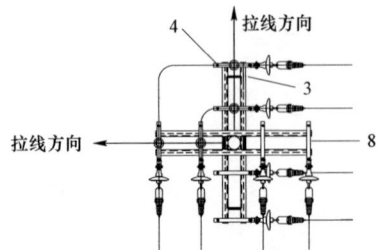

材 料 表

杆型代号				D4NJ2-12-M
编号	材料名称	单位	数量	材料型号规格
1	水泥杆	根	1	$\phi190\times12\times M\times G$
2	四线横担	根	4	见适用表
3	螺栓	只	8	M18×300
4		只	16	M16×40
5	低压绝缘子	个	4	P-6T
6	低压绝缘子耐张串	串	8	根据导线型号及截面选择
7	线夹	套	8	根据导线型号及截面选择
8	联板	套	8	L190
9	拉线	套	2	见适用表
10	拉线抱箍	套	2	见适用表

杆型适用表

导线截面		XZ-A 气象区			XZ-B 气象区		
		70mm²	120mm²	240mm²	70mm²	120mm²	240mm²
横担角钢型号	$L_h\leqslant50$	HD15-B19	HD15-C19	HD15-D19	HD15-B19	HD15-C19	HD15-E19
	$L_h\leqslant60$	HD16-B19	HD16-C19	HD16-D19	HD16-B19	HD16-C19	HD16-E19
拉线		LX-50	LX-50	LX-80	LX-50	LX-80	LX-100
拉线抱箍		BG8-1-190	BG8-2-190	BG8-2-190	BG8-1-190	BG8-2-190	BG8-3-190

说明：1. 线路转角45°～90°；拉线对地角45°。

2. 根据具体实际情况对杆塔基础部分进行计算校核后，选用底盘和卡盘。

图 14-4　12m 380V 90°带拉线耐张转角水泥杆杆型图

材 料 表

		杆型代号		D4ZT4－12－M
编号	材料名称	单位	数量	材料型号规格
1	水泥杆	根	1	$\phi 190 \times 12 \times M \times G$
2	四线横担	根	3	见适用表
3	U型抱箍	只	1	U16－190
4	螺栓	只	4	M18×300
		只	8	M16×40
5	低压绝缘子	个	6	P－6T
6	拉线	套	1	见适用表
7	拉线抱箍	套	1	见适用表
8	低压绝缘子耐张串	串	4	根据导线型号及截面选择
9	线夹	只	4	根据导线型号及截面选择
10	联板	套	4	L190

杆 型 适 用 表

导线截面		XZ－A 气象区			XZ－B 气象区		
		70mm²	120mm²	240mm²	70mm²	120mm²	240mm²
横担角钢型号	$L_h \leqslant 50$	HD15－B19	HD15－C19	HD15－D19	HD15－B19	HD15－C19	HD15－E19
	$L_h \leqslant 60$	HD16－B19	HD16－C19	HD16－D19	HD16－B19	HD16－C19	HD16－E19
拉线		LX－50	LX－50	LX－80	LX－50	LX－80	LX－100
拉线抱箍		BG8－1－190	BG8－2－190	BG8－2－190	BG8－1－190	BG8－2－190	BG8－3－190

说明：1. 线路转角45°～90°；拉线对地角45°。

2. 根据具体实际情况对杆塔基础部分进行计算校核后，选用底盘和卡盘。

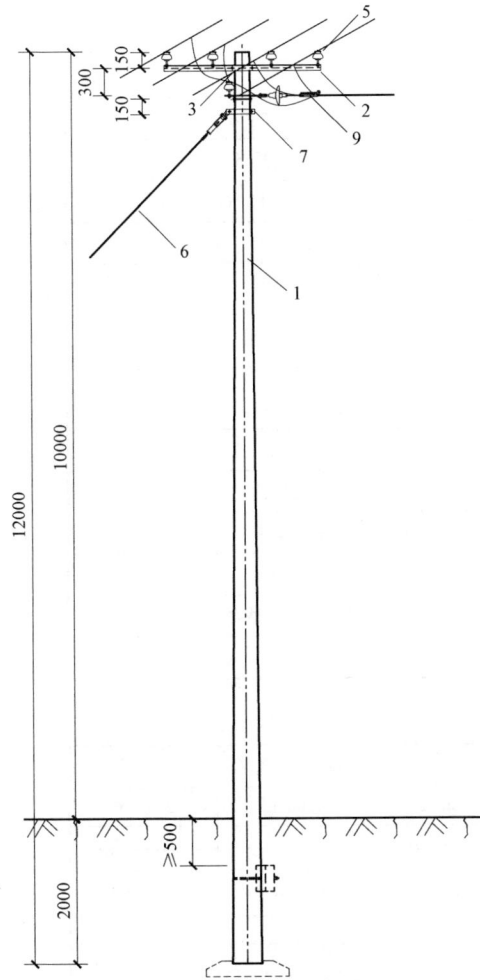

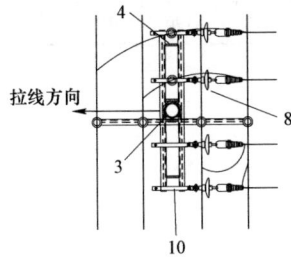

图 14－5　12m 380V 直线 T 接（四线）水泥杆杆型图

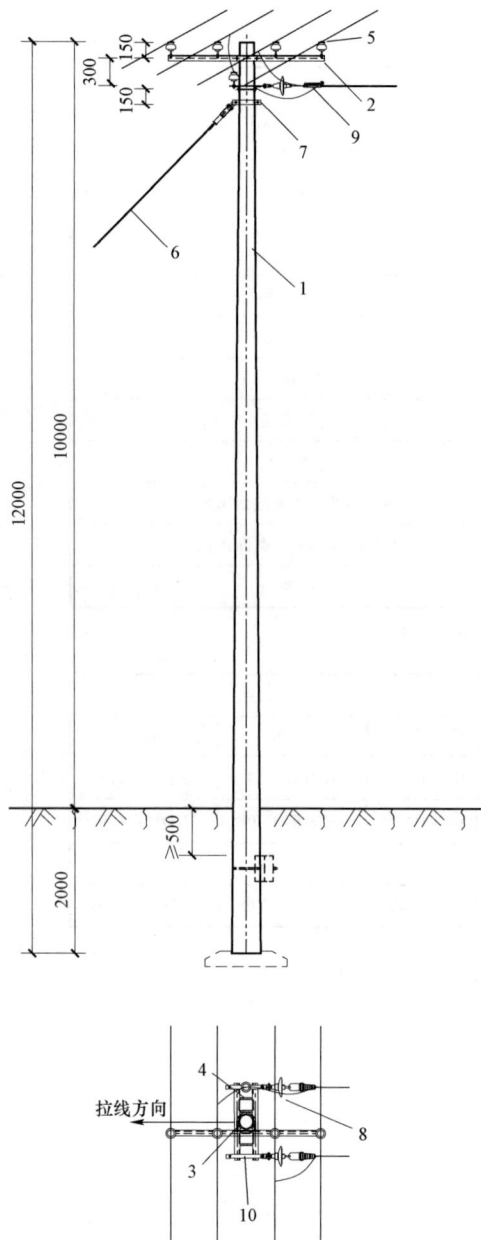

材料表

	杆型代号			D4ZT2－12－M	
编号	材料名称	单位	数量	材料型号规格
1	水泥杆	根	1	$\phi190\times12\times M\times G$
2	四线横担	根	1	见适用表
	两线横担	根	2	见适用表
3	U 型抱箍	只	1	U16－190
4	螺栓	只	2	M18×300
		只	4	M16×40
5	低压绝缘子	个	5	P－6T
6	拉线	套	1	见适用表
7	拉线抱箍	套	1	见适用表
8	低压绝缘子耐张串	串	2	根据导线型号及截面选择
9	线夹	只	2	根据导线型号及截面选择
10	联板	套	2	L190

杆型适用表

导线截面		XZ－A 气象区			XZ－B 气象区		
		70mm²	120mm²	240mm²	70mm²	120mm²	240mm²
横担角钢型号（直线）	$L_h\leq50$	HD15－B19	HD15－C19	HD15－D19	HD15－B19	HD15－C19	HD15－E19
	$L_h\leq60$	HD16－B19	HD16－C19	HD16－D19	HD16－B19	HD16－C19	HD16－E19
横担角钢型号（T 接线）		HD07－A19	HD07－B19	HD07－B19	HD07－A19	HD07－B19	HD07－B19
拉线		LX－50	LX－50	LX－80	LX－50	LX－80	LX－100
拉线抱箍		BG8－1－190	BG8－1－190	BG8－2－190	BG8－1－190	BG8－1－190	BG8－3－190

说明：1. 线路转角 45°～90°；拉线对地角 45°。

2. 根据具体实际情况对杆塔基础部分进行计算校核后，选用底盘和卡盘。

图 14－6   12m 380V 直线 T 接（二线）水泥杆杆型图

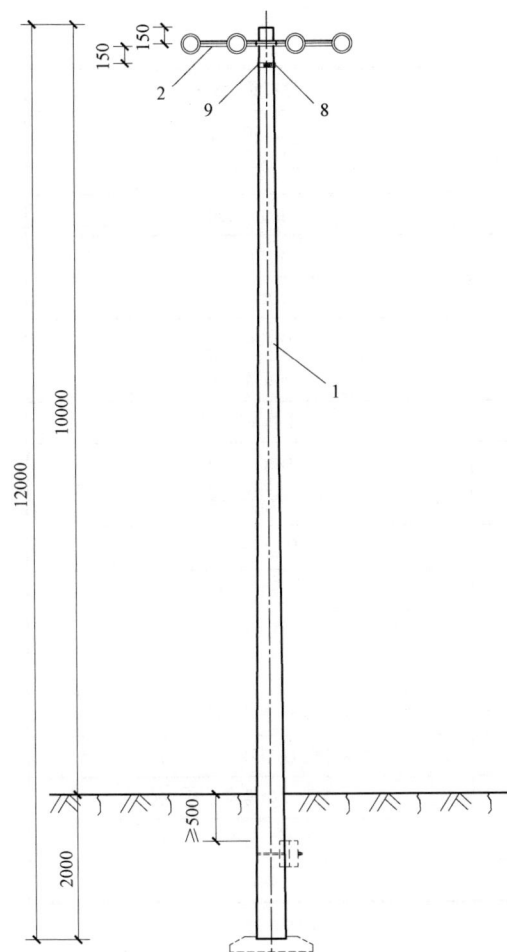

材 料 表

杆型代号				D4D－12－M
编号	材料名称	单位	数量	材料型号规格
1	水泥杆	根	1	$\phi 190 \times 12 \times M \times G$
2	四线横担	根	2	见适用表
3	螺栓	只	4	M18×300
4		只	4	M16×40
5	低压绝缘子耐张串	串	4	根据导线型号及截面选择
6	线夹		4	根据导线型号及截面选择
7	联板	块	4	L190
8	拉线	套	1	见适用表
9	拉线抱箍	套	1	见适用表

杆 型 适 用 表

导线截面		XZ－A 气象区			XZ－B 气象区		
		70mm²	120mm²	240mm²	70mm²	120mm²	240mm²
横担角钢型号	$L_h \leqslant 50$	HD15－B19	HD15－C19	HD15－D19	HD15－B19	HD15－C19	HD15－E19
	$L_h \leqslant 60$	HD16－B19	HD16－C19	HD16－D19	HD16－B19	HD16－C19	HD16－E19
拉线		LX－50	LX－50	LX－80	LX－50	LX－80	LX－100
拉线抱箍		BG8－1－190	BG8－2－190	BG8－2－190	BG8－1－190	BG8－2－190	BG8－3－190

说明：1. 线路转角 45°～90°；拉线对地角 45°。

2. 根据具体实际情况对杆塔基础部分进行计算校核后，选用底盘和卡盘。

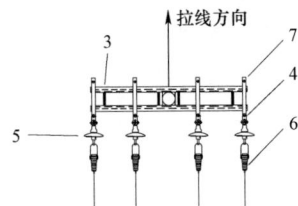

图 14－7　12m 380V 带拉线终端水泥杆杆型图

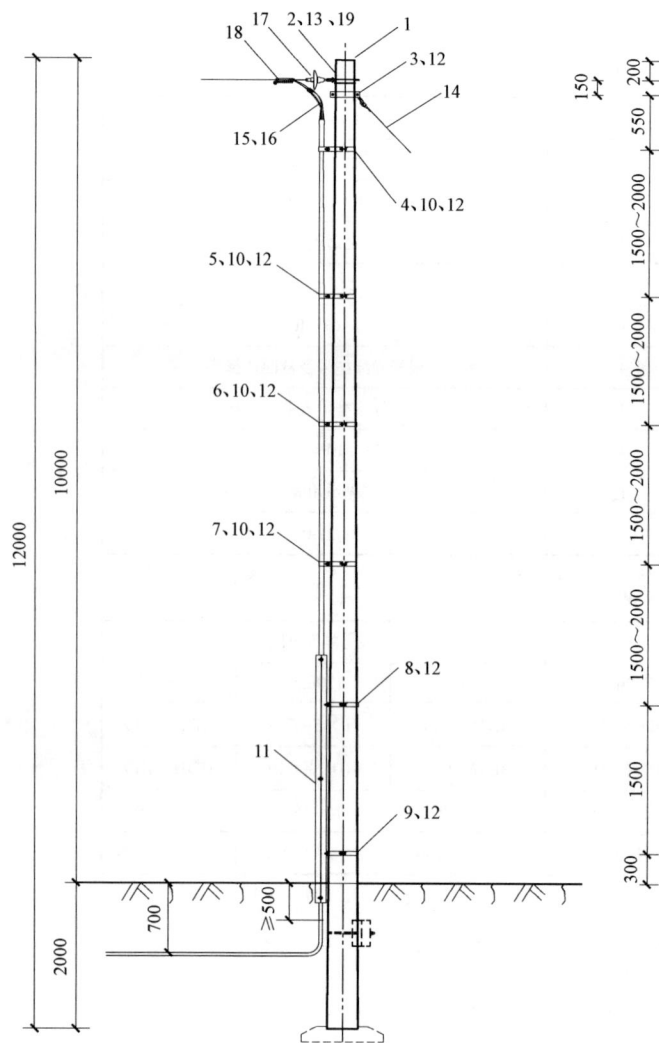

材 料 表

编号	材料名称	单位	数量	材料型号规格
1	水泥杆	根	1	$\phi 190 \times 12$
2	四线横担	块	2	根据实际需求选取
3	拉线抱箍	只	1	BG6－190
4	电缆固定支架	副	1	DBG6－200
5	电缆固定支架	副	1	DBG6－220
6	电缆固定支架	副	1	DBG6－240
7	电缆固定支架	副	1	DBG6－260
8	电缆固定支架	副	1	DBG6－280
9	电缆固定支架	副	1	DBG6－300
10	电缆抱箍	只	4	KBG5－70
11	电缆保护管	套	1	DL_hG－114A
12	螺栓	只	24	M16×40
13	螺栓	只	2	M18×240
14	拉线	套	1	LX－50
15	电缆终端头	副	1	根据导线型号及截面选择
16	铜铝接续管	个	4	根据导线型号及截面选择
17	低压绝缘子耐张串	串	4	根据导线型号及截面选择
18	线夹	只	4	根据导线型号及截面选择
19	联板	块	4	L190

说明：1. 电缆抱箍根据导线截面进行调整。

2. 电杆强度等级参照工程实际选取。

3. 所有铁件均热镀锌防腐。

4. 根据具体实际情况对电杆基础部分进行计算校核后，选用底盘或卡盘。

图 14－8　380V 带拉线电缆终端水泥杆杆型图

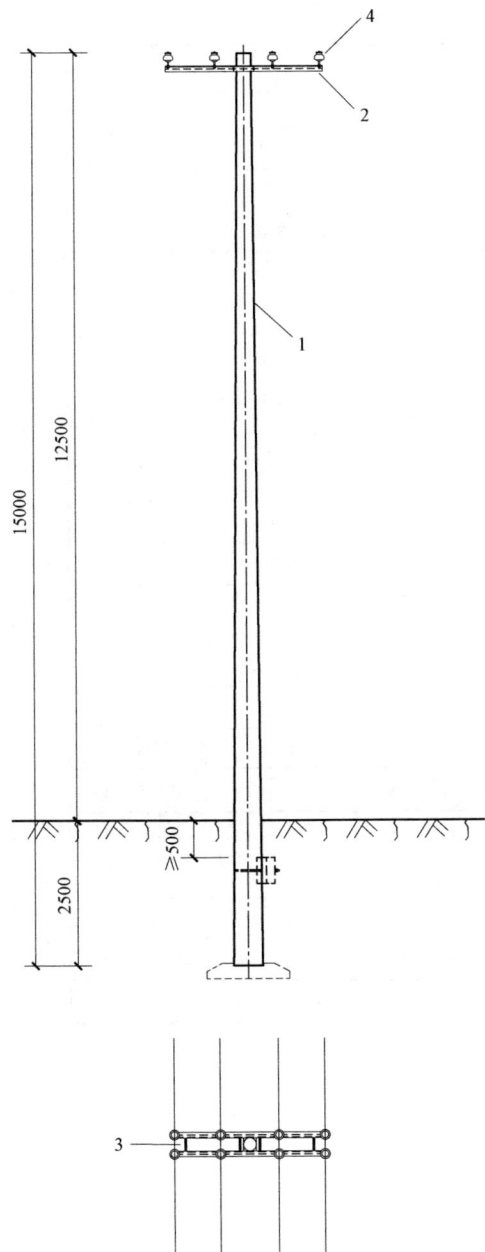

材 料 表

			杆型代号		D4K−15−M
编号	材料名称	单位	数量		材料型号规格
1	水泥杆	根	1		$\phi 190 \times 15 \times M \times G$
2	四线横担	根	2		见适用表
3	螺栓	只	4		M18×300
4	低压绝缘子	个	8		P−6T

杆 型 适 用 表

导线截面		XZ−A 气象区			XZ−B 气象区		
		70mm²	120mm²	240mm²	70mm²	120mm²	240mm²
横担角钢型号	$L_h \leqslant 50$	HD15−A19	HD15−A19	HD15−A19	HD15−A19	HD15−A19	HD15−A19
	$L_h \leqslant 60$	HD16−A19	HD16−A19	HD16−A19	HD16−A19	HD16−A19	HD16−A19

说明：1. 跨越杆一般在因地形限制需要跨越公路、河流和其它障碍物且 12m 杆无法满足安全距离时使用。

2. 根据具体实际情况对杆塔基础部分进行计算校核后，选用底盘或卡盘。

图 14−9　15m 380V 跨越水泥杆杆型图

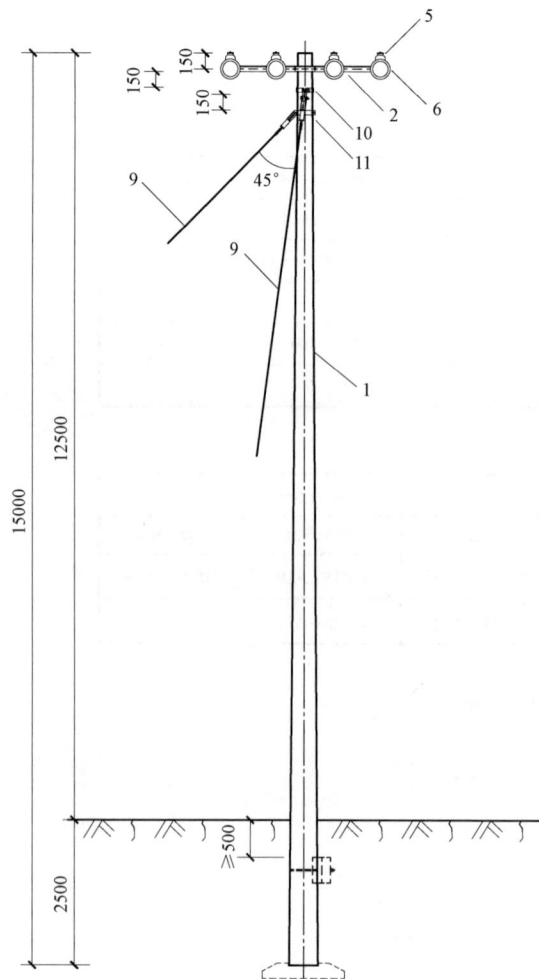

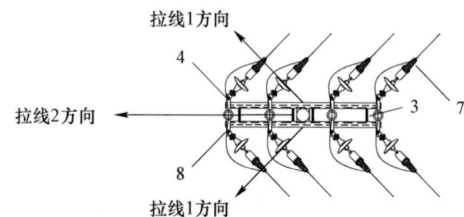

材 料 表

杆型代号				D4NJ1-15-M 材料型号规格
编号	材料名称	单位	数量	
1	水泥杆	根	1	$\phi 190 \times 15 \times M \times G$
2	横担	根	2	见适用表
3	螺栓	只	4	M18×300
4		只	8	M16×40
5	低压绝缘子	个	4	P-6T
6	低压绝缘子耐张串	串	8	根据导线型号及截面选择
7	线夹	套	8	根据导线型号及截面选择
8	联板	块	4	L190
9	拉线	套	3	见适用表
10	拉线1抱箍	套	1	见适用表
11	拉线2抱箍	套	1	见适用表

杆型适用表

导线截面		XZ-A 气象区			XZ-B 气象区		
		$70mm^2$	$120mm^2$	$240mm^2$	$70mm^2$	$120mm^2$	$240mm^2$
横担角钢型号	$L_h \leqslant 50$	HD15-B19	HD15-C19	HD15-D19	HD15-B19	HD15-C19	HD15-E19
	$L_h \leqslant 60$	HD16-B19	HD16-C19	HD16-D19	HD16-B19	HD16-C19	HD16-E19
拉线1		LX-50	LX-50	LX-80	LX-50	LX-80	LX-100
拉线2		LX-50	LX-50	LX-80	LX-50	LX-80	LX-100
拉线1抱箍		BG8-1-190	BG8-2-190	BG8-2-190	BG8-1-190	BG8-2-190	BG8-3-190
拉线2抱箍		BG8-1-190	BG8-2-190	BG8-2-190	BG8-1-190	BG8-2-190	BG8-2-190

说明：1. 线路转角 0～45°。拉线对地角 45°，拉线 1 为对角拉线，拉线 2 为外角拉线。

2. 根据具体实际情况对杆塔基础部分进行计算校核后，选用底盘或卡盘。

图 14-10　380V 15m 45°跨越转角水泥杆安装示意图

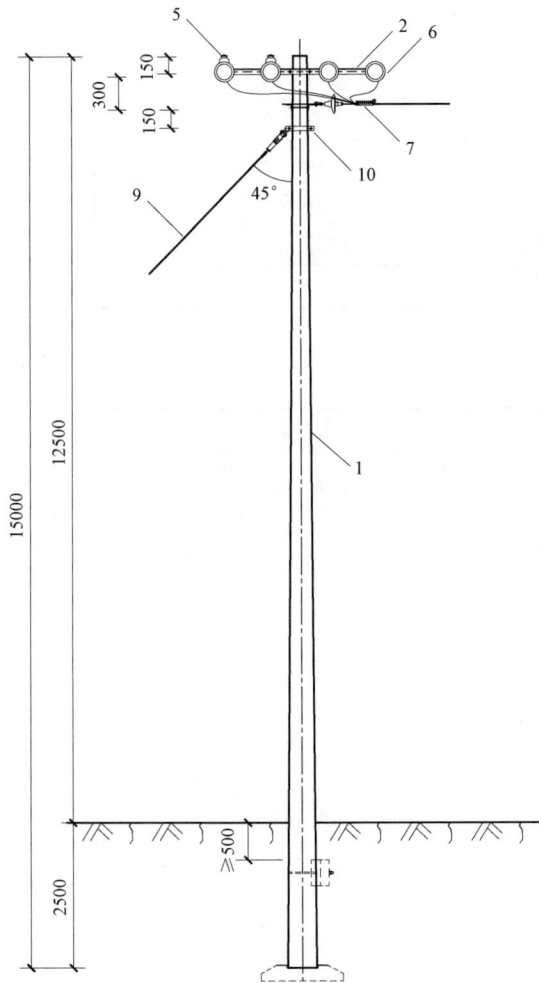

材　料　表

		杆型代号			D4NJ2−15−M
编号	材料名称	单位	数量		材料型号规格
1	水泥杆	根	1		$\phi 190 \times 15 \times M \times G$
2	横担	根	4		见适用表
3	螺栓	只	8		M18×300
4		只	16		M16×40
5	低压绝缘子	个	4		P−6T
6	低压绝缘子耐张串	串	8		根据导线型号及截面选择
7	线夹	套	8		根据导线型号及截面选择
8	联板	块	8		L190
9	拉线	套	2		见适用表
10	拉线抱箍	套	2		见适用表

杆　型　适　用　表

导线截面		XZ−A 气象区			XZ−B 气象区		
		70mm²	120mm²	185mm²	70mm²	120mm²	185mm²
横担角钢型号	$L_h \leqslant 50$	HD15−B19	HD15−C19	HD15−D19	HD15−B19	HD15−C19	HD15−E19
	$L_h \leqslant 60$	HD16−B19	HD16−C19	HD16−D19	HD16−B19	HD16−C19	HD16−E19
拉线		LX−35	LX−50	LX−80	LX−35	LX−80	LX−100
拉线抱箍		BG8−1−190	BG8−2−190	BG8−2−190	BG8−1−190	BG8−2−190	BG8−3−190

说明：1. 线路转角 45°～90°；拉线对地角 45°。

　　　2. 根据具体实际情况对杆塔基础部分进行计算校核后，选用底盘和卡盘。

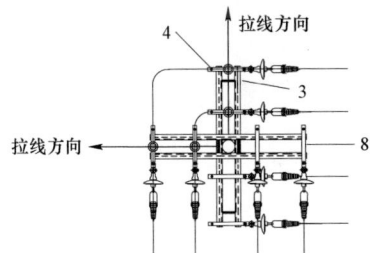

图 14−11　380V 15m 90°跨越转角水泥杆安装示意图

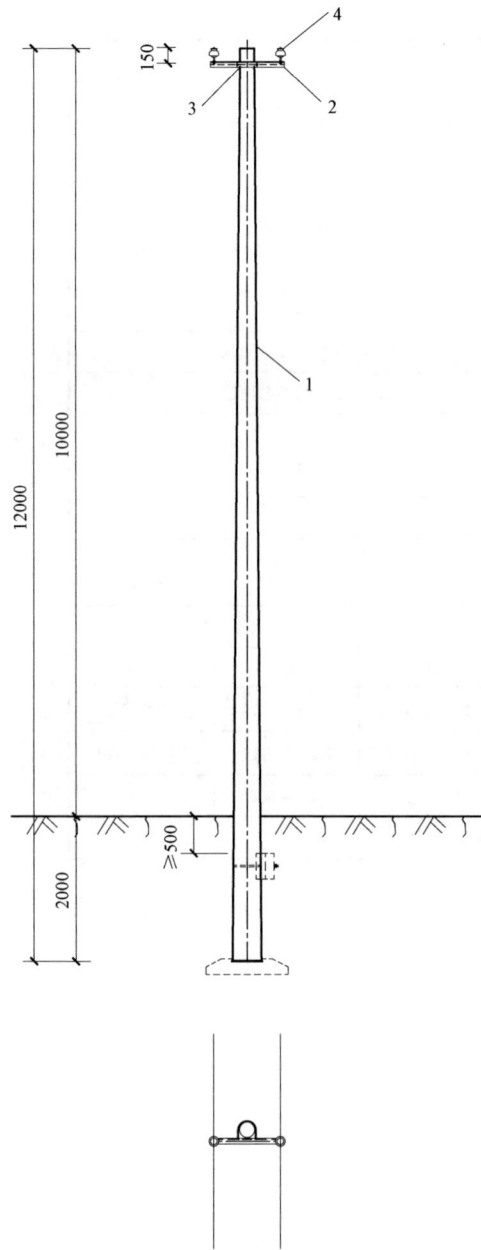

材　料　表

杆型代号				D2Z-12-M
编号	材料名称	单位	数量	材料型号规格
1	水泥杆	根	1	$\phi190\times12\times M\times G$
2	两线横担	根	1	见适用表
3	U型抱箍	只	1	见适用表
4	低压绝缘子	个	2	P-6T

杆型适用表

导线截面	XZ-A 气象区		XZ-B 气象区	
	$70mm^2$	$120mm^2$	$70mm^2$	$120mm^2$
横担角钢型号	HD07-A19	HD07-B19	HD07-A19	HD07-B19
U型抱箍	U16-190	U16-190	U16-190	U16-190

图 14-12　12m 220V 直线水泥杆杆型图

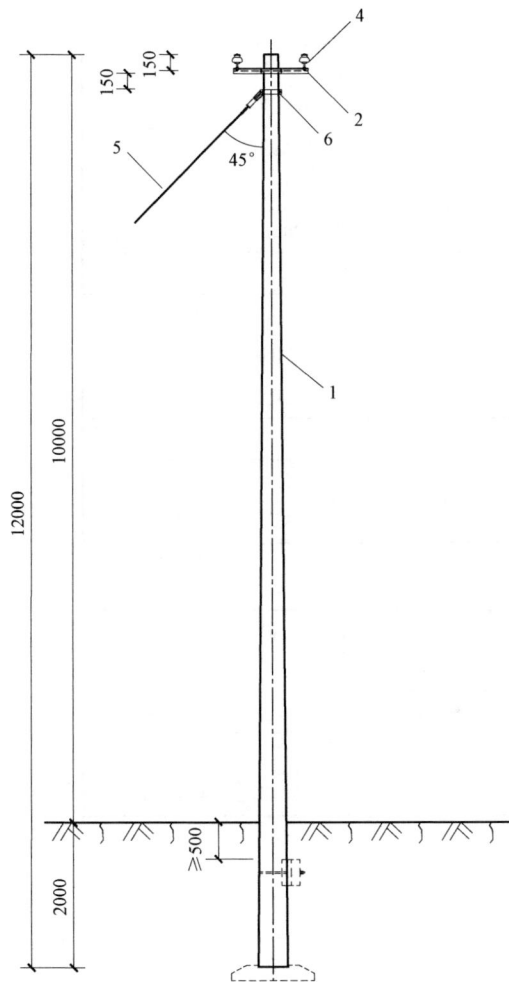

材 料 表

杆型代号				D2ZJ－12－M
编号	材料名称	单位	数量	材料型号规格
1	水泥杆	根	1	$\phi190\times12\times M\times G$
2	两线横担	根	2	见适用表
3	螺栓	只	4	M18×300
4	低压绝缘子	个	4	P－6T
5	拉线	套	1	见适用表
6	拉线抱箍	套	1	见适用表

杆 型 适 用 表

导线截面	XZ－A 气象区		XZ－B 气象区	
	70mm²	120mm²	70mm²	120mm²
横担角钢型号	HD07－A19	HD07－B19	HD07－A19	HD07－B19
拉线	LX－50	LX－50	LX－50	LX－50
拉线抱箍	BG6－1－190	BG6－1－190	BG6－1－190	BG6－1－190

说明：1. 拉线对地角45°。

2. 根据具体实际情况对电杆基础部分进行计算校核后，选用底盘或卡盘。

图 14－13　12m 220V 直线转角水泥杆杆型图

材 料 表

	杆型代号			D2NJ1－12－M
编号	材料名称	单位	数量	材料型号规格
1	水泥杆	根	1	$\phi 190 \times 12 \times M \times G$
2	两线横担	根	2	见适用表
3	螺栓	只	4	M18×300
4		只	4	M16×40
5	低压绝缘子	个	2	P－6T
6	低压绝缘子耐张串	串	4	根据导线型号及截面选择
7	线夹	套	4	根据导线型号及截面选择
8	联板	套	2	L190
9	拉线	套	2	见适用表
10	拉线抱箍	套	1	见适用表

杆 型 适 用 表

导线截面	XZ－A 气象区		XZ－B 气象区	
	70mm²	120mm²	70mm²	120mm²
横担角钢型号	HD07－A19	HD07－A19	HD07－A19	HD07－A19
拉线	LX－50	LX－50	LX－50	LX－50
拉线抱箍	BG8－1－190	BG8－1－190	BG8－1－190	BG8－1－190

说明：1. 线路转角上限 45°；拉线对地角 45°。

2. 根据具体实际情况对电杆基础部分进行计算校核后，选用底盘或卡盘。

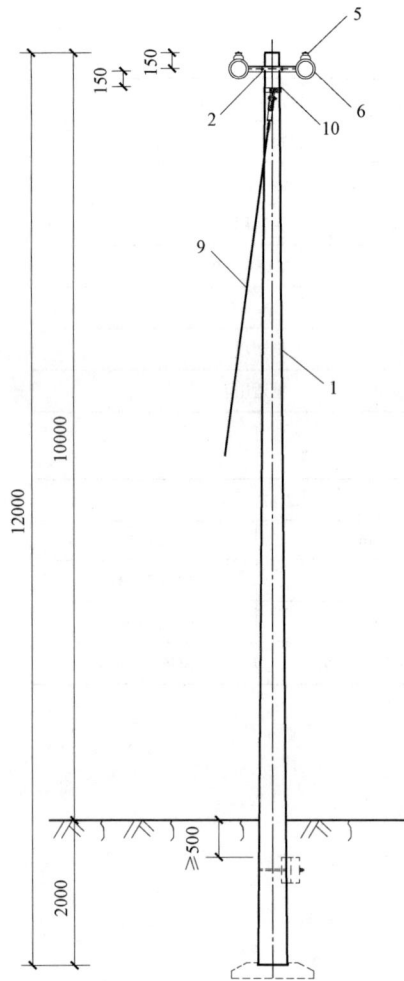

图 14－14　12m 220V 45°带拉线耐张转角水泥杆杆型图

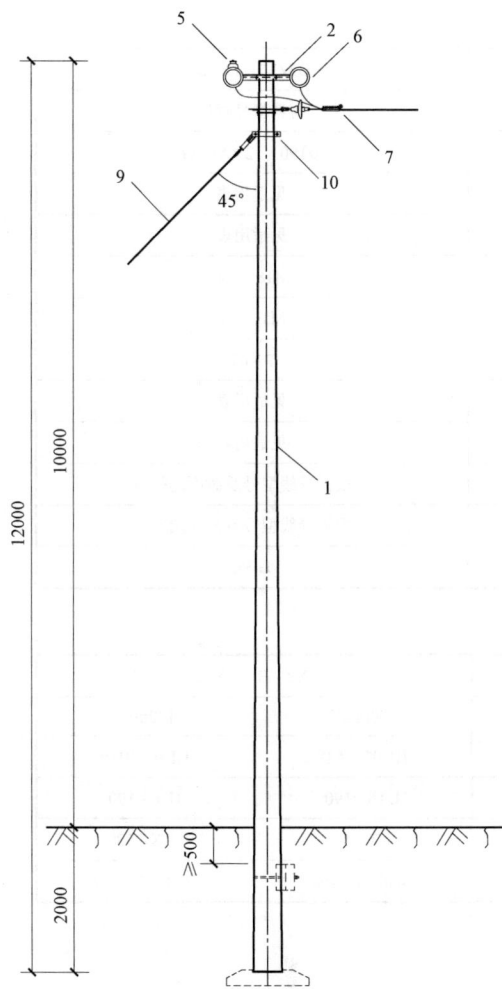

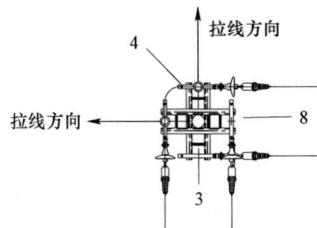

材 料 表

	杆型代号			D2NJ2-12-M
编号	材料名称	单位	数量	材料型号规格
1	水泥杆	根	1	$\phi190 \times 12 \times M \times G$
2	两线横担	根	4	见适用表
3	螺栓	只	8	M18×300
4	螺栓	只	8	M16×40
5	低压绝缘子	个	2	P-6T
6	低压绝缘子耐张串	串	4	根据导线型号及截面选择
7	线夹	套	4	根据导线型号及截面选择
8	联板	套	4	L190
9	拉线	套	2	见适用表
10	拉线抱箍	套	2	见适用表

杆 型 适 用 表

导线截面	XZ-A 气象区		XZ-B 气象区	
	$70mm^2$	$120mm^2$	$70mm^2$	$120mm^2$
横担角钢型号	HD07-A19	HD07-A19	HD07-A19	HD07-A19
拉线	LX-50	LX-50	LX-50	LX-50
拉线抱箍	BG8-1-190	BG8-1-190	BG8-1-190	BG8-1-190

说明: 1. 线路转角 45°～90°; 拉线对地角 45°。

2. 根据具体实际情况对电杆基础部分进行计算校核后, 选用底盘和卡盘。

图 14-15   12m 220V 90°带拉线耐张转角水泥杆杆型图

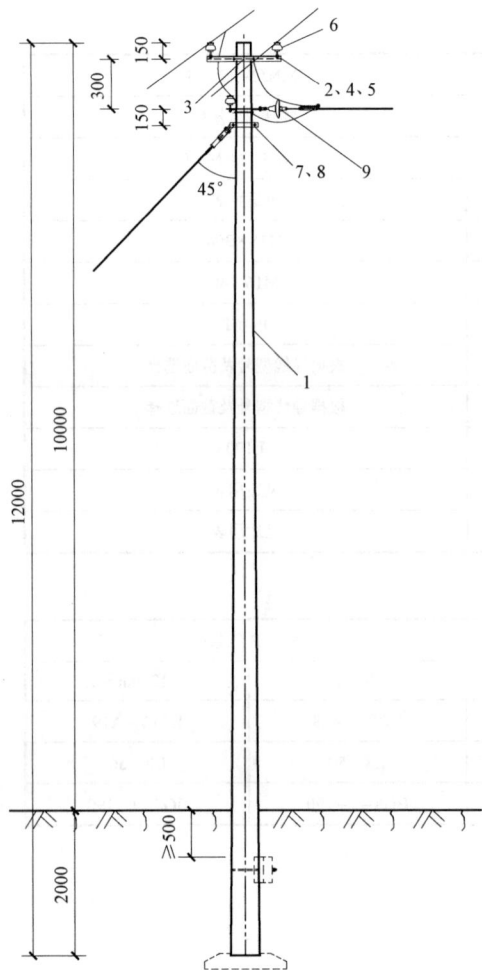

材 料 表

	杆型代号			D2ZT2－12－M
编号	材料名称	单位	数量	材料型号规格
1	水泥杆	根	1	$\phi 190 \times 12 \times M \times G$
2	两线横担	根	3	见适用表
3	U 型抱箍	只	1	见适用表
4	螺栓	只	4	M18×300
5	螺栓	只	4	M16×40
6	低压绝缘子	个	3	P－6T
7	拉线	套	1	见适用表
8	拉线抱箍	套	1	见适用表
9	低压绝缘子耐张串	串	2	根据导线型号及截面选择
10	线夹	串	2	根据导线型号及截面选择
11	联板	套	2	L190

杆 型 适 用 表

导线截面	XZ－A 气象区		XZ－B 气象区	
	70mm²	120mm²	70mm²	120mm²
横担角钢型号	HD07－A19	HD07－B19	HD07－A19	HD07－B19
U 型抱箍	U16－190	U16－190	U16－190	U16－190
拉线	LX－50	LX－50	LX－50	LX－50
拉线抱箍	BG8－1－190	BG8－1－190	BG8－1－190	BG8－1－190

说明：1. 线路直线 T 接拉线对地夹角 45°。

2. 根据具体实际情况对电杆基础部分进行计算校核后，选用底盘和卡盘。

3. 所有铁件均热镀锌防腐。

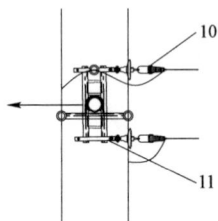

图 14－16　12m 220V 直线 T 接水泥杆杆型图

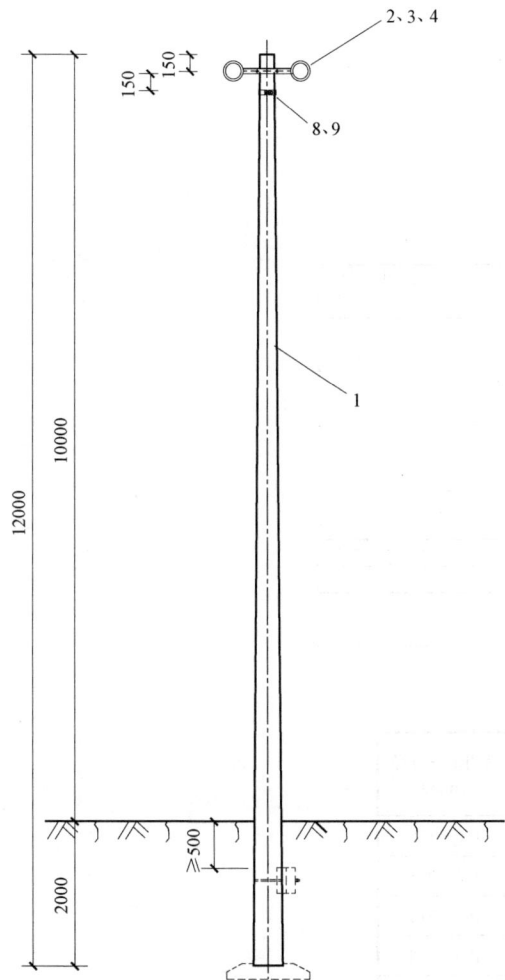

材 料 表

杆型代号				D2D－12－M
编号	材料名称	单位	数量	材料型号规格
1	水泥杆	根	1	$\phi 190 \times 12 \times M \times G$
2	两线横担	根	2	见适用表
3	螺栓	只	4	M18×300
4	螺栓	只	4	M16×40
5	低压绝缘子耐张串	个	2	根据导线型号及截面选择
6	线夹	只	2	根据导线型号及截面选择
7	联板	串	2	L190
8	拉线	套	1	见适用表
9	拉线抱箍	套	1	见适用表

杆 型 适 用 表

导线截面	XZ－A 气象区		XZ－B 气象区	
	70mm²	120mm²	70mm²	120mm²
横担角钢型号	HD07－A19	HD07－A19	HD07－A19	HD07－A19
拉线	LX－35	LX－35	LX－35	LX－35
拉线抱箍	BG8－1－190	BG8－1－190	BG8－1－190	BG8－1－190

说明：1. 拉线对地角45°。

　　　2. 根据具体实际情况对电杆基础部分进行计算校核后，选用底盘或卡盘。

图 14－17　12m 220V 带拉线终端水泥杆杆型图

第三篇　380/220V 架空线路通用设计 ·83·

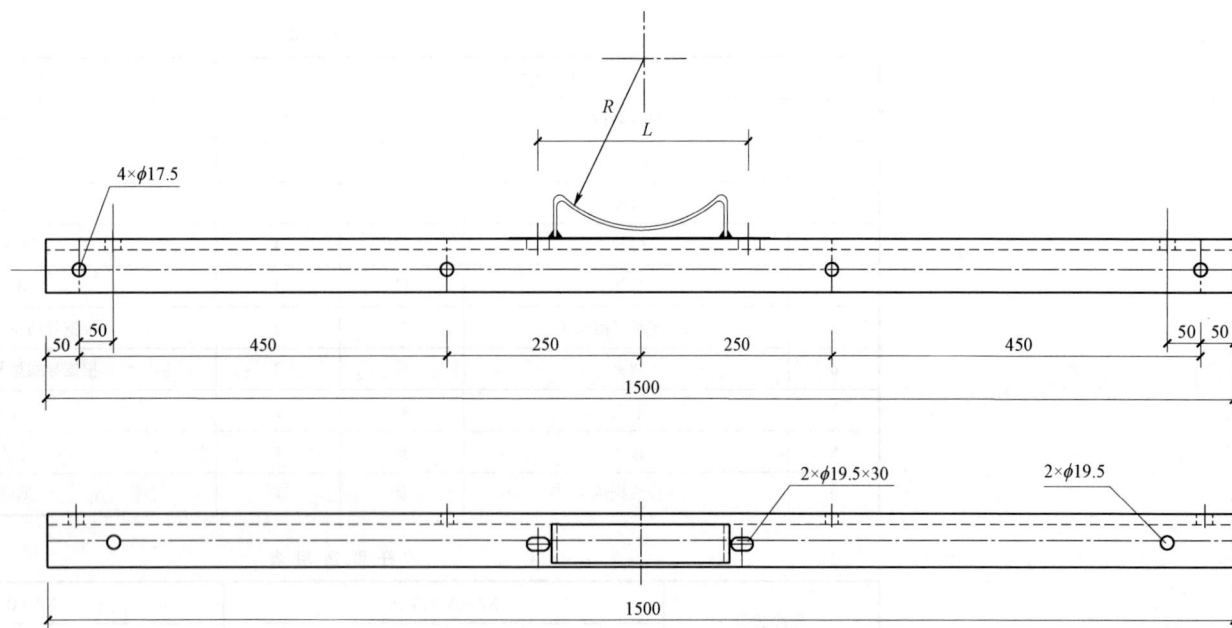

材料及适用表

型号	角钢		垫铁		总重（kg）	R（mm）	L（mm）	适用主杆直径（mm）
	规格（mm）	重量（kg）	规格	重量（kg）				
HD15-A15	L63×6×1500	8.58	—50×5	0.90	9.48	80	190	150～175
HD15-A19	L63×6×1500	8.58	—50×5	1.00	9.58	100	230	190～215
HD15-B19	L70×7×1500	11.10	—50×5	1.00	12.10	100	230	190～215
HD15-C19	L75×8×1500	13.54	—50×5	1.00	14.54	100	230	190～215
HD15-D19	L80×8×1500	14.49	—50×5	1.00	15.49	100	230	190～215
HD15-E19	L90×8×1500	16.42	—50×5	1.00	17.42	100	230	190～215

说明：1. 铁件均需热镀锌，材料表中的角钢材料为 Q235。

2. 如同一根杆中使用双侧横，加担工孔时应镜像加工。

3. 图中 R 的尺寸是根据横担安装位置不同确定。

4. 垫铁使用—50×5 扁钢制造。

图 14-18 四线横担加工示意图（一）

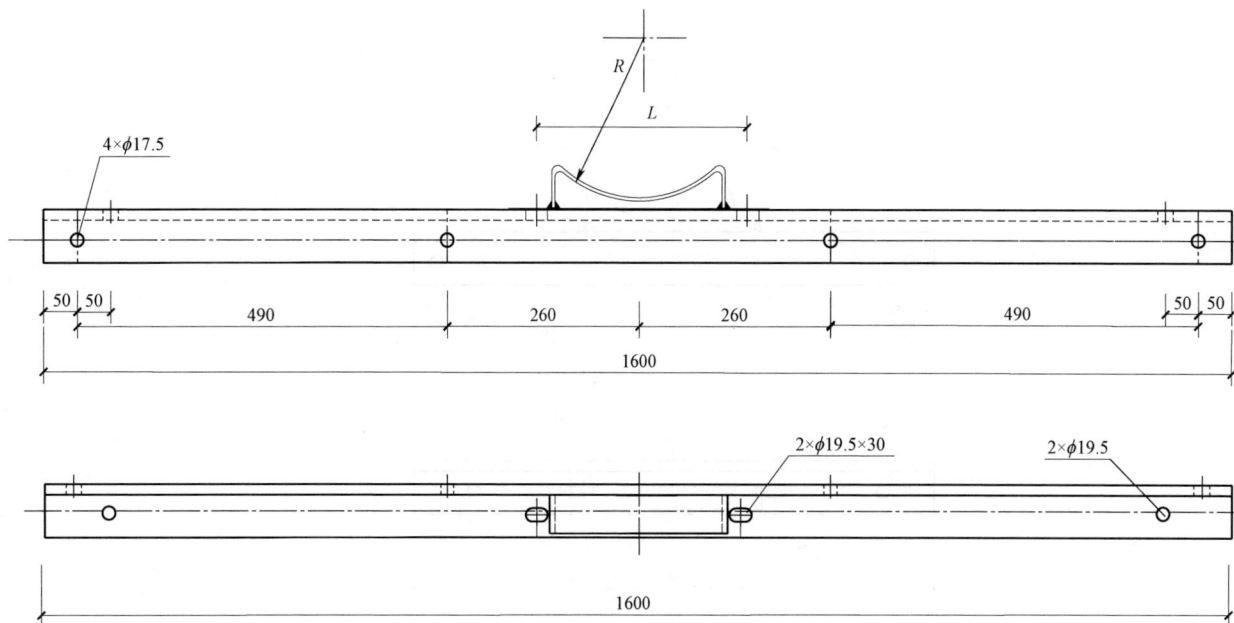

材 料 及 适 用 表

型号	角钢		垫铁		总重（kg）	R（mm）	L（mm）	适用主杆直径（mm）
	规格（mm）	重量（kg）	规格	重量（kg）				
HD16－A15	L63×6×1600	9.15	—50×5	0.90	10.05	80	190	150～175
HD16－A19	L63×6×1600	9.15	—50×5	1.00	10.15	100	230	190～215
HD16－B19	L70×7×1600	11.84	—50×5	1.00	12.84	100	230	190～215
HD16－C19	L75×8×1600	14.45	—50×5	1.00	15.45	100	230	190～215
HD16－D19	L80×8×1600	15.45	—50×5	1.00	16.45	100	230	190～215
HD16－E19	L90×8×1600	17.51	—50×5	1.00	18.51	180	230	190～215
HD16－E26	L90×8×1600	17.51	—50×5	2.00	19.51	180	310	260～285
HD16－E35	L90×8×1600	17.51	—50×5	2.50	20.01	200	410	350～375

说明：1. 铁件均需热镀锌，材料表中的角钢材料为 Q235。

2. 如同一根杆中使用双侧横担，加工孔时应镜像加工

3. 图中 R 的尺寸是根据横担安装位置不同确定。

4. 垫铁使用—50×5 扁钢制造。

图 14－19　四线横担加工示意图（二）

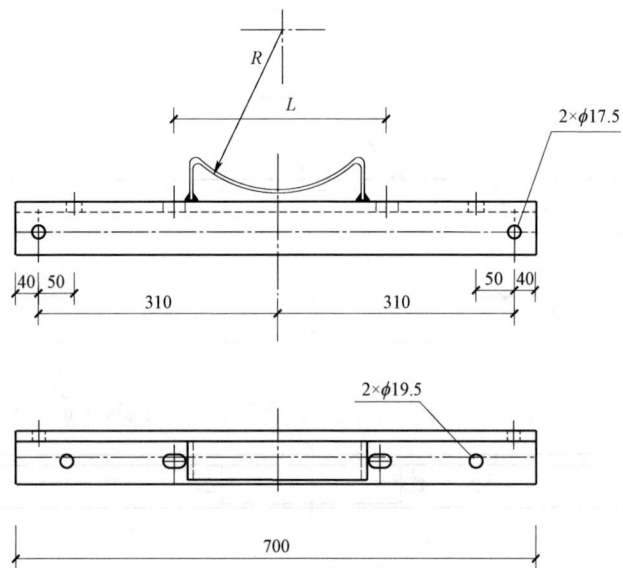

材 料 及 适 用 表

型号	角钢		垫铁		总重（kg）	R（mm）	L（mm）	适用主杆直径（mm）
	规格（mm）	重量（kg）	规格	重量（kg）				
HD07−A15	L50×5×700	2.64	—50×5	0.90	3.54	80	190	150～175
HD07−A19	L50×5×700	2.64	—50×5	1.00	3.64	100	230	190～215
HD07−B15	L63×6×700	4.00	—50×5	0.90	4.90	80	190	150～175
HD07−B19	L63×6×700	4.00	—50×5	1.00	5.00	100	230	190～215

说明：1. 铁件均需热镀锌，材料表中的角钢材料为 Q235.

2. 如同一根杆中使用双侧横，加担工孔时应镜像加工

3. 图中 R 的尺寸是根据横担安装位置不同确定。

4. 垫铁使用—50×5 扁钢制造。

图 14−20　两线横担加工示意图

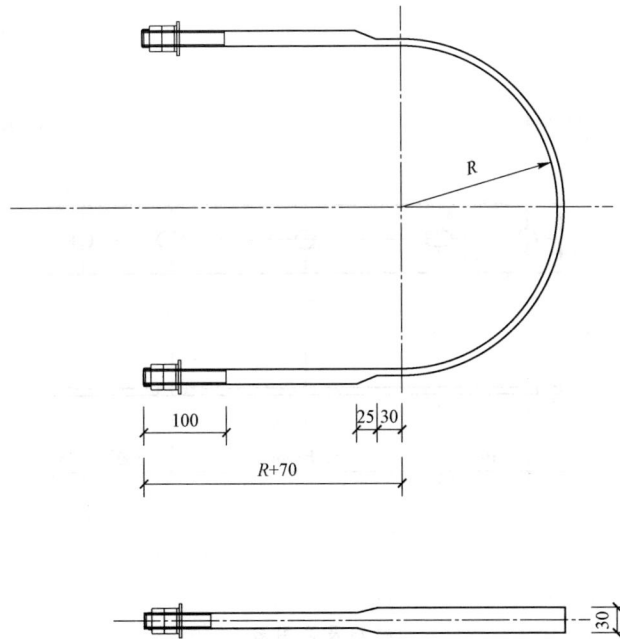

材 料 及 适 用 表

型号	圆钢		垫铁		总重（kg）	R（mm）	适用主杆直径（mm）
	规格（mm）	重量（kg）	规格	重量（kg）			
U16－150	$\phi 16 \times 546$	0.89	—50×5	0.04	0.93	80	140～165
U16－190	$\phi 16 \times 674$	1.10	—50×5	0.04	1.14	100	190～215
U16－210	$\phi 16 \times 725$	1.18	—50×5	0.04	1.22	110	210～235
U16－230	$\phi 16 \times 777$	1.27	—50×5	0.04	1.31	120	230～255
U16－260	$\phi 16 \times 854$	1.39	—50×5	0.04	1.43	135	260～285
U16－350	$\phi 16 \times 1085$	1.94	—50×5	0.04	1.98	180	350～375

说明：1. 铁件均需热镀锌。

   2. 半圆部分的圆钢须打扁。

图 14－21　U 型抱箍加工示意图

2×φ21.5×40

3×φ21.5

−70×8

35 | 100 | L=2×R+98 | 100 | 35

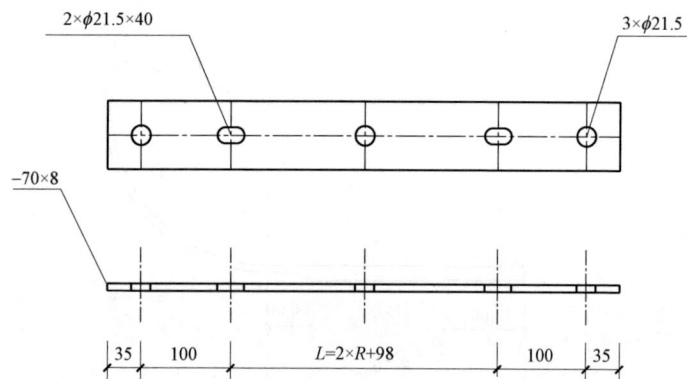

材料及适用表

型号	规格（mm）	数量	单重（kg)	R（mm）	适用主杆直径（mm）
L−150	一70×8×523	1	2.30	80	150～165
L−190	一70×8×573	1	2.52	100	190～215
L−210	一70×8×613	1	2.69	110	210～235
L−230	一70×8×653	1	2.87	120	230～255
L−260	一70×8×703	1	3.09	135	260～285

说明：1. 铁件均需热镀锌，材料表中的材料为 Q235。

2. 图中 R 的尺寸是根据铁件安装在距砼杆顶的不同高度和电杆梢径来决定的。

图 14−22 联板加工示意图

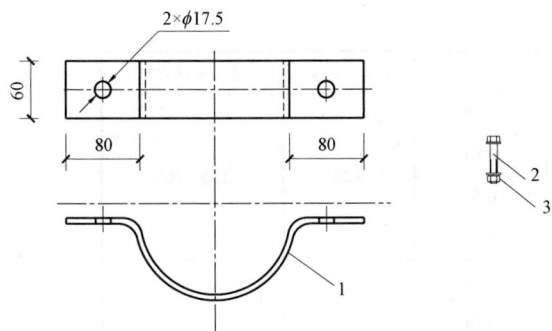

材料及适用表（一）

型号	编号	名称	规格（mm）	长度	数量	单重（kg）	总重（kg）	适用主杆直径
BG6-1-150	1	抱箍板	-60×6	375	2	2.10	2.50	150～165
	2	螺栓	M16×80	80	2	0.30		
	3	螺母	AM16		2	0.10		
BG6-1-190	1	抱箍板	-60×6	438	2	2.50	2.90	190～215
	2	螺栓	M16×80	80	2	0.30		
	3	螺母	AM16		2	0.10		

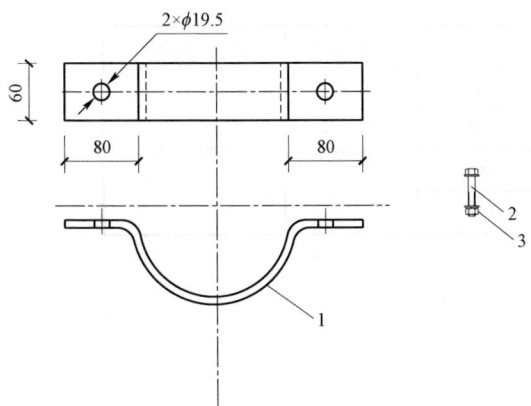

材料及适用表（二）

型号	编号	名称	规格（mm）	长度	数量	单重（kg）	总重（kg）	适用主杆直径
BG8-1-150	1	抱箍板	-60×8	378	2	2.80	3.30	140～165
	2	螺栓	M18×80	80	2	0.4000		
	3	螺母	AM18		2	0.10		
BG8-1-190	1	抱箍板	-60×8	441	2	3.30	3.80	190～215
	2	螺栓	M18×80	80	2	0.40		
	3	螺母	AM18		2	0.10		

说明：铁件均需热镀锌，材料表中的角钢材料为 Q235。

图 14-23　拉线抱箍加工图（一）

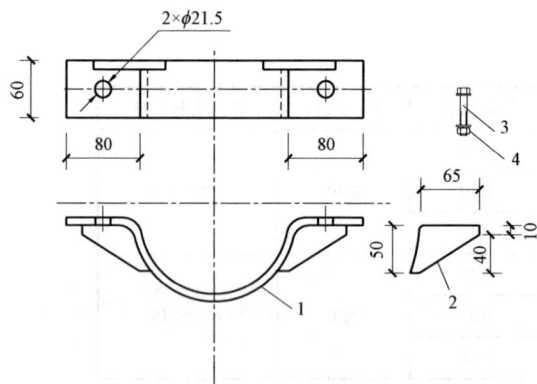

材料及适用表（三）

型号	编号	名称	规格（mm）	长度	数量	单重（kg）	总重（kg）	适用主杆直径
BG8-2-150	1	抱箍板	—60×8	378	2	2.80	4.28	150～165
	2	加劲板	—50×5	95	4	0.80		
	3	螺栓	M20×80	80	2	0.50		
	4	螺母	AM20		2	0.18		
BG8-2-190	1	抱箍板	—60×8	441	2	3.30	4.78	190～215
	2	加劲板	—50×5	95	4	0.80		
	3	螺栓	M20×80	80	2	0.50		
	4	螺母	AM20		2	0.18		

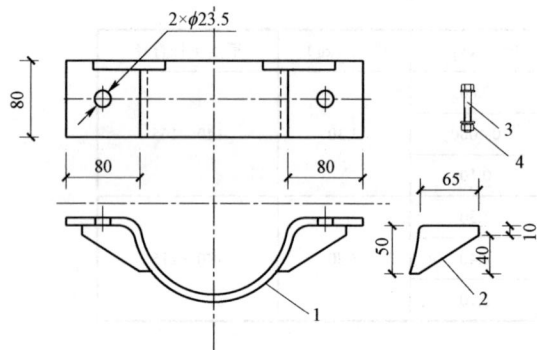

材料及适用表（四）

型号	编号	名称	规格（mm）	长度	数量	单重（kg）	总重（kg）	适用主杆直径
BG8-3-190	1	抱箍板	—80×8	441	2	4.40	6.00	190～215
	2	加劲板	—50×5	95	4	0.80		
	3	螺栓	M22×80	80	2	0.60		
	4	螺母	AM22		2	0.20		

说明：铁件均需热镀锌，材料表中的角钢材料为 Q235。

图 14-24 拉线抱箍加工图（二）

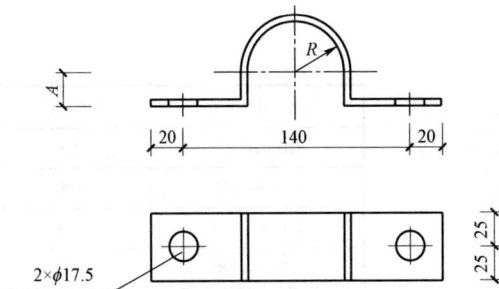

选 用 表

型号	R（mm）	A	规格	长度（mm）	单位（块）	总重（kg）
KBG5－50	25	15	—50×5	239	1	0.47
KBG5－70	35	25	—50×5	270	1	0.53
KBG5－90	45	35	—50×5	302	1	0.59
KBG5－100	50	40	—50×5	317	1	0.62

说明：铁件均需热镀锌，材料表中的角钢材料为Q235。

图 14－25 电缆抱箍加工图

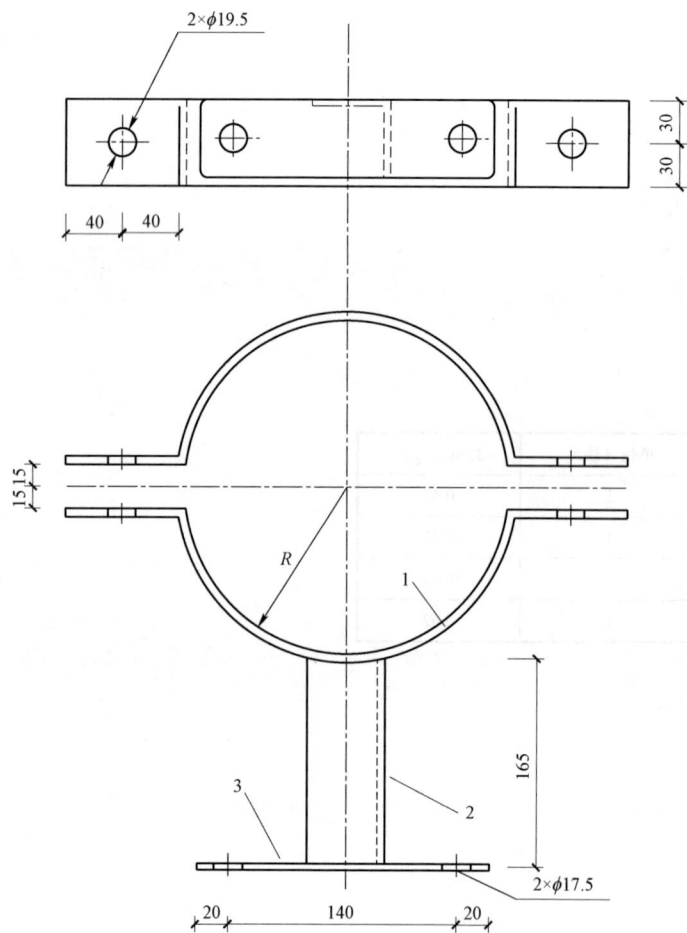

選 用 表

型号	R（mm）	下料长度 L（mm）	重量（kg）	单位（副）	总重（kg）
DBG6-160	80	390	1.10	1	3.17
DBG6-200	100	457	1.29	1	3.55
DBG6-210	105	470	1.33	1	3.63
DBG6-220	110	484	1.37	1	3.71
DBG6-240	120	514	1.45	1	3.87
DBG6-260	130	545	1.54	1	4.05
DBG6-280	140	576	1.63	1	4.23
DBG6-300	150	608	1.72	1	4.41
DBG6-320	160	638	1.81	1	4.59

材 料 表

编号	名称	规格	单位	数量	重量（kg）	备注
1	扁钢	—60×6×L	块	2	见上表	
2	角铁	L50×5×165	块	1	0.62	
3	扁钢	—50×5×180	块	1	0.35	

说明：铁件均需热镀锌，材料表中的角钢材料为 Q235。

图 14-26 电缆固定支架加工图

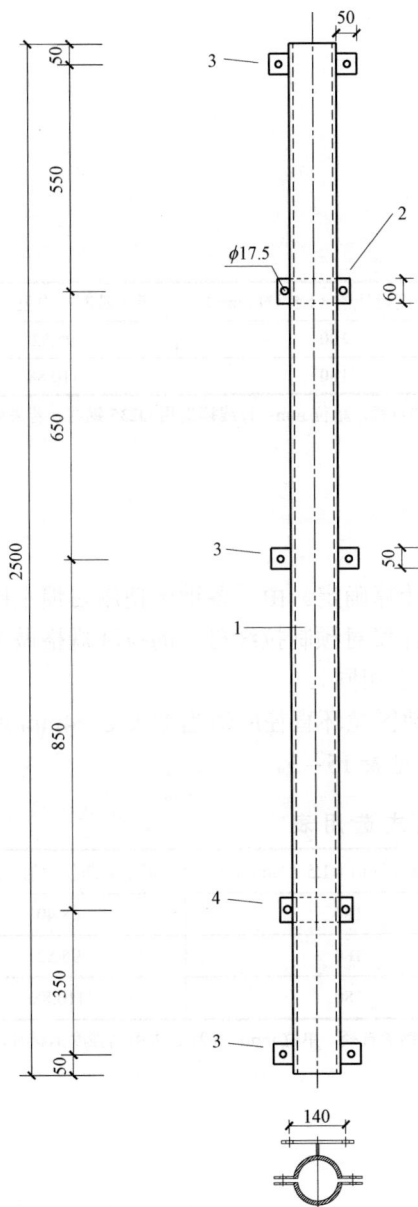

型号	外径×壁厚×长度（mm）	重量（kg）	单位（副）	总重（kg）
DLhG－114A	114×3.2×2500	21.85	1	24.83
DLhG－140A	140×3.5×2500	29.45	1	32.43
DLhG－168A	168×4.0×2500	39.75	1	42.73

材 料 表

编号	名称	规格	单位	数量	重量（kg）	备注
1	钢管	见上表	根	1	见上表	
2	扁钢	—60×6×180	块	2	1.02	
3	扁钢	—50×5×50	块	6	0.59	
4	扁钢	—60×6×30	块	2	0.17	
5	螺栓	M16×35	只	10	1.2	

说明：铁件均需热镀锌，材料表中的角钢材料为Q235。

图 14-27 两线横担加工示意图

15.1 设计说明

15.1.1 拉线选型

（1）拉线张力。拉线张力主要由风力和导线张力等可变荷载产生，荷载系数应按 1.4 计算。其钢绞线强度设计值应按式（14-1）计算。

（2）钢绞线选材。拉线采用 YB/T 5004《镀锌钢绞线》标准镀锌钢绞线，其中 1×19-13.0 钢绞线抗拉强度为 1370MPa，其余钢绞线均为 1270MPa。其截面应按受力情况计算确定，且截面不应小于 35mm²。钢绞线的强度设计值见表 15-1。

表 15-1　　　　　　钢绞线的强度设计值

标称	钢绞线强度扭绞调整系数	钢绞线强度不均匀系数	钢绞线的破坏强度（N/mm²）	钢绞线的强度设计值（N/mm²）
GJ-35	0.9	0.65	1270	742.95
GJ-50	0.9	0.65	1270	742.95
GJ-80	0.9	0.56	1270	640.08
GJ-100	0.9	0.56	1370	690.48

注　GJ 表示钢绞线，35～100 表示拉线的直径，单位 mm。

（3）拉线棒选材。

1）拉线棒的直径应根据计算确定，且不应小于 16mm。拉线棒应热镀锌。腐蚀地区拉线棒直径应适当加大 2～4mm 或采取其他有效的防腐措施。拉线棒型式选用见表 15-2。

表 15-2　　　拉线棒（两端环型套）型式选用表

型式代码	公称横截面（mm²）	抗剪强度设计值×1.5（N/mm²）	最小破断拉力值（kN）
LB-18	254	180	45.72
LB-22	380	180	68.40

续表

型式代码	公称横截面（mm²）	抗剪强度设计值×1.5（N/mm²）	最小破断拉力值（kN）
LB-26	530	180	95.52
LB-28	616	180	110.88

注　LB 表示拉线棒，18～28 表示拉线棒圆钢的直径，单位 mm；拉线棒选用 Q235 钢材，若采用高强度钢材时，拉线棒规格可适当缩减。

2）拉线棒加工见图 15-4。

（4）拉环选材。

1）拉线盘上的拉环直径应根据计算确定。由于各地区使用习惯不同，有采用现浇的，也有预制的。本通用设计仅对预制拉线盘上的拉环规格做了如下明确（现浇拉线盘的拉环强度规格与之相同）。

2）拉线盘拉环应热镀锌。腐蚀地区拉环直径应适当加大 2～4mm 或采取其他有效的防腐措施。拉环型式选用见表 15-3。

表 15-3　　　　　拉环型式选用表

型式代码	公称横截面（mm²）	抗剪强度设计值×1.5（N/mm²）	最小破断拉力值（kN）
LPU-22	380	180	68.40
LPU-26	530	180	95.52
LPU-28	616	180	110.88

注　LPU 表示拉线盘拉环，22～28 表示拉环圆钢的直径，单位 mm；拉环若采用高强度钢材时，拉环规格可适当缩减。

3）拉环加工见图 15-5。

（5）拉线设置要求。

1）水泥电杆的终端杆、耐张杆、转角杆、分支杆需要在电杆部位装设拉线，增加电杆的稳定性。拉线方式主要分为普通拉线、水平拉线、弓形拉线、预绞式拉线等。

2）空旷地区配电线路超过 500m 时，宜装设防风拉线；特殊区域（如稻田、沿海、山口）经核算荷载后可增加防风拉线。覆冰严重地区的直线杆应装设拉线。

3）跨越道路的水平拉线，对路边缘的垂直距离，不应小于 6m（非公路道路，不应小于 5m）。拉线柱的倾斜角宜采用 10°～20°。跨越电车行车线的水平拉线，对路面的垂直距离，不应小于 9m。

4）防风拉线对地夹角为 60°，其余拉线对地夹角宜采用 45°，当受地形限制可适当调整，且不应小于 30° 及大于 60°。

（6）拉线绝缘子设置要求。

1）穿越和接近导线的电杆拉线必须装设与线路电压等级相同的拉线绝缘子。拉线绝缘子应装在最低穿越导线以下。当设置拉线绝缘子时，在下部断拉线情况下拉线绝缘子距地面处不应小于 2.5m，地面范围的拉线应设置安全警示保护管。

2）拉紧绝缘子的强度安全系数不应小于 3.0。

（7）拉线型式选配。

1）根据 380/220V 架空线路耐张转角水泥杆拉线设计要求与配套的钢绞线、拉棒等规格的选定，本通用设计给出了普通拉线、水平拉线、弓形拉线、预绞式拉线 4 种安装方式（见图15-1～图15-3），以及 4 种常用的拉线型式，见表15-4。设计人员可参照表15-4 中数据选用，特殊情况下必须校验后使用。

表 15-4　　　　　拉线组合型式选用表

拉线型式代码	国标标记	物料描述	钢绞线公称横截面（mm²）	钢绞线最小破断拉力（kN）	标称
LX-35	1×7-7.8-1270-B-YB/T 5004	钢绞线，1×7-7.8-1270-B，35，镀锌	37.17	43.43	GJ-35
LX-50	1×7-9.0-1270-B-YB/T 5004	钢绞线，1×7-9.0-1270-B，50，镀锌	49.50	57.86	GJ-50
LX-80	1×19-11.5-1270-B-YB/T 5004	钢绞线，1×19-11.5-1270-B，80，镀锌	78.94	90.23	GJ-80
LX-100	1×19-13.0-1370-B-YB/T 5004	钢绞线，1×19-13.0-1370-B，100，镀锌	100.9	124.4	GJ-100

注　拉线型式代码中 LX 表示拉线，35～100 表示钢绞线的截面，单位为 mm²。

2）各种杆型应根据实际设计条件及计算结果选用相应的拉线形式及数量。

15.1.2　基础选配

（1）基础分类。基础分为电杆基础、拉线基础两类。

（2）电杆基础型式。本通用设计选取了 6 种常见的水泥杆基础型式供参考，分别为直埋式、卡盘、底盘、套筒无筋式、套筒式和台阶式，见图 15-6 和图 15-7。设计时应根据基础作用力，结合当地地形条件、施工条件及实际地质参数，综合考虑基础型式进行计算后选用。

（3）拉线基础型式。

1）拉线基础。设计时应根据第 14 章中各种水泥杆杆型安装示意图中技术参数表上的拉线拉力，结合当地地质条件、地形条件及各地区使用习惯选用合理的拉线基础型式，对于特殊地质条件要采用特别加固措施。

2）拉线棒拉线盘装设，应注意拉线棒埋设方向应根据拉线角度确定，拉线棒受力后不应弯曲。

（4）根据不同地质，选择原土或混凝土进行基础回填。水泥杆及拉线盘埋深不应小于设计值，回填土每 300mm 夯实一次，地面上应留有高 300mm 的防沉土台。

（5）基础坑开挖时注意保持坑壁边坡，坑内渗水、积水应及时排出，并采取措施防止基坑塌陷。

15.2　设计图

380/220V 架空线路拉线及基础设计图目录见表 15-5。

表 15-5　　　　380/220V 架空线路拉线及基础设计图纸目录

图序	图名
图 15-1	普通拉线组装图
图 15-2	水平拉线组装图
图 15-3	弓形拉线组装图
图 15-4	拉线棒加工图
图 15-5	拉线盘拉环加工图
图 15-6	水泥杆基础型式示意图（一）
图 15-7	水泥杆基础型式示意图（二）

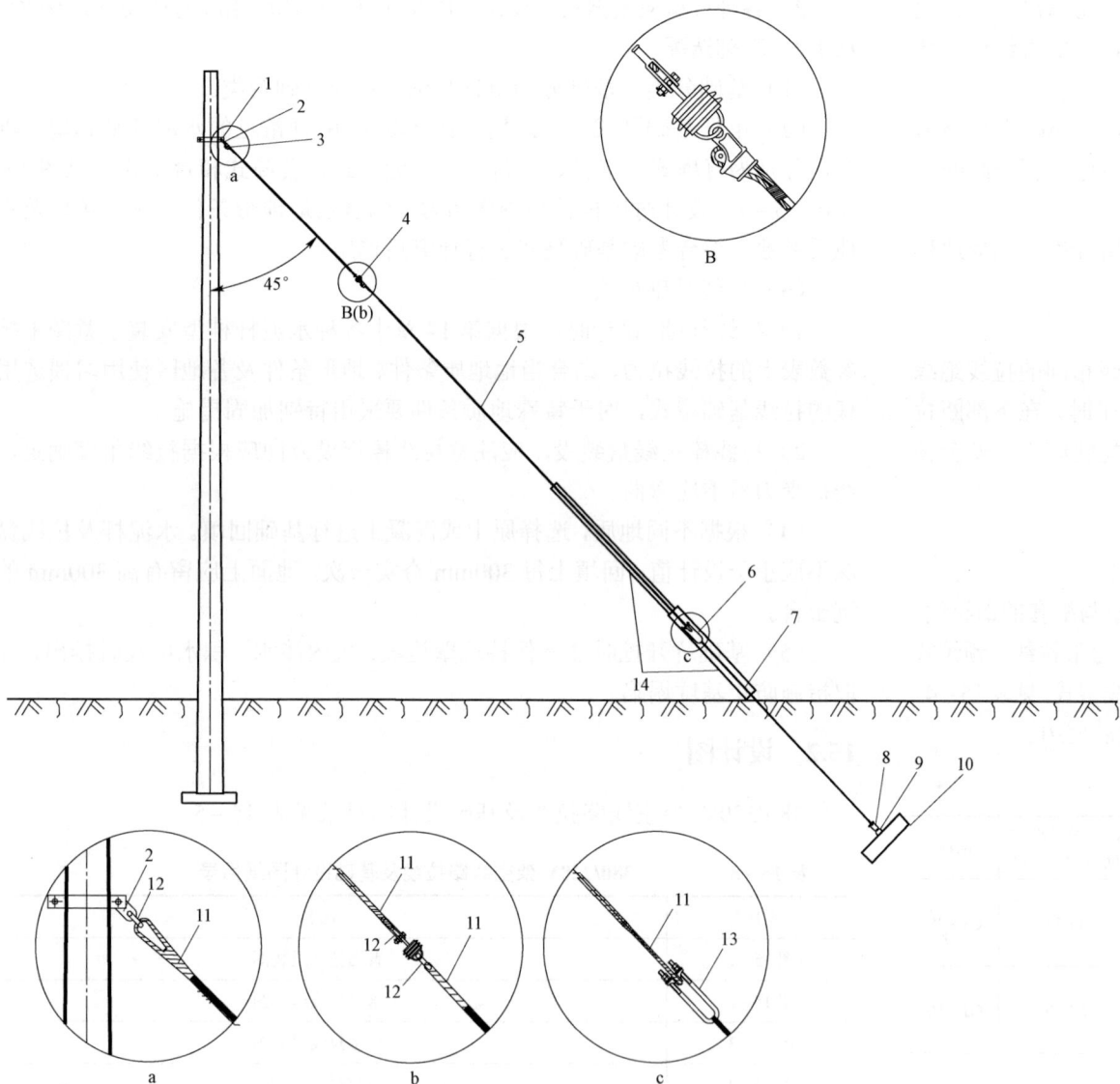

普通拉线配置表

编号	名称	单位	数量	LX-35 规格	LX-50 规格	LX-80 规格	LX-100 规格	备注
1	拉线抱箍	副	1	—	—	—	—	
2	平行挂板	只	1	PD-7	PD-10	PD-10	PD-12	
3	楔型线夹	副	3	NX-1	NX-2	MX-2	NX-3	选配
4	拉紧绝缘子	个	1	JH10-90	JH10-90	JH10-90	JH10-120	
5	拉线	根		GJ-35	GJ-50	GJ-80	GJ-100	
6	T型线夹	副	1	NUT-1	NUT-2	NUT-2	NUT-3	选配
7	拉线棒	根		LB-18	LB-22	LB-26	LB-28	
8	U型环	只		U-16	U-21	U-25	U-25	
9	拉线盘拉环	只	1	LPU-22	LPU-22	LPU-26	LPU-28	
10	拉线盘	块		—	—	—	—	
11	预绞式耐张线夹	根	4	—	—	—	—	预绞式
12	心形环	只	3					预绞式
13	可调式Ⅲ型线夹	只	1					预绞式
14	拉线保护管	根	2					

说明：1. 穿越和接近导线的电杆拉线必须装设与线路电压等级相同的拉线绝缘子。拉线绝缘子应装在最低穿越导线以下。当设置拉线绝缘子时，在下部断拉线情况下拉线绝缘子距地面处不应小于 2.5m，地面范围的拉线应设置保护套。

2. 拉紧绝缘子各地视情况并结合运行经验确定。海拔在 3000m 及以下时 1 根拉线装设 JH10 拉紧绝缘子 1 只。海拔在 3000～5000m 时 1 根拉线宜装设 U7OC 绝缘子 2 只串联组合。

3. U 型环、拉线盘拉环可以根据拉盘的形式可分开二个或合并。

4. 预绞式拉线采用预绞式耐张线夹，其预绞丝双腿形成的空管需缠绕在钢绞线上。

5. a、b、c 为预绞式金具安装方式，由各地视情况并结合运行经验确定。

图 15-1 普通拉线组装图

适用导线 拉线形式	三相四线(380V)		单相(220V)	
	120mm²	185mm²	70mm²	120mm²
上拉线	LX－50	LX－80	LX－35	LX－35
下拉线	LX－80	LX－100	LX－35	LX－50

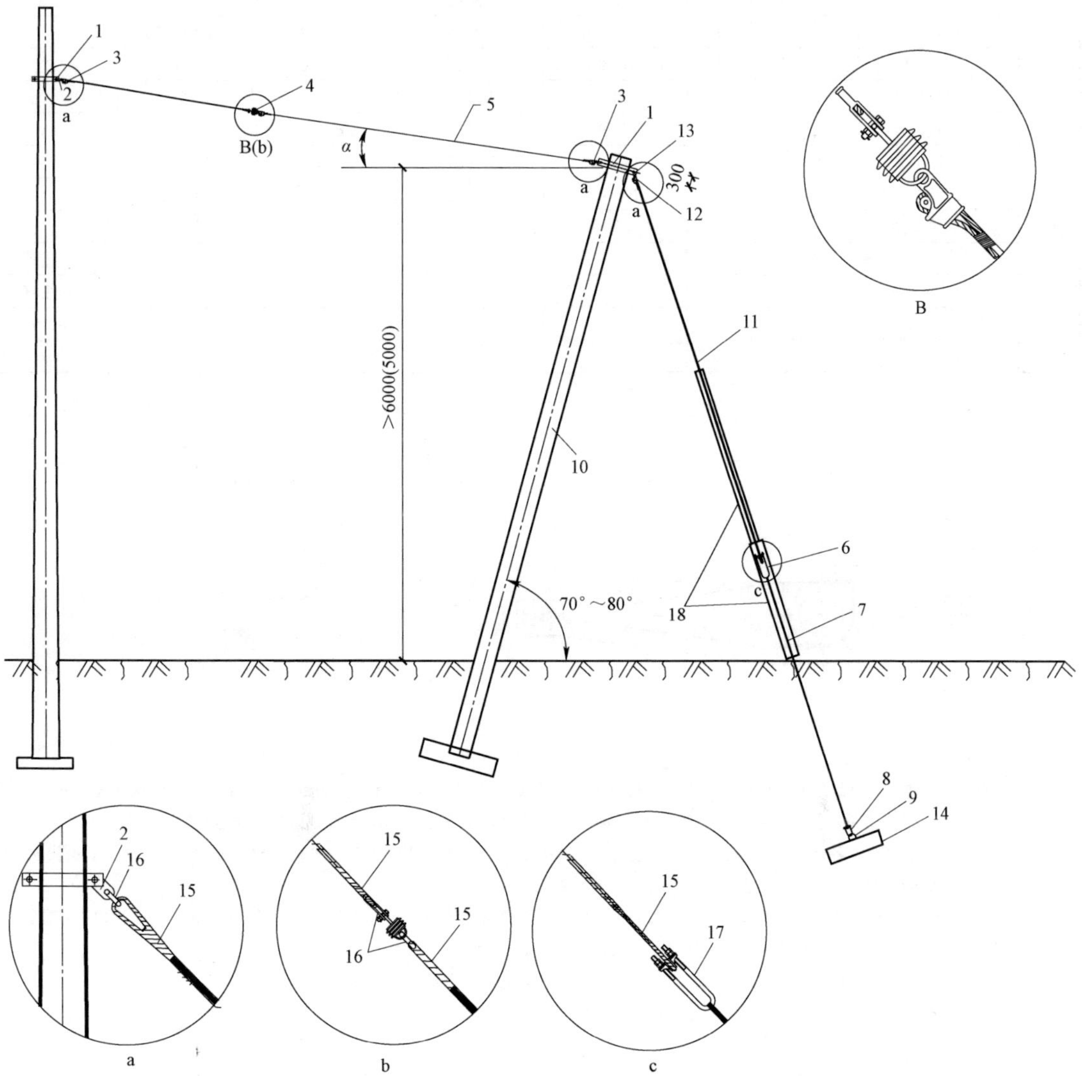

水平拉线（上）材料表

编号	名称	单位	数量	LX－35 规格	LX－50 规格	LX－80 规格	备注
1	拉线抱箍	副	2	—	—	—	
2	平行挂板	只	2	PD－7	PD－10	PD－10	
3	楔型线夹	副	4	NX－1	NX－2	NX－2	选配
4	拉紧绝缘子	个		JH10－90	JH10－90	JH10－90	
5	拉线	根		GJ－35	GJ－50	GJ－80	
15	预绞式耐张线夹	根	4				预绞式
16	心形环	只	4				预绞式

水平拉线（下）材料表

编号	名称	单位	数量	LX－35 规格	LX－50 规格	LX－100 规格	备注
6	T型线夹	副	1	NUT－1	NUT－2	NUT－3	选配
7	拉线棒	根	1	LB－18	LB－22	LB－28	
8	U型环	只	1	U－16	U－21	U－25	绞式时数量为2
9	拉线盘拉环	只	1	LPU－22	LPU－22	LPU－28	
10	水泥杆	根	1	—	—	—	
11	拉线	根	1	GJ－35	GJ－50	GJ－100	
12	楔型线夹	副	1	NX－1	NX－2	NX－3	选配
13	平行挂板	只	1	PD－7	PD－10	PD－12	
14	拉线盘	块	1				
15	预绞式耐张线夹	根	2				预绞式
16	心形环	只	1				预绞式
17	可调式UT型线夹	只	1				预绞式
18	拉线保护管	根	2				

说明：1. 配置表中组合是各导线取本通用设计最大使用应力时，上拉线与水平线夹角α
在 20°内所得，若大于 20°需重新计算确定，配置表仅供参考；实际工程中要
根据实际受力情况计算后选用。
2. 穿越和接近导线的电杆拉线必须装设与线路电压等级相同的拉线绝缘子。拉线
绝缘子应装在最低穿越导线以下。当设置拉线绝缘子时，在下断拉线情况
下拉线绝缘子距地面处不应小于 2.5m，地面范围的拉线应设置保护套。
3. 拉紧绝缘子各地视情况并结合运行经验确定。海拔在 3000m 及以下时 1 根拉
线装设 M10 拉紧绝缘子 1 只。海拔在 3000～5000m 时 1 根拉线宜装设 U70C
绝缘子 2 只串联组合。
4. 跨越道路的水平拉线，对路边缘的垂直距离，不应小于 6m（非公路道路的，
不应小于 5m）。
5. W 型环、拉线盘拉环可以根据拉盘的型式可分开二个或合并。
6. 预绞式拉线采用预绞式耐张线夹，其预绞丝双腿形成的空管需缠绕在钢绞线上。
7. a、b、c 为预绞式金具安装方式，由各地视情况并结合运行经验确定。

图 15－2　水平拉线组装图

弓 形 拉 线 配 置 表

编号	名称	单位	数量	LX-35 规格	LX-50 规格	LX-80 规格	LX-100 规格	备注
1	拉线抱箍	副	1					
2	平行挂板	只	1	PD-7	PD-10	PD-10	PD-12	
3	楔形线夹	副	3	NX-1	NX-2	NX-2	NX-3	选配
4	拉紧绝缘子	个	1	H10-90	JH10-90	JH10-90	JH10-120	
5	拉线	根	1	GJ-35	GJ-50	GJ-80	GJ-100	
6	UT型线夹	副	1	NUT-1	NUT-2	NUT-2	NUT-3	选配
7	拉线棒	根	1	LB-18	LB-22	LB-26	LB-28	
8	U型环	只	1	U-16	U-21	U-25	U-25	
9	拉线盘拉环	只	1	LPU-22	LPU-22	LPU-26	LPU-28	
10	拉线盘	块	1					
11	预绞式耐张线夹	根	4					预绞式
12	心型环	只	3					预绞式
13	可调式UT型线夹	只	1					预绞式
14	拉线保护管	根	2					

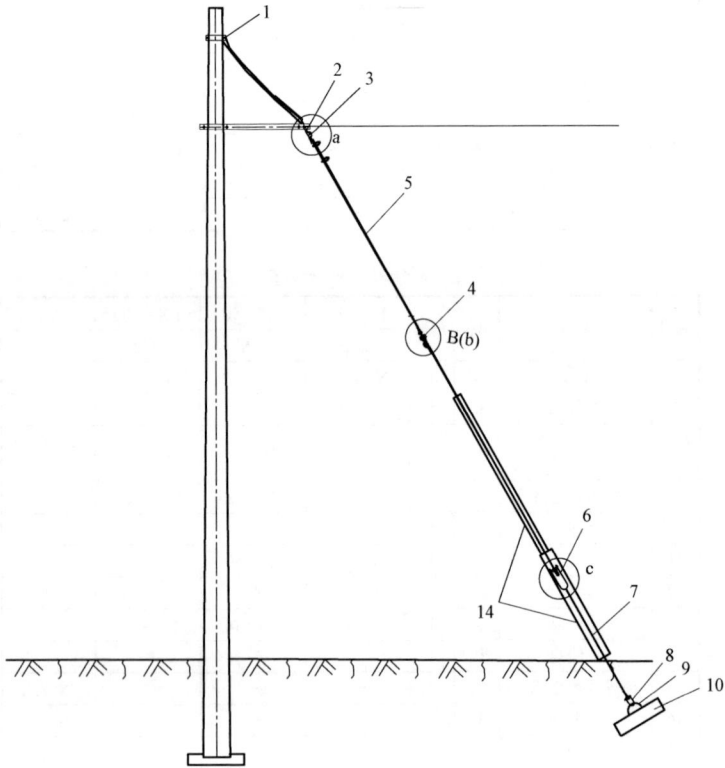

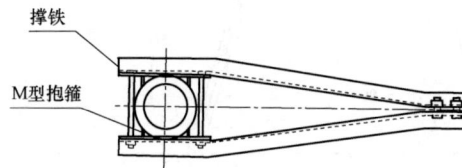

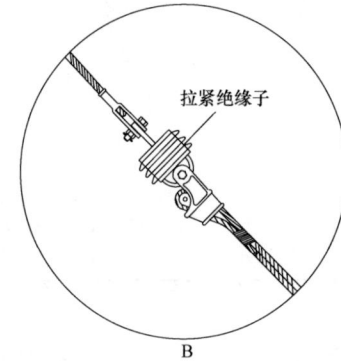

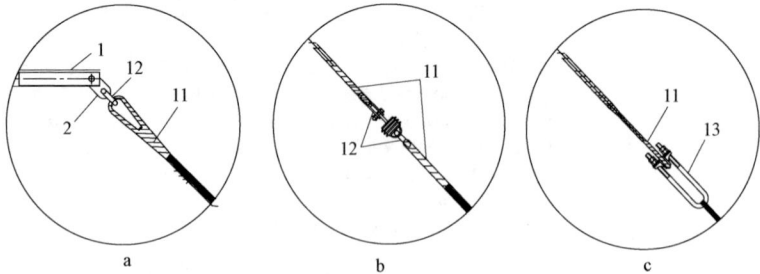

撑铁

M型抱箍

拉紧绝缘子

B

说明：1. 穿越和接近导线的电杆拉线必须装设与线路电压等级相同的拉线绝缘子。拉线绝缘子应装在最低穿越导线以下。当设置拉线绝缘子时，在下部断拉线情况下拉线绝缘子距地面处不应小于 2.5m，地面范围的拉线应设置保护套。

2. 拉紧绝缘子各地视情况并结合运行经验确定。海拔在 3000m 及以下时 1 根拉线装设 M10 拉紧绝缘子 1 只。海拔在 3000～5000m 时 1 根拉线宜装设 U7OC 绝缘子 2 只串联组合。

3. 在受地形及周围环境的限制不能安装普通拉线，且导线截面较小，受力较小情况下可安装弓形拉线防止电杆倾覆。

4. U 型环、拉线盘拉环可以根据拉盘的形式可分开二个或合并。

5. 预绞式拉线采用预绞式耐张线夹，其预绞丝双腿形成的空管需缠绕在钢绞线上。

6. a、b、c 为预绞式金具安装方式，由各地视情况并结合运行经验确定。

图 15-3　弓形拉线组装图

拉 线 棒 材 料 表

型号	规格	L（mm）	a（mm）	b（mm）	R（mm）	下料长度（mm）	数量	质量（kg）
LB18－3.0	$\phi18$	3000	75	100	17	3450	1	6.90
LB22－4.0	$\phi22$	4000	90	130	20	4600	1	13.80
LB26－4.0	$\phi26$	4000	120	150	23	4800	1	19.99
LB28－4.0	$\phi28$	4000	125	160	26	5000	1	24.15

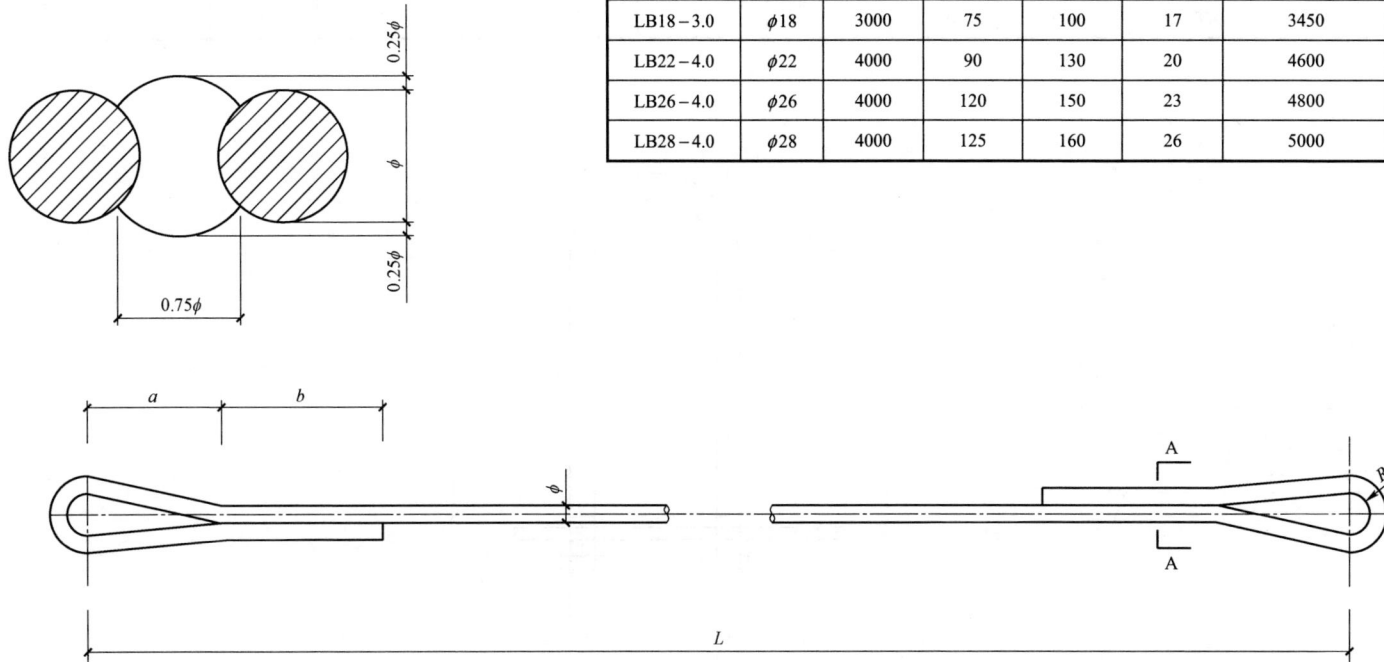

说明：1. 上表中的拉线棒为参考选用，实际工程中拉线棒的选择应根据拉线受力来选用，拉棒露出地面长度以 500～600mm 为宜。

2. 腐蚀地区拉线棒直径（ϕ）应当加大 2～4mm 或采取其他有效的防腐措施。

3. 钢材选用 Q235，采用热镀锌处理。

图 15－4　拉线棒加工图

拉 线 盘 拉 环 材 料 表

型号	圆钢		钢板			螺母			单位（副）	合计质量（kg）
	规格（mm）	质量（kg）	规格（mm）	数量	质量（kg）	规格（mm）	数量	质量（kg）		
LPU－22	$\phi22\times779$	2.32	$-10\times110\times230$	1	2.1	M22	4	0.3	1	4.72
LPU－26	$\phi26\times779$	3.24	$-10\times110\times230$	1	2.1	M26	4	0.5	1	5.84
LPU－28	$\phi28\times779$	3.76	$-10\times110\times230$	1	2.1	M28	4	0.6	1	6.46

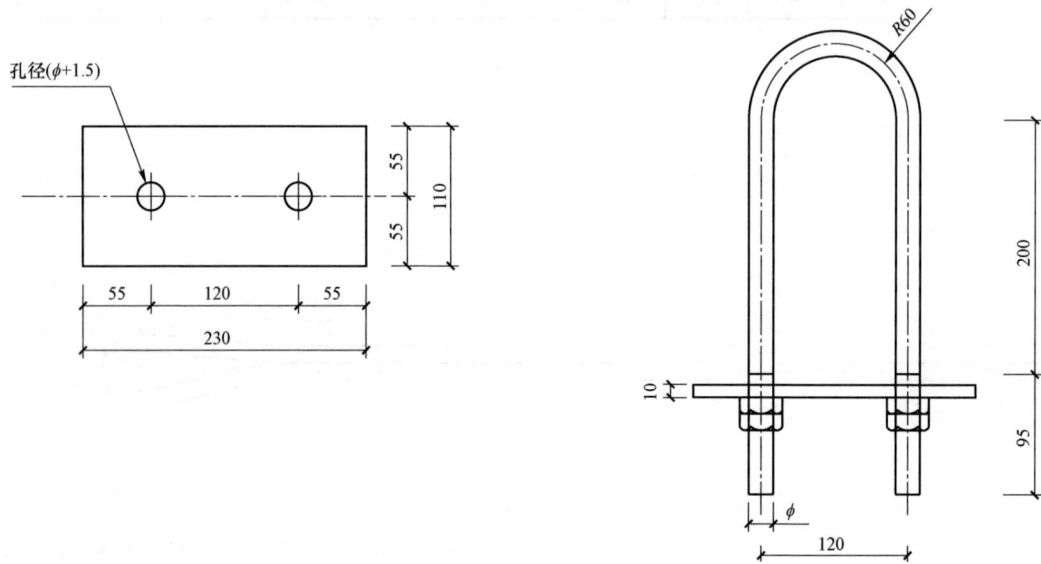

说明：1. 上表中的拉环为参考选用，且为预制式拉盘的拉环制造参考图。实际工程中拉盘拉环的选择应根据基础拉盘的形式及拉线受力来选用。

2. 腐蚀地区拉环直径（ϕ）应适当加大2～4mm或采取其他有效的防腐措施。

3. 钢材选用Q235，采用热镀锌处理。

图 15－5　拉线盘拉环加工图

(a) 直埋式基础

(b) 卡盘基础

(c) 底盘基础

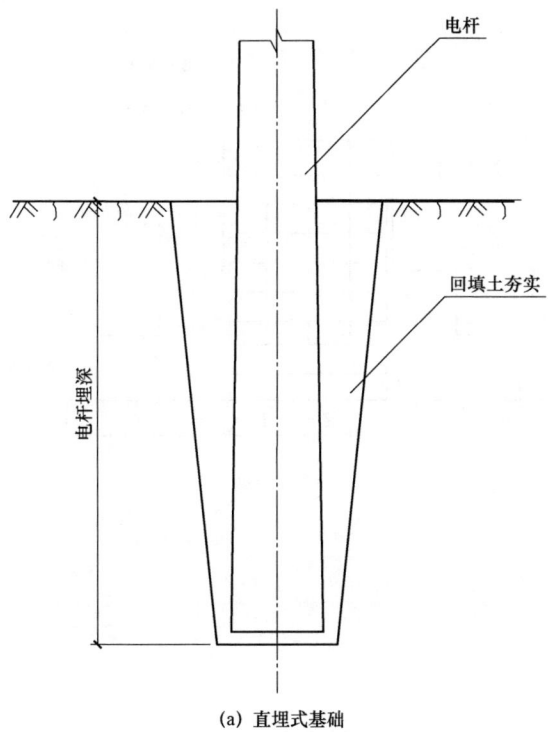

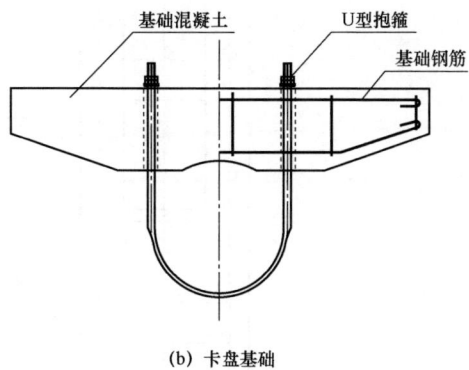

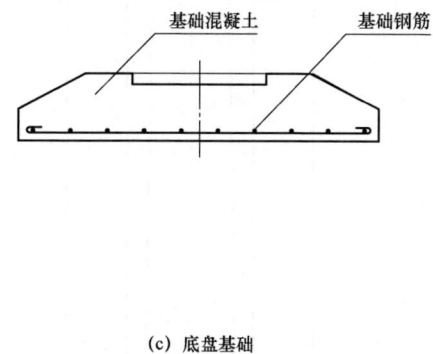

图 15-6 水泥杆基础型式示意图（一）

电杆

二次浇筑混凝土

基础混凝土

(a) 套筒无筋式基础

电杆留孔

基础主筋

基础箍筋

(b) 套筒式基础

电杆留孔

基础箍筋

基础主筋

基础混凝土

基础垫层

(c) 台阶式基础

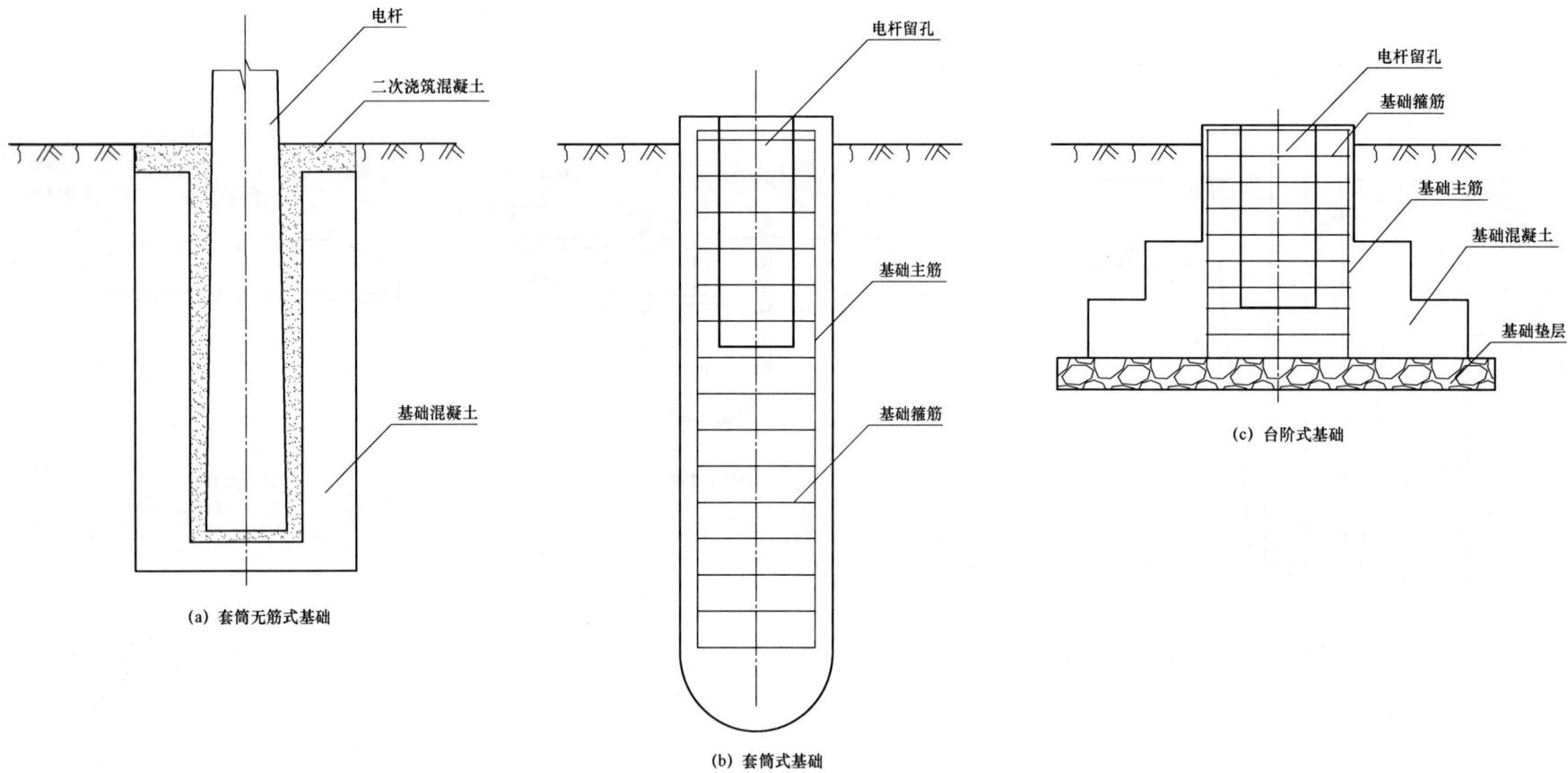

图 15-7　水泥杆基础型式示意图（二）

第 16 章　380/220V 架空接户线

16.1　设计说明

16.1.1　导线选型

（1）接户线指配电线路与用户建筑物外第一支持点之间的一段线路。本通用设计架空接户线推荐采用绝缘导线（JKYJ、JKLYJ 型）和交联聚乙烯绝缘聚氯乙烯护套电缆（YJLV、YJV 型）。

（2）接户线不应采用聚氯乙烯绝缘导线（BLV、BV 型）。

16.1.2　截面选用

（1）接户线的导线截面应根据允许载流量计算,每户用电容量可按城镇不低于 8kW、一般乡村不低于 4kW 确定。选择接户线截面时应留有裕度,以备可预见的户数增加。

（2）接户线采用铝芯绝缘导线最小截面不宜小于 16mm²,铜芯绝缘导线最小截面不宜小于 10mm²。

（3）中性线（零线）截面应与相线截面相同。

16.1.3　接户线装置方式

本通用设计选取了架空接户、电缆直埋接户、电缆悬挂接户、杆上计量接户、沿墙敷设接户 5 类 11 种常用的接户线装置方案供参考, 分别为 380V 分列导线架空接户方式、220V 分列导线架空接户方式、380V 垂直布线架空接户方式、220V 垂直布线架空接户方式、电缆直埋接户方式、电缆悬挂接户方式、杆上计量接户方式、380V 分列导线垂直布线沿墙敷设接户方式、220V 分列导线垂直布线沿墙敷设接户方式、380V 分列导线水平布线沿墙敷设接户方式、220V 分列导线水平布线沿墙敷设接户方式。因各地的接户线装置方式以及配套的接户线支持物设计差异较大,本通用设计推荐常用的接户支持物型式,具体由各地根据当地实际情况进行调整使用。

16.1.4　接户线架设要求

（1）接户线的档距不宜大于 25m,超过 25m 时宜设接户杆。当距离较长、截面较大时,设计单位应当自行校验使用条件。

（2）接户线受电端的对地垂直距离不应小于 2.7m。

（3）沿墙敷设的接户线两支持点间的距离,水平排列时不应大于 6m,垂直排列时不应大于 6m,沿墙敷设接户线的对地垂直距离不小于 2.7m。

（4）低压计量箱安装应满足 Q/GDW 11008《低压计量箱技术规范》的要求,应注意防雨,在保证安全的条件下,安装后箱体与地面距离应符合以下要求：最高观察窗中心线及门锁距地面高度不超过 1.8m;独立式单表位计量箱、单排排列箱组式计量箱下沿距地面高度不小于 1.4m。

本通用设计仅选取了适用于 TT 系统的单表位、单排 4 表位、两排 6 表位和三排 9 表位 4 种常用的电能计量保护箱方案供参考。在农村 TT 低压系统计量表箱内表计后装设第二级剩余电流动作保护装置,主要用于保护表后线和分清漏电管理责任。计量箱内部相关技术要求应满足 Q/GDW 11008《低压计量箱技术规范》。

（5）跨越街道的接户线至路面中心的垂直距离,不应小于下列数值：

1）通车街道,6m;

2）通车困难的街道、人行道,3.5m;

3）不通车的人行道、胡同（里、弄、巷）,3m。

（6）低压接户线与建筑物有关部分的距离,不应小于下列数值：

1）接户线与下方窗户的垂直距离,0.3m;

2）接户线与上方阳台或窗户的垂直距离,0.8m;

3）与阳台或窗户的水平距离,0.75m;

4）与墙壁、构架的距离,0.05m。

（7）低压接户线与弱电线路的交叉距离,不应小于下列数值：

1）低压接户线在弱电线路的上方,0.6m;

2）低压接户线在弱电线路的下方,0.3m。

如不能满足上述要求,应采取隔离措施。

（8）不同金属、不同规格、不同绞向的接户线,严禁在档距内连接。跨越通车街道的接户线,不应有接头。

（9）接户线与线路导线若为铜铝连接,应有可靠的铜铝过渡措施。

（10）电缆线路架空敷设是将电缆挂在距地面有一定高度的一种电缆敷设方式适用于负荷发展分散、无架空线路通道、电缆地下敷设开挖困难的区域,如城乡接合部、城中村、棚户区等。与地下电缆敷设方式相比,优点为架设方便、投资小、工期短；缺点为易受外界环境影响、安全可靠性差、不美观。

（11）当采用电缆线路架空敷设方式时，应满足如下要求：

1）须另设电缆吊线，利用挂钩将电缆吊挂在吊线下方。

2）吊线一般采用镀锌钢绞线，根据所挂敷电缆规格计算单位质量进行选择，建议选型见表16-1，本通用设计只给出安装示意图，镀锌钢绞线须根据放线安全系数及吊挂电缆型号的变化进行严格校验。

表 16-1　　　　　　　　吊线用镀锌钢绞线建议选型表

电缆导体及截面	镀锌钢绞线选择
铝电缆 4 芯　120 以下	GJ-25
铜电缆 4 芯　50 以下	GJ-25
铝电缆 4 芯　120~240	GJ-35
铜电缆 4 芯　50~95	GJ-35
铜电缆 4 芯　120、150、185	GJ-50

3）当采用墙侧式挂敷时，吊线固定在建筑物外墙上的墙担，墙担直线间距一般不大于 6m，在转角处需另设转角支架，墙担的规格根据所挂敷的电缆规格和回路数进行选择，单回敷设采用∠50×5×250L 型墙担，双回敷设采用∠50×5×450 T 型墙担，上方需加扁钢拉铁；L、T 型墙担作耐张或终端时根据受力需要加装扁钢拉铁；电缆两端的墙担应可靠接地，并有效连接到镀锌钢绞线，接地线宜采用镀锌扁钢（50×5）。一条吊线吊挂一条电缆，吊挂电缆的挂钩之间距离应为 0.4m，电缆挂钩根据所挂敷电缆的外径选择相应的规格型号。

4）当采用电杆挂敷时，吊线通过单槽夹板及跳线抱箍（角铁横担）固定安装于电杆上，在终端位置采用拉线抱箍及其他金具，保证电缆挂敷的安全性。电杆档距一般不大于 50m，挂钩间距应为 0.4m，根据电缆线径选择挂钩型号。电杆一般选用 GB/T 4623《环形混凝土电杆》中的锥形普通非预应力水泥杆、锥形普通预应力水泥杆，宜采用 φ190mm×10m 水泥杆，具体水泥杆选择须根据电缆型号、外部受力情况进行严格校验。终端杆应安装拉线（或采用钢管杆）。

16.2　设计图

架空接户线设计图目录见表 16-2。

表 16-2　　　　　　　　架空接户线设计图目录

图序	图名	备注
图 16-1	380V 分列导线架空接户方式示意图	
图 16-2	220V 分列导线架空接户方式示意图	
图 16-3	380V 垂直布线架空接户方式示意图	
图 16-4	220V 垂直布线架空接户方式示意图	
图 16-5	电缆直埋接户方式示意图	
图 16-6	电缆悬挂接户方式示意图	
图 16-7	墙侧式挂敷电缆侧视图	
图 16-8	墙侧式挂敷电缆断面图	
图 16-9	电杆挂敷电缆侧视图（一）	
图 16-10	电杆挂敷电缆侧视图（二）	
图 16-11	电杆挂敷电缆断面图	
图 16-12	杆上计量接户方式示意图	
图 16-13	380V 分列导线垂直布线沿墙敷设示意图	
图 16-14	220V 分列导线垂直布线沿墙敷设示意图	
图 16-15	380V 分列导线水平布线沿墙敷设示意图	
图 16-16	220V 分列导线水平布线沿墙敷设示意图	
图 16-17	两线墙装 π 型支架制造图	
图 16-18	四线墙装 π 型支架制造图	
图 16-19	有眼拉攀制造图	
图 16-20	四线七字担加工示意图	
图 16-21	二线丁字担加工示意图	
图 16-22	二线墙担托架加工示意图	
图 16-23	四线墙担托架加工示意图	
图 16-24	四线垂直布置支架加工示意图	
图 16-25	二线垂直布置支架加工示意图	
图 16-26	L 型墙担支架加工图	
图 16-27	T 型墙担支架加工图	
图 16-28	跳线抱箍加工图	
图 16-29	角钢横担加工图	
图 16-30	墙担拉铁加工图	
图 16-31	垂直拉铁及连板加工图	

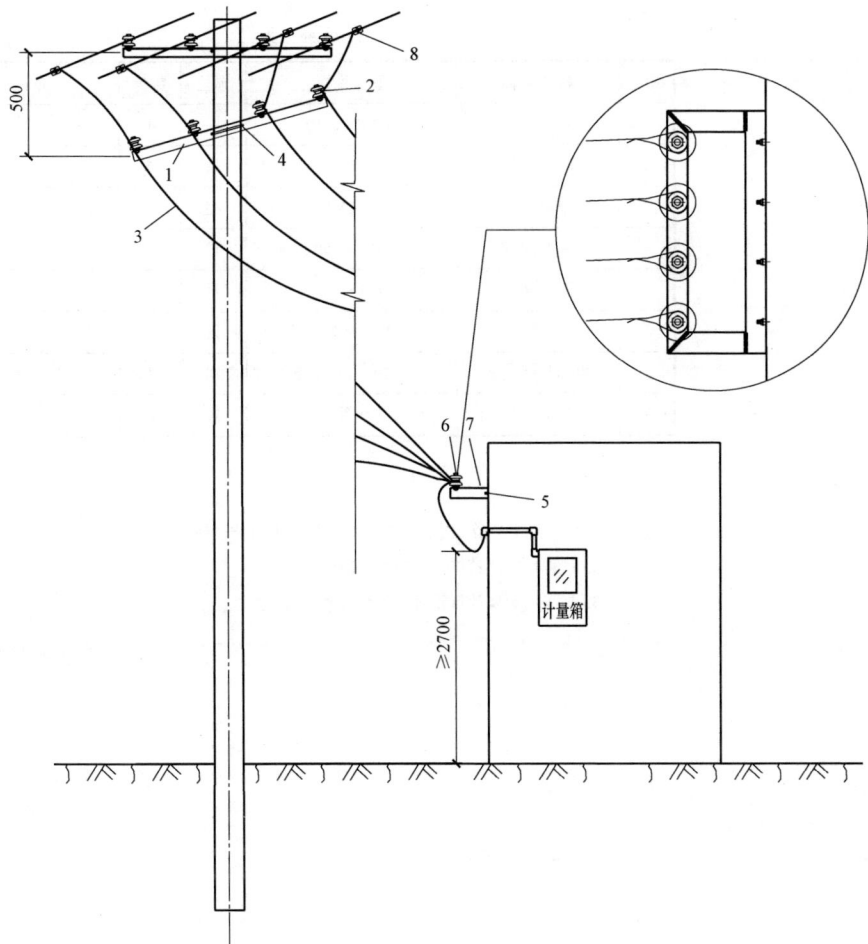

材 料 表

编号	材料名称	型号规格	单位	数量	备注
1	四线横担	HD15-A19	根	1	
2	蝶式绝缘子		只	8	按实际需求选取
3	分相导线	JKLYJ	根	4	按实际需求选取
4	U 型抱箍	U16-190	只	1	
5	膨胀螺栓	$\phi 12 \times 100$	只	4	
6	螺栓	M16×120	只	4	
7	四线 II 型支架	$\angle 50 \times 5 \times 1700$	副	1	
8	C 型线夹	带绝缘罩	只	4	

说明：1. C 型线夹、蝶式绝缘子等根据导线截面进行调整。

2. 铁件均需热镀锌，材料为 Q235。

3. 如采用金属计量箱时必须可靠接地。

图 16-1　380V 分列导线架空接户方式示意图

材 料 表

编号	材料名称	型号规格	单位	数量	备注
1	两线横担	HD07－A19	根	1	
2	蝶式绝缘子		只	4	按实际需求选取
3	分相导线	JKLYJ	根	2	按实际需求选取
4	U 型抱箍	U16－190	只	1	
5	膨胀螺栓	$\phi 12 \times 100$	只	2	
6	螺栓	M16×120	只	2	
7	两线Ⅱ型支架	$\angle 50 \times 5 \times 1100$	副	1	
8	C 型线夹	带绝缘罩	只	2	

说明：1. C 型线夹、蝶式绝缘子等根据导线截面进行调整。

2. 铁件均需热镀锌，材料为 Q235。

3. 如采用金属计量箱时必须可靠接地。

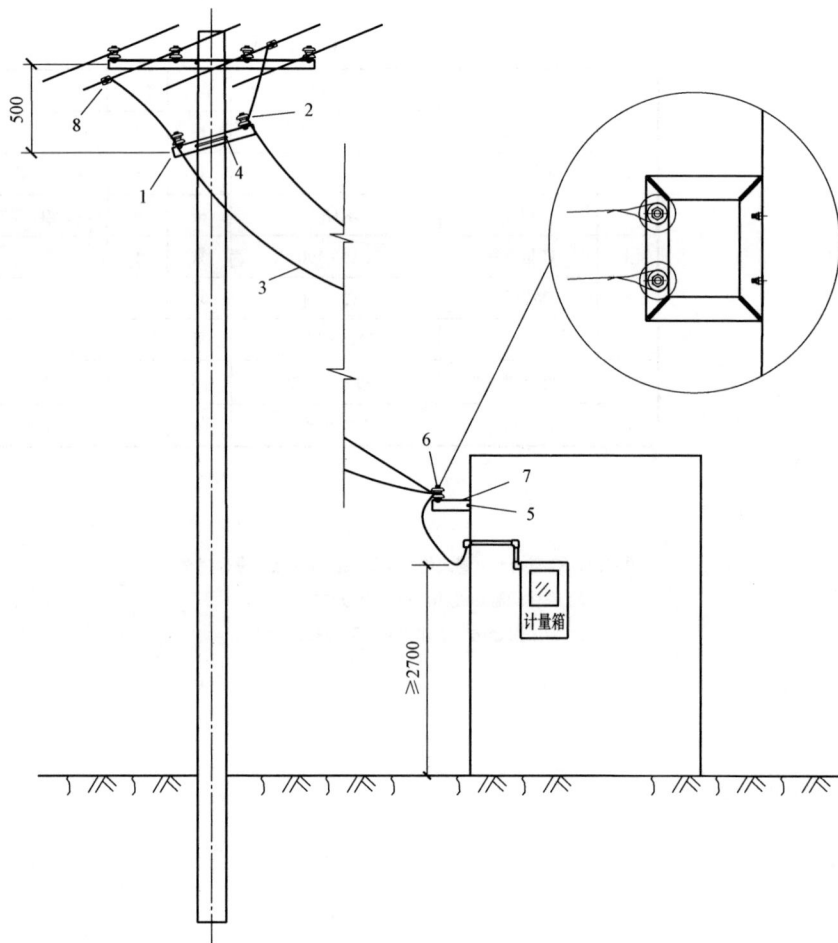

图 16－2 220V 分列导线架空接户方式示意图

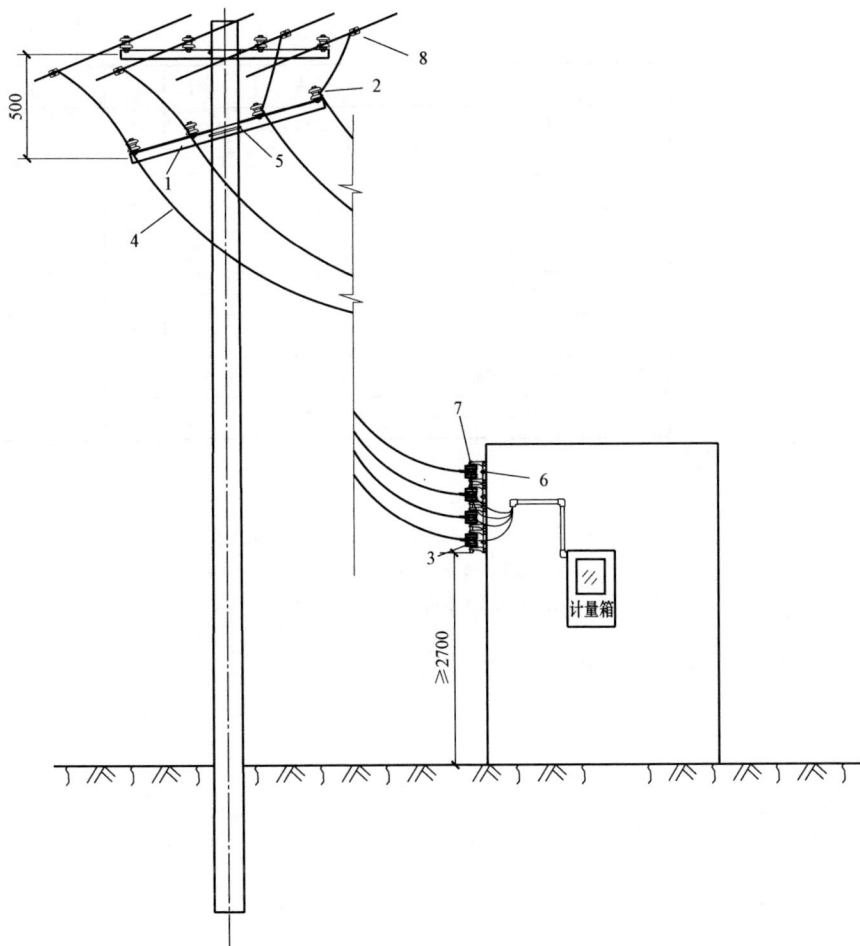

材　料　表

编号	材料名称	型号规格	单位	数量	备注
1	四线横担	HD15－A19	根	1	
2	蝶式绝缘子		只	4	按实际需求选取
3	轴式绝缘子	EX－2	只	4	
4	分相导线	JKLYJ	根	4	按实际需求选取
5	U型抱箍	U16－190	只	1	
6	膨胀螺栓	$\phi 12 \times 100$	只	4	
7	四线垂直支架		个	1	
8	C型线夹	带绝缘罩	只	4	

说明：1. C型线夹、蝶式绝缘子等根据导线截面进行调整。

　　　2. 铁件均需热镀锌，材料为Q235。

　　　3. 如采用金属计量箱时必须可靠接地。

图 16－3　380V 垂直布线架空接户方式示意图

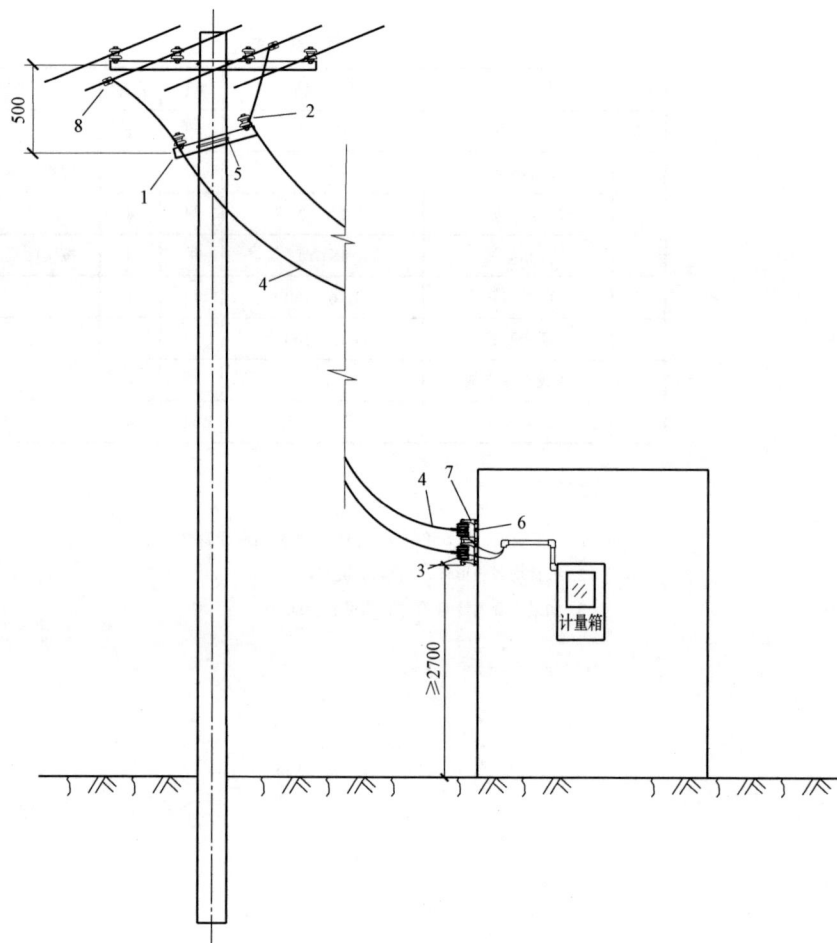

材 料 表

编号	材料名称	型号规格	单位	数量	备注
1	两线横担	HD07－A19	根	1	
2	蝶式绝缘子		只	2	按实际需求选取
3	轴式绝缘子	EX－2	只	2	
4	分相导线	JKLYJ	根	2	按实际需求选取
5	U 型抱箍	U16－190	只	1	
6	膨胀螺栓	$\phi 12 \times 100$	只	2	
7	二线垂直支架		个	1	
8	C 型线夹	带绝缘罩	只	2	

说明：1. C 型线夹、蝶式绝缘子等根据导线截面进行调整。

2. 铁件均需热镀锌，材料为 Q235。

3. 如采用金属计量箱时必须可靠接地。

图 16－4　220V 垂直布线架空接户方式示意图

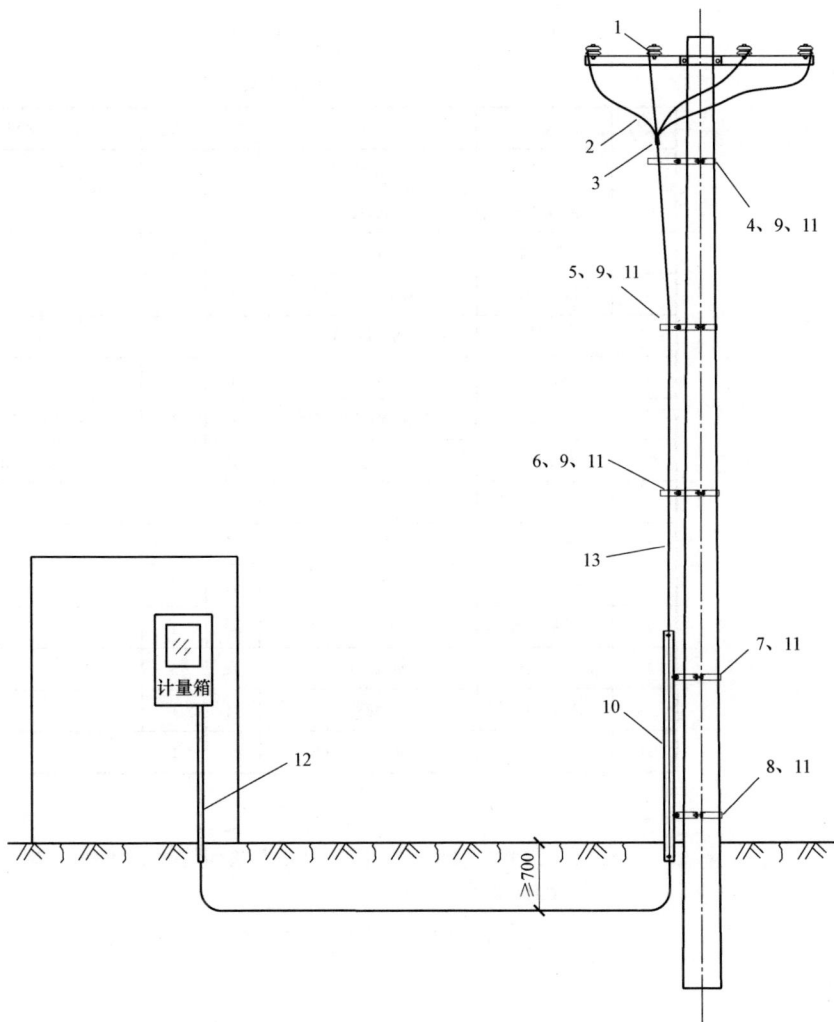

材 料 表

编号	材料名称	材料型号规格	单位	数量	备注
1	C 型线夹	带绝缘罩	只	4	按实际需要选取
2	接线端子	DL（DTL/DT）	只	8	铜电缆用 4 只 DTL
3	电缆终端斗	1kV	副	1	
4	电缆固定支架	DBG6－200	副	1	
5	电缆固定支架	DBG6－220	副	1	
6	电缆固定支架	DBG6－240	副	1	
7	电缆固定支架	DBG6－260	副	1	
8	电缆固定支架	DBG6－280	副	1	
9	电缆抱箍	KBG5－70	只	3	按实际需要选取
10	电缆保护管	DLHG－114A	套	1	
11	螺栓	M16×40	只	24	
12	电缆保护管	$\phi 50$	m	3	
13	低压电缆	YJLV 或 VJV 多芯电缆	根	1	按实际需要选取

说明：1. C 型线夹、接线端子、电缆卡抱、电缆终端头等连接件根据导线截面进行调整。

2. 铁件均需热镀锌，材料为 Q235。

3. 如采用金属计量箱时必须可靠接地。

图 16－5　电缆直埋接户方式示意图

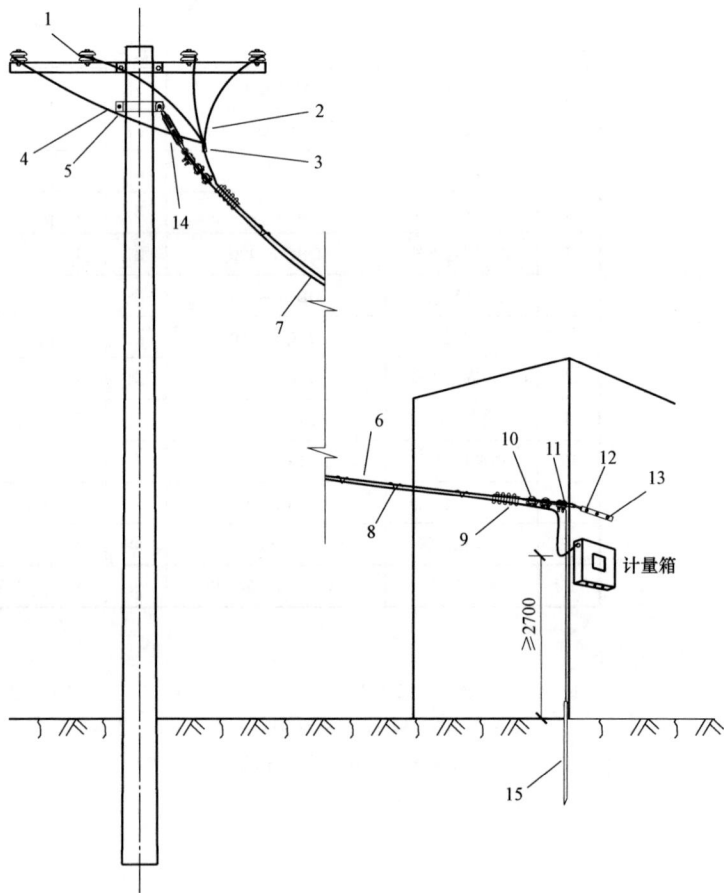

材 料 表

编号	名称	规格	单位	数量	备注
1	C 型线夹	带绝缘罩	只	4	按实际需求选取
2	接线端子	DL（DTL）	只	8	铜电缆时 4 只 DTL
3	电缆终端头	1kV	副	1	
4	拉线抱箍	BG6-1-190	副	1	
5	螺栓	M16×70	只	2	
6	钢绞线	GJ-25	根	1	按实际需求选取
7	电缆	YJLV 或 YJV 多芯电缆	根	1	按实际需求选取
8	电缆挂钩		只	20	一般隔 1m 一个
9	电缆绑扎线	BV-2.5mm²	m	2	
10	钢卡子	JK-1	只	4	
11	C 型线夹	JBB-1	只	2	
12	有眼拉攀	-10×40×370	副	1	
13	膨胀螺栓	M12×100	只	3	
14	CO 花篮螺栓	M8	只	1	
15	接地	∠50×5×2500	处	1	

说明：1. C 型线夹、接线端子、电缆终端头、花篮螺栓等连接件根据导线截面进行调整。

2. 铁件均需热镀锌，材料为 Q235。

3. 如采用金属低压分支箱时必须可靠接地。

图 16-6　电缆悬挂接户方式示意图

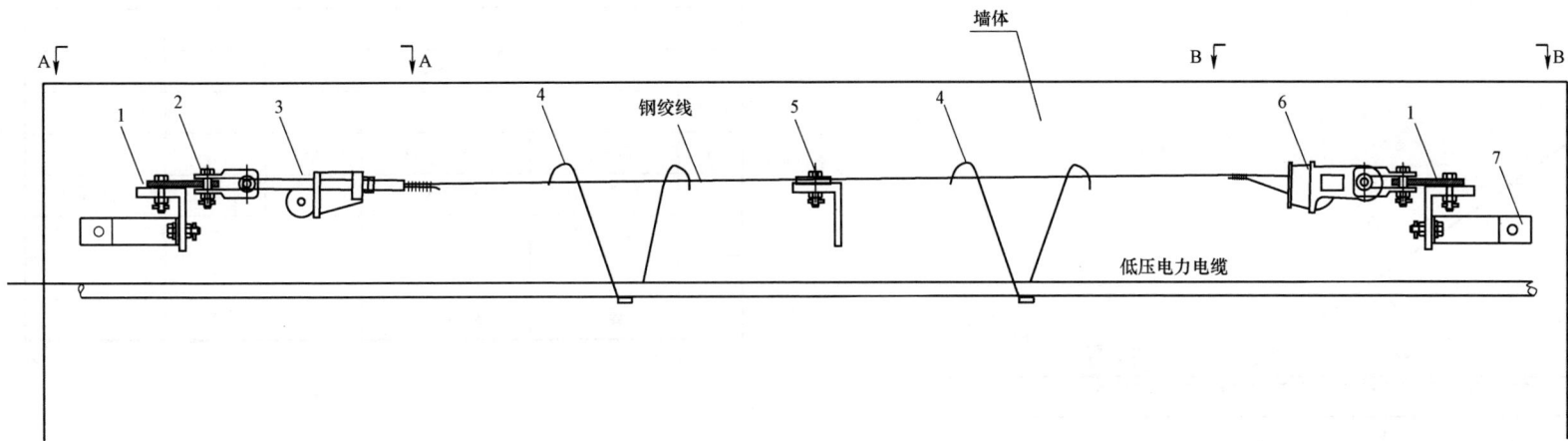

材 料 表

编号	名 称	规格	单位	数量	备注
1	平行挂板		块	2	
2	U 型挂环		个	2	
3	UT 型线夹		个	1	
4	电缆挂钩		个	20	每 8m
5	单槽夹板		个	1	
6	楔形线夹		个	1	
7	墙担拉铁	—50×5×460	块	1	L—2

说明：本材料表为1回材料表，2回材料数量增加1倍。

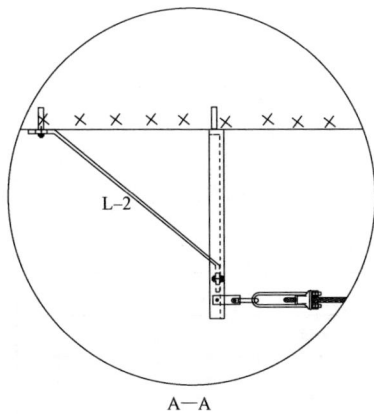

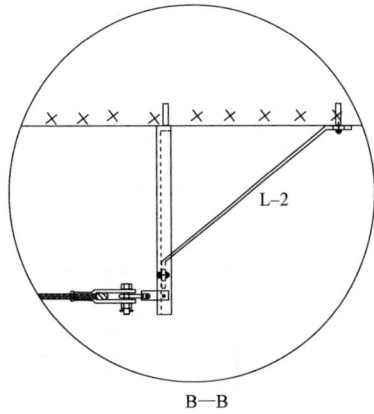

图 16-7　墙侧式挂敷电缆侧视图

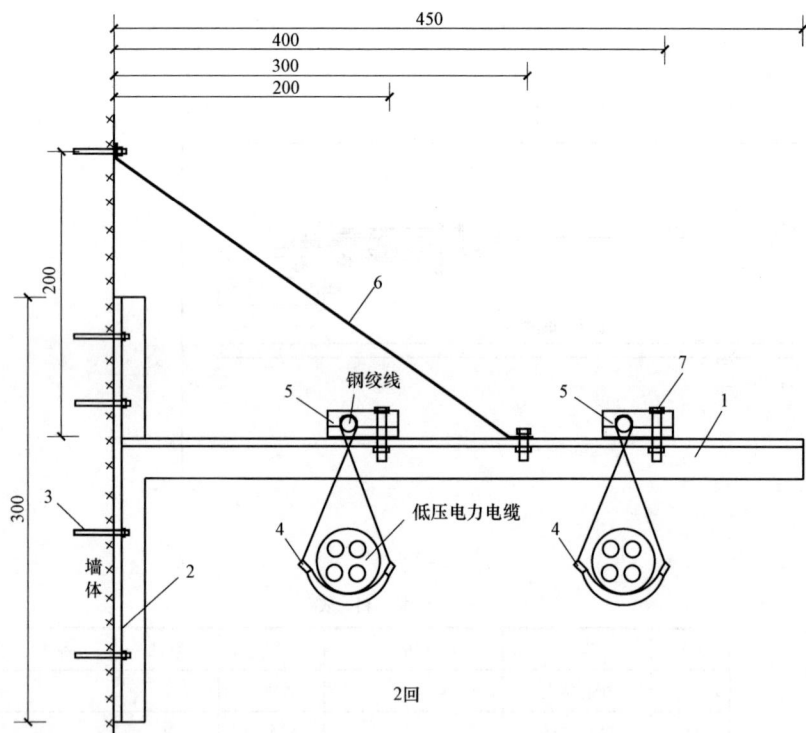

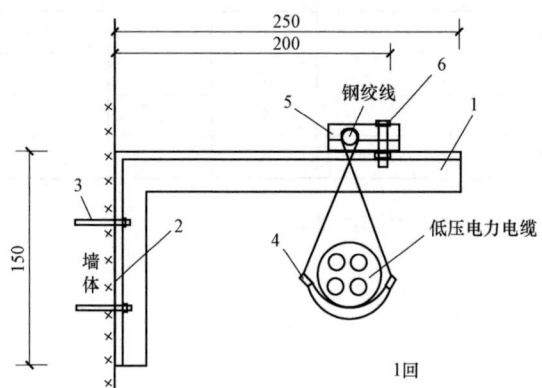

材料表 （一）

编号	名称	规格	单位	数量	备注
1	墙担	∠50×5×450	套	1	
2	墙担	∠50×5×300	套	1	
3	膨胀螺栓	M12，100	个	5	
4	电缆挂钩	25～115 号	个	40	每 8m
5	单槽夹板		个	2	
6	墙担拉铁	一50×5×360	个	1	L－1
7	螺栓	M16，60	只	3	

材料表 （二）

编号	名称	规格	单位	数量	备注
1	墙担	250×5×250	套	1	
2	墙担	∠50×5×150	套	1	
3	膨胀螺栓	M12，100	只	2	
4	电缆挂钩	25～115 号	个	20	每 8m
5	单槽夹板		个	1	
6	螺栓	M16，60	个	1	

图 16－8 墙侧式挂敷电缆断面图

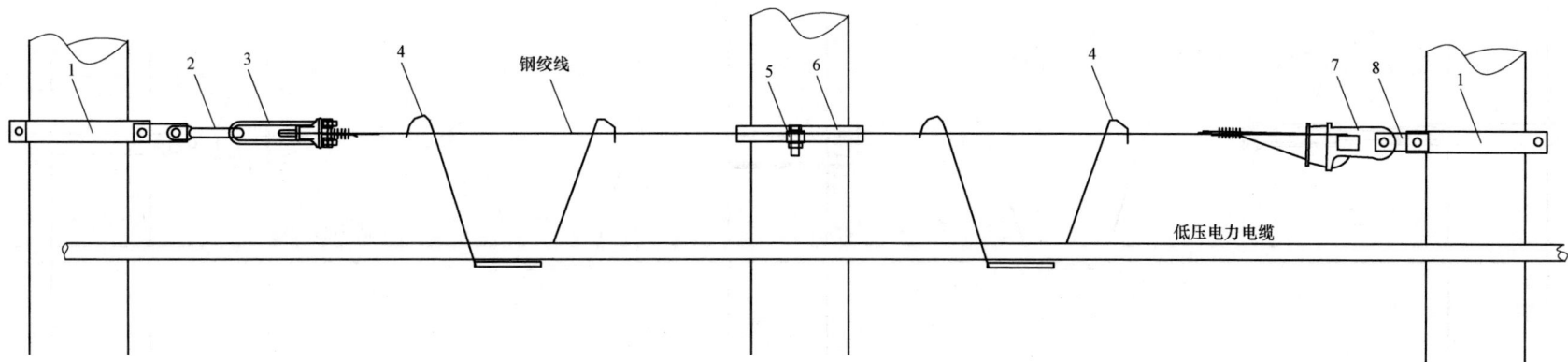

钢绞线

低压电力电缆

1回

材 料 表

编号	名称	规格	单位	数量	备注
1	拉线抱箍		套	2	
2	U 型挂环		个	2	
3	UT 型线夹		个	1	
4	电缆挂钩		个	20	每 8m
5	单槽夹板		个	1	
6	跳线抱箍		套	1	
7	楔形线夹		个	1	
8	平行挂板		块	2	

图 16-9 电杆挂敷电缆侧视图（一）

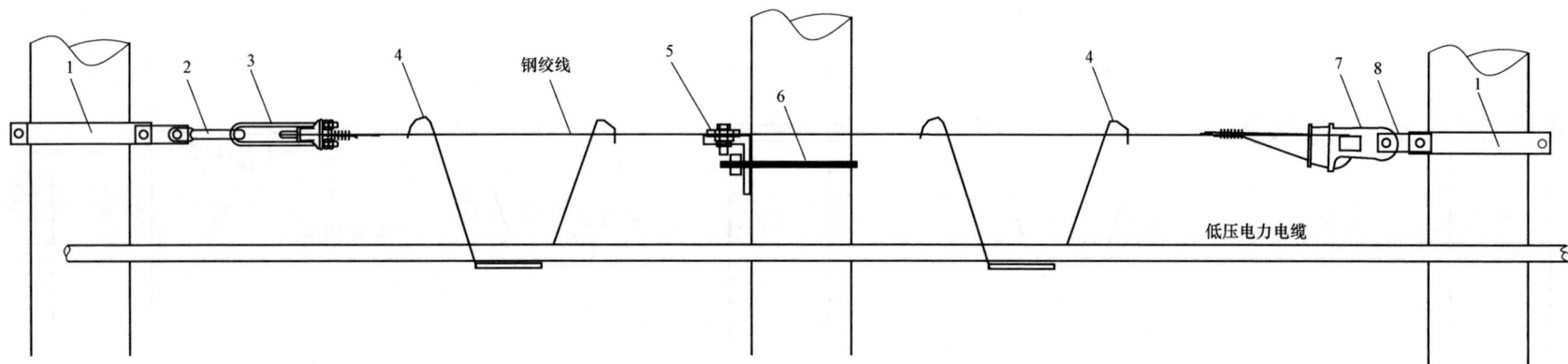

钢绞线

低压电力电缆

2回

材 料 表

编号	名称	规格	单位	数量	备注
1	拉线抱箍		套	2	
2	U 型挂环		个	4	
3	UT 型线夹		个	2	
4	电缆挂钩		个	40	每 8m
5	单槽夹板		个	2	
6	U 型抱箍		套	1	
7	楔形线夹		个	2	
8	平行挂板		块	2	

图 16-10 电杆挂敷电缆侧视图（二）

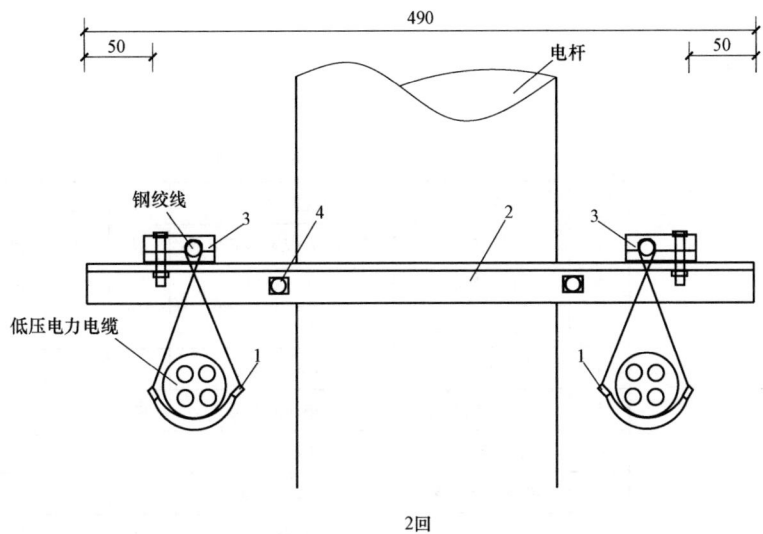

材 料 表 （一）

编号	名称	规格	单位	数量	备注
1	电缆挂钩	25～115 号	个	40	每 8m
2	角铁横担	∠50×5×490	套	1	
3	单槽夹板		个	2	
4	U 型抱筋		副	1	

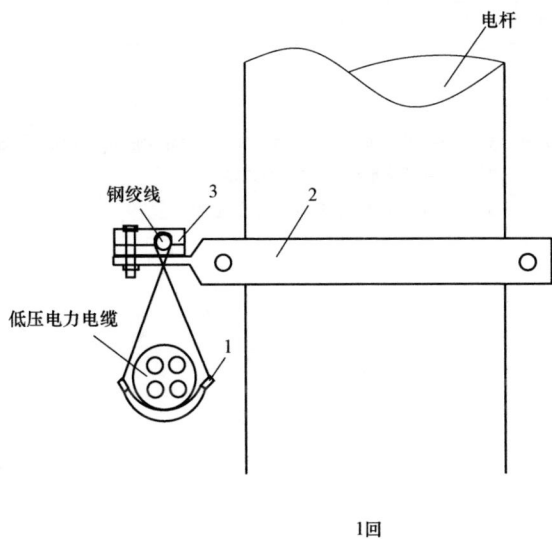

2回

材 料 表 （二）

编号	名称	规格	单位	数量	备注
1	电缆挂钩	25～115 号	个	20	每 8m
2	跳线抱箍		套	1	60×6
3	单槽夹板		个	1	

1回

图 16－11　电杆挂敷电缆断面图

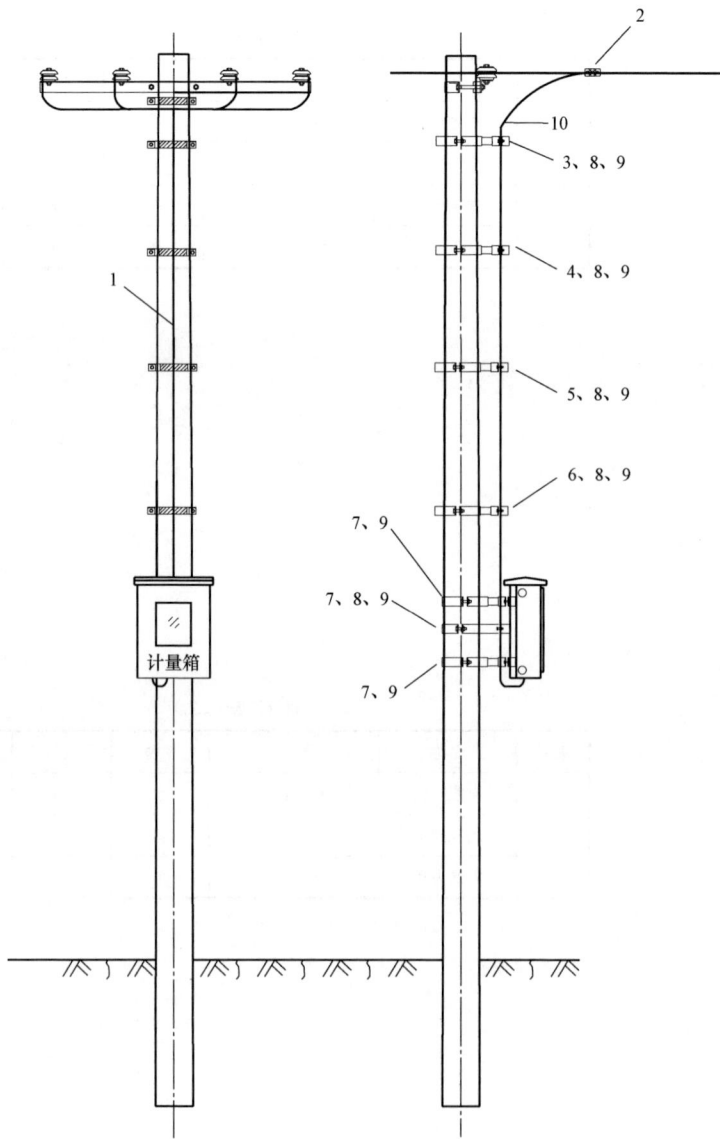

材 料 表

编号	材料名称	型号规格	单位	数量	备注
1	低压电缆	YJLV 或 VJW 多芯电缆	根	1	按实际需要选取
2	C 型线夹	带绝缘罩	只	4	按实际需要选取
3	电缆固定支架	DBG6－200	副	1	
4	电缆固定支架	DBG6－220	副	1	
5	电缆固定支架	DBG6－240	副	1	
6	电缆固定支架	DBG6－260	副	1	
7	电缆固定支架	DBG6－280	副	3	
8	电缆抱箍	KBG5－70	只	5	按实际需要选取
9	螺栓	$\phi 16 \times 40$	只	28	
10	电缆终端头	1kV	副	1	

说明：1. C 型线夹、接线端子、电缆终端头等连接件根据导线截面进行调整。

2. 铁件均需热镀锌，材料为 Q235。

3. 如采用金属计量箱时必须可靠接地。

图 16－12　杆上计量接户方式示意图

A—A

雨水管

≥2700

计量箱

≤3000

B—B

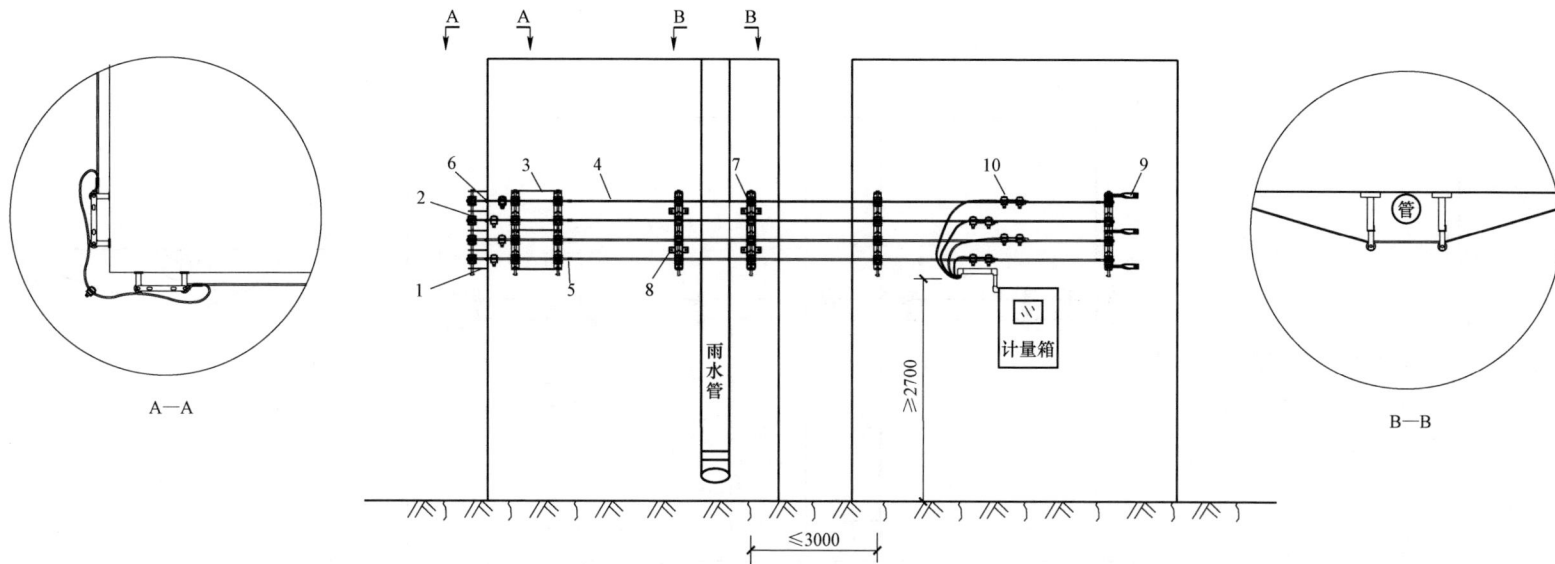

说明：1. 支架高度应保持一致，并满足接户线对地净高大于 2.7m，两支持点间距应尽量均匀，最大不超过 6m。

2. 铁件均需热镀锌，材料为 Q235。

3. 如采用金属计量箱时必须可靠接地。

材 料 表

编号	材料名称	型号规格	单位	数量	备 注
1	四线垂直支架		块	8	
2	轴式绝缘子	EX-2	只	32	
3	连板	—50×5×420	块	6	
4	分相导线	JKLYJ	根	4	按实际需要选取
5	扎线	BV-2.5mm²	根	32	按实际需要选取
6	膨胀螺栓	M12×100	只	35	
7	螺栓	M12×40	只	8	
8	四线墙担托架		块	2	
9	拉铁		只	3	
10	C 型线夹	带绝缘罩	只	12	按实际需要选取

图 16-13   380V 分列导线垂直布线沿墙敷设示意图

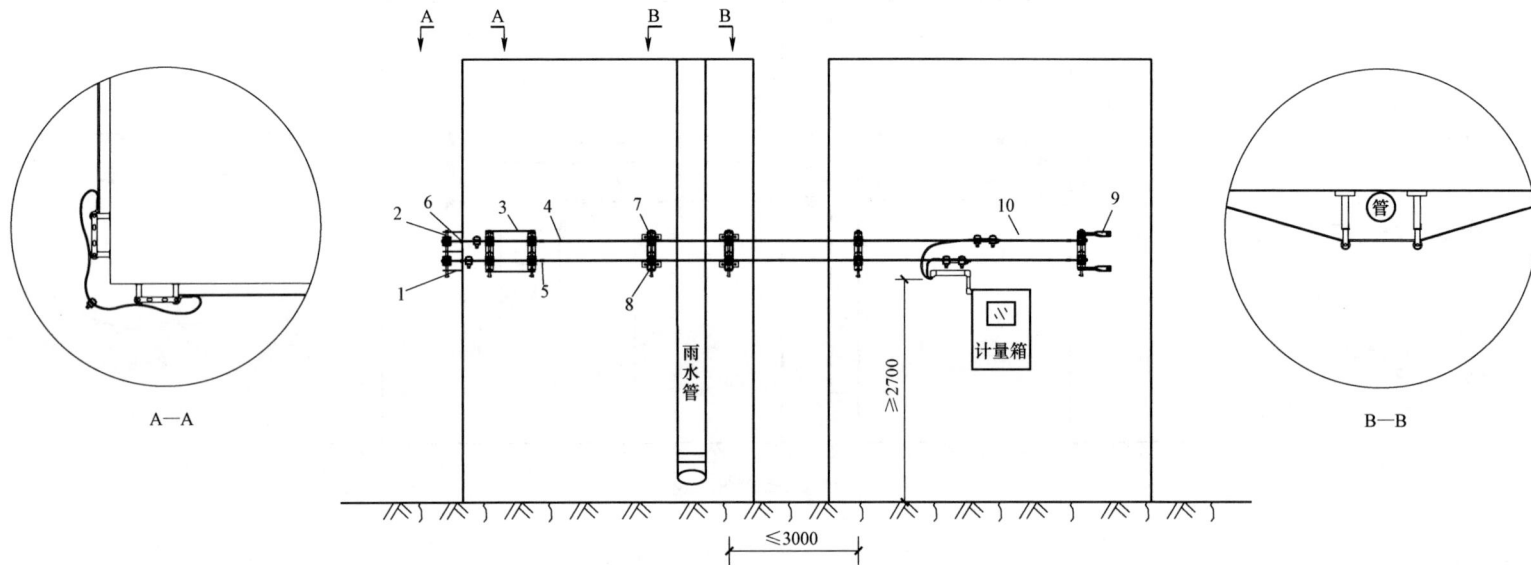

说明：1. 支架高度应保持一致，并满足接户线对地净高大于 2.7m，两支持点间距应尽量均匀，最大不超过 6m。

2. 铁件均需热镀锌，材料为 Q235。

3. 如采用金属计量箱时必须可靠接地。

材 料 表

编号	材料名称	型号规格	单位	数量	备注
1	二线垂直支架		块	8	
2	轴式绝缘子	EX—2	只	16	
3	连板	—50×5×350	块	4	
4	分相导线	JKLYJ	根	2	按实际需要选取
5	扎线	BV—2.5mm²	根	16	按实际需要选取
6	膨胀螺栓	M12×100	只	22	
7	螺栓	M12×40	只	4	
8	二线墙担托架		块	2	
9	拉铁		只	2	
10	C 型线夹	带绝缘罩	只	6	按实际需要选取

图 16—14　220V 分列导线垂直布线沿墙敷设示意图

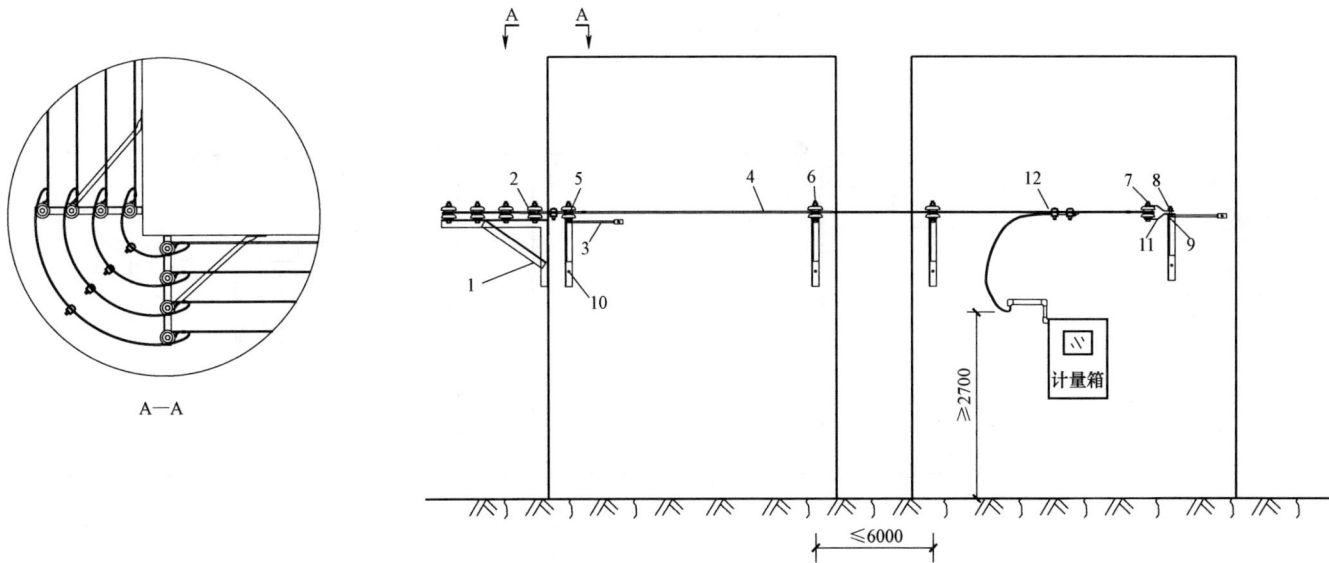

说明: 1. 支架高度应保持一致, 并满足接户线对地净高大于 2.7m, 两支持点间距应尽量均匀, 最大不超过 6m。

　　　2. 铁件均需热镀锌, 材料为 Q235。

　　　3. 如采用金属计量箱时必须可靠接地。

材 料 表

编号	材料名称	型号规格	单位	数量	备 注
1	四线七字担		块	5	
2	蝶式绝缘子	ED-1	只	20	
3	斜拉杆	$\phi16\times960$	块	3	
4	分相导线	JKLYJ	根	4	按实际需要选取
5	扎线	BV-2.5mm²	根	20	按实际需要选取
6	螺栓	M16×120	只	16	
7	螺栓	M16×125	只	4	
8	螺栓	M16×40	只	4	
9	螺栓	M12×40	只	3	
10	膨胀螺栓	M12×100	只	18	
11	N 型拉板	-60×8	块	8	
12	C 型线夹	带绝缘罩	只	12	按实际需要选取

图 16-15　380V 分列导线水平布线沿墙敷设示意图

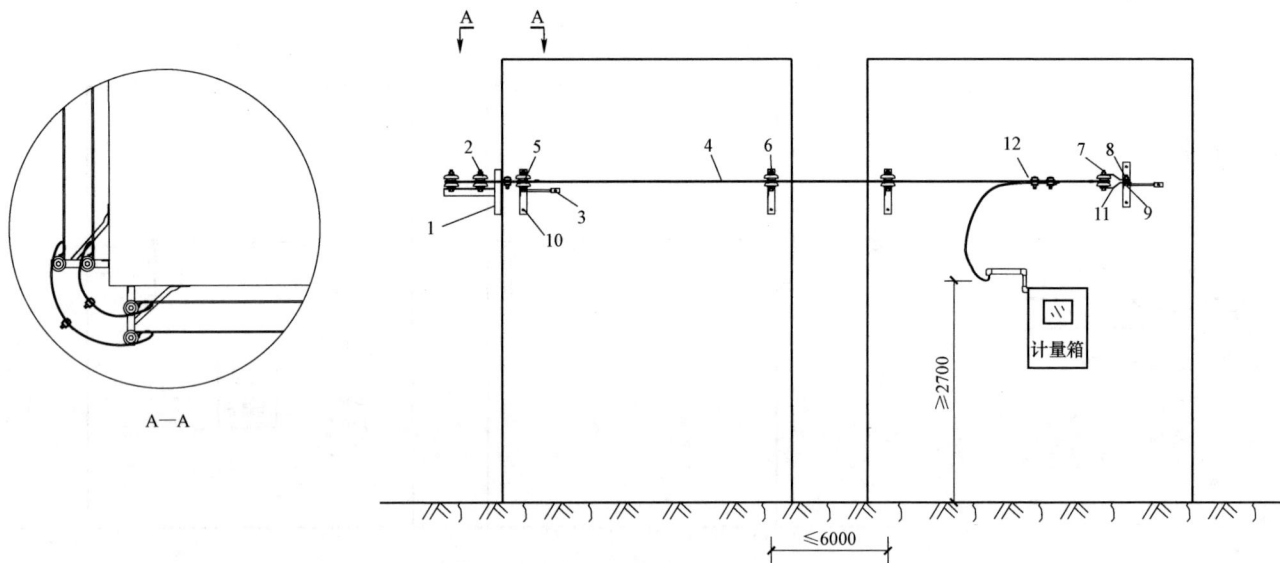

说明：1. 支架高度应保持一致，并满足接户线对地净高大于 2.7m，两支持点间距应尽量均匀，最大不超过 6m。

2. 铁件均需热镀锌，材料为 Q235。

3. 如采用金属计量箱时必须可靠接地。

材 料 表

编号	材料名称	型号规格	单位	数量	备注
1	二线丁字担		块	5	
2	蝶式绝缘子	ED-1	只	10	
3	斜拉杆	$\phi 12 \times 460$	根	3	
4	导线		根	2	按实际需要选取
5	扎线	$BV-25mm^2$	根	10	按实际需要选取
6	螺栓	M16×120	只	8	
7	螺栓	M16×125	只	2	
8	螺栓	M16×40	只	2	
9	螺栓	M12×40	只	3	
10	膨胀螺栓	M12×100	只	13	
11	N型拉板	—60×8	块	4	
12	C型线夹	带绝缘罩	只	6	按实际需要选取

图 16-16　220V 分列导线水平布线沿墙敷设示意图

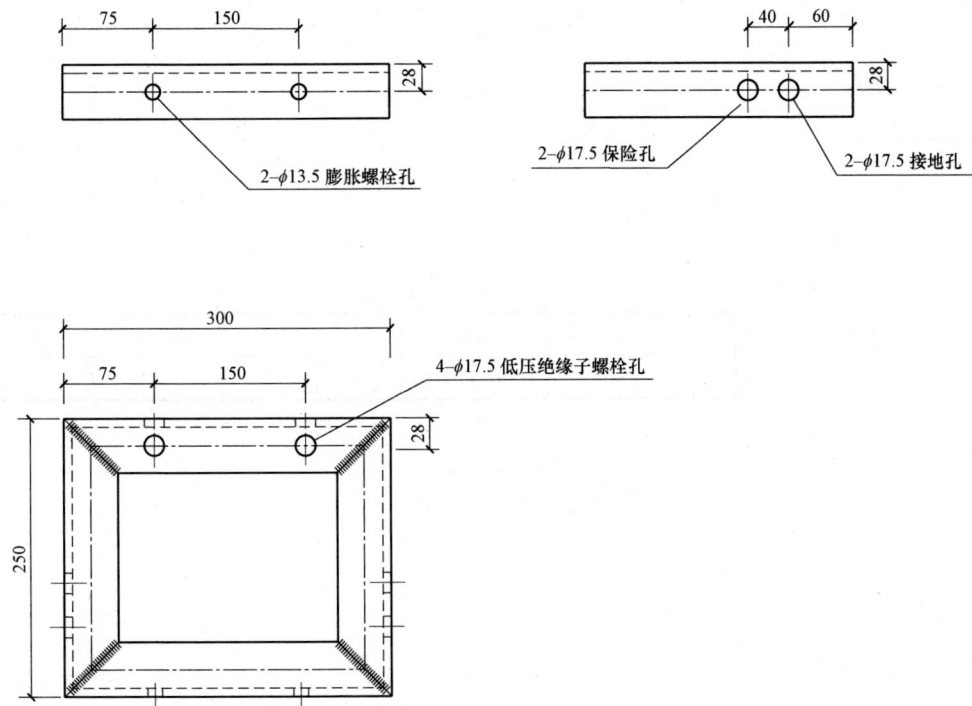

75 150

2-φ13.5 膨胀螺栓孔

28

40 60

2-φ17.5 保险孔

2-φ17.5 接地孔

28

材 料 表

编号	名称	规格	单位	数量	质量（kg）	备注
1	角钢	∠50×5×1100	块	1	4.15	

300

75 150

4-φ17.5 低压绝缘子螺栓孔

28

250

说明：1. 阴影部分为焊接。

2. 铁件均需热镀锌，材料为 Q235。

图 16-17 两线墙装 π 型支架制造图

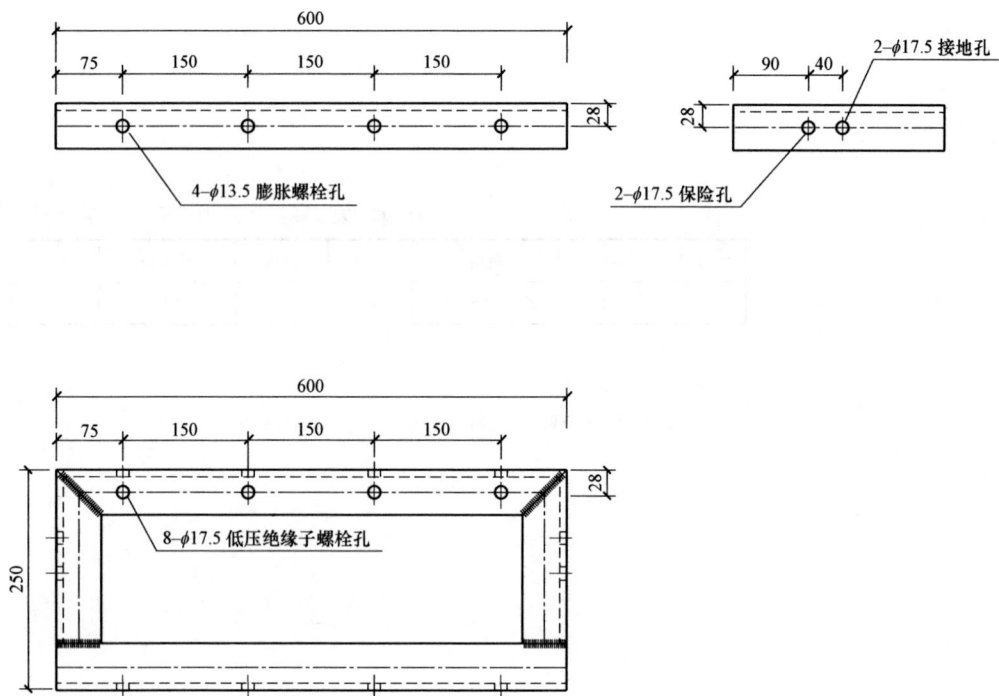

600

75 150 150 150

28

4-ϕ13.5 膨胀螺栓孔

90 40 2-ϕ17.5 接地孔

28

2-ϕ17.5 保险孔

600

75 150 150 150

28

250

8-ϕ17.5 低压绝缘子螺栓孔

材 料 表

编号	名称	规格	单位	数量	质量（kg）	备注
1	角钢	∠50×5×1700	块	1	6.41	

说明：1. 阴影部分为焊接。

2. 铁件均需热镀锌，材料为 Q235。

图 16-18　四线墙装 π 型支架制造图

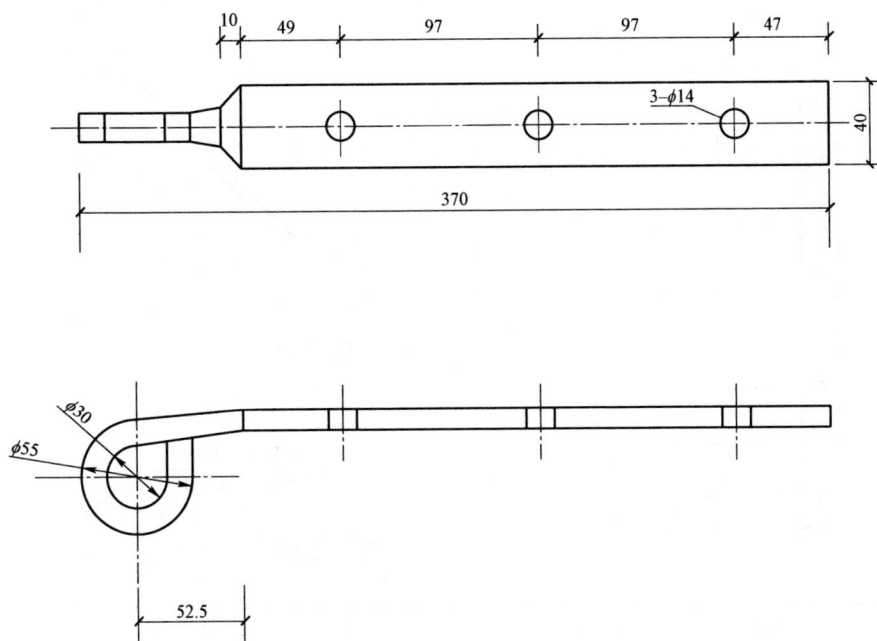

材 料 表

编号	名称	规格	单位	数量	质量（kg）	备注
1	扁钢	—10×40×370	块	1	1.16	

说明：铁件均需热镀锌，材料为Q235。

图 16-19　有眼拉攀制造图

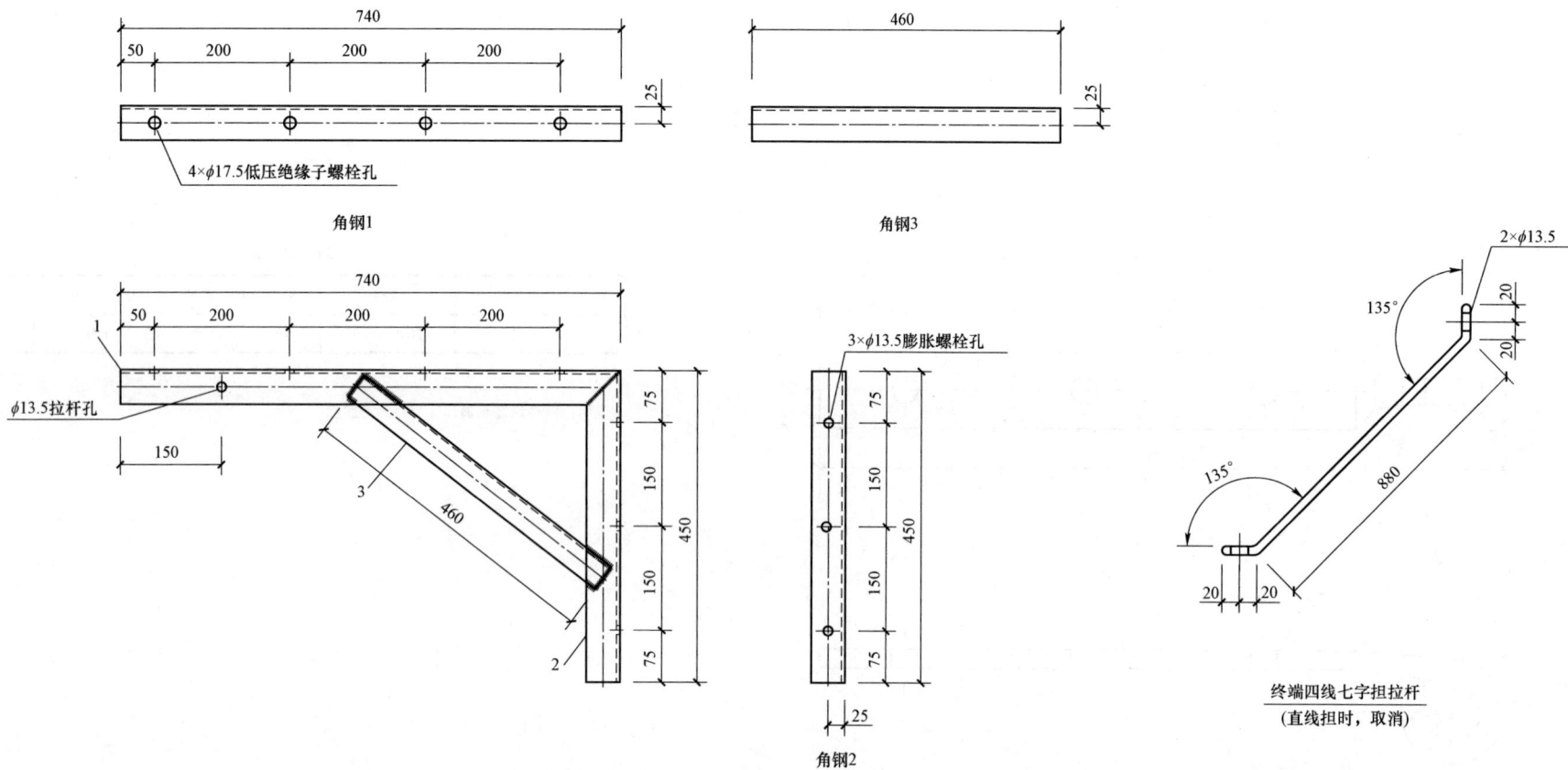

740

50 200 200 200

25

4×φ17.5低压绝缘子螺栓孔

角钢1

460

25

角钢3

740

50 200 200 200

1

φ13.5拉杆孔

150

3

460

2

75

150

150

75

450

3×φ13.5膨胀螺栓孔

75

150

150

75

450

25

角钢2

2×φ13.5

20

20

135°

135°

880

20 20

终端四线七字担拉杆
（直线担时，取消）

材 料 表

编号	名称	规格	单位	数量	质量（kg）	备注
1	角钢	∠50×5×740	块	1	2.80	
2	角钢	∠50×5×450	块	1	1.70	
3	角钢	∠50×5×460	块	1	1.74	
4	圆钢	φ16×960	块	1	1.52	直线时该项取消

说明：1. 阴影部分为焊接。

2. 铁件均需热镀锌，材料为 Q235。

图 16-20　四线七字担加工示意图

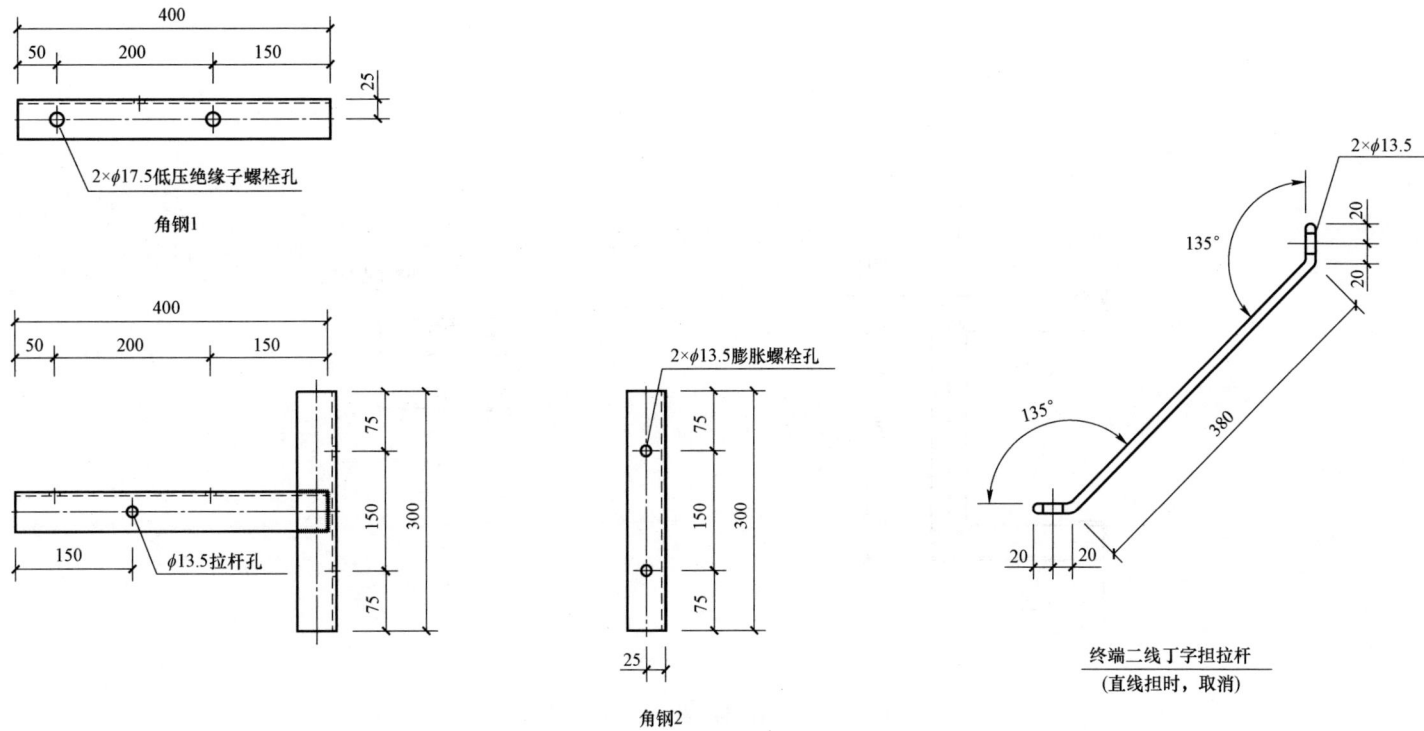

400

50 | 200 | 150

25

2×φ17.5低压绝缘子螺栓孔

角钢1

2×φ13.5

135°

20

20

135°

380

20 | 20

终端二线丁字担拉杆
（直线担时，取消）

400

50 | 200 | 150

75

150

300

150

φ13.5拉杆孔

75

2×φ13.5膨胀螺栓孔

75

150

300

150

75

25

角钢2

材 料 表

编号	名称	规格	单位	数量	质量（kg）	备注
1	角钢	∠50×5×400	块	1	1.51	
2	角钢	∠50×5×300	块	1	1.13	
3	圆钢	φ12×460	块	1	0.41	直线时该项取消

说明：1. 阴影部为焊接。

2. 铁件均需热镀锌，材料为 Q235。

图 16-21　二线丁字担加工示意图

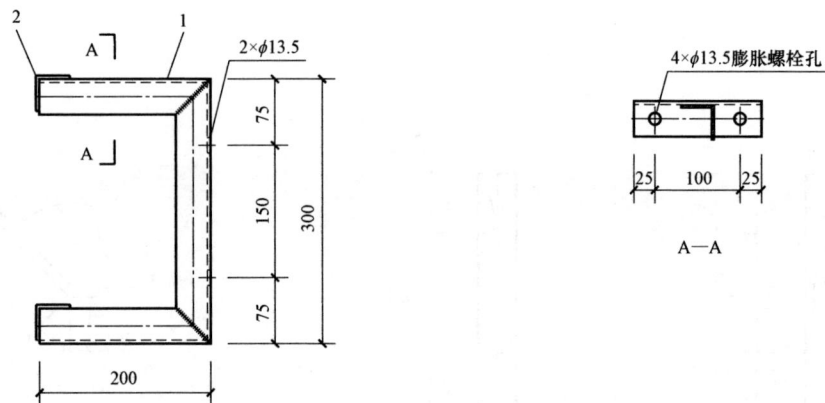

図中标注：
2×φ13.5
75
150
300
75
200

A—A
4×φ13.5膨胀螺栓孔
25 100 25

材　料　表

编号	名称	规格	单位	数量	质量（kg）	备注
1	角钢	∠10×4×700	块	1	1.70	
2	角钢	∠10×4×150	块	2	0.73	

说明：1. 阴影部分为焊接。

2. 铁件均需热镀锌，材料为Q235。

图 16-22　二线墙担托架加工示意图

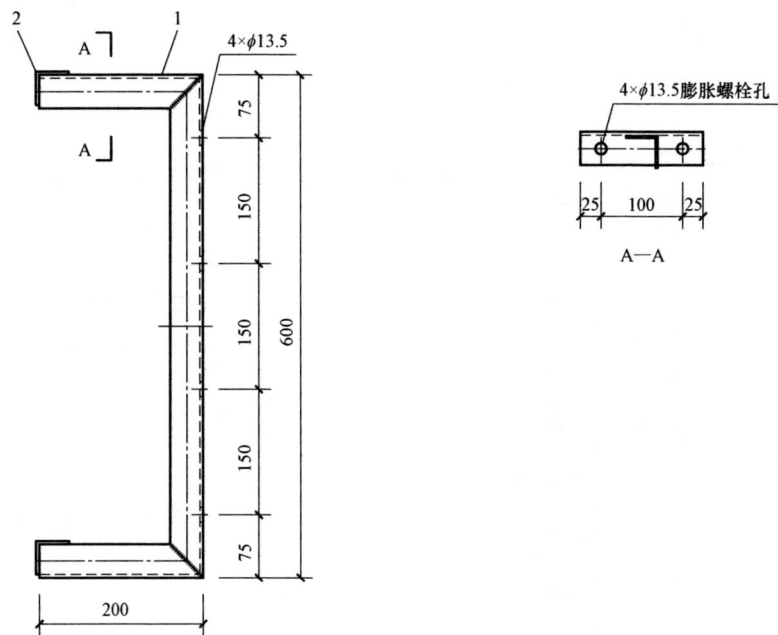

$4 \times \phi 13.5$

$4 \times \phi 13.5$膨胀螺栓孔

A—A

材 料 表

编号	名称	规格	单位	数量	质量（kg）	备注
1	角钢	∠10×4×1000	块	1	2.43	
2	角钢	∠10×4×150	块	2	0.73	

说明：1. 阴影部分为焊接。

　　　2. 铁件均需热镀锌，材料为 Q235。

图 16-23 四线墙担托架加工示意图

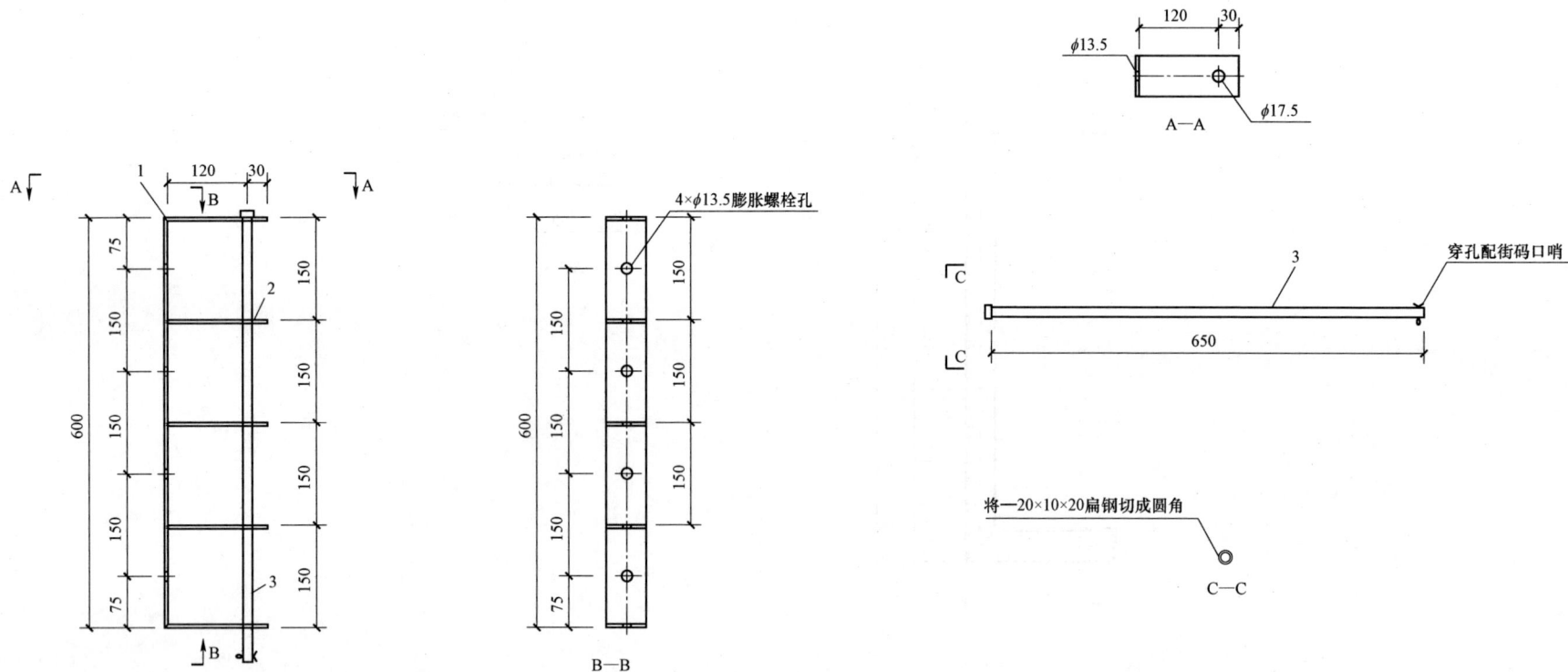

材 料 表

编号	名称	规格	单位	数量	质量（kg）	备注
1	扁钢	—60×5×900	块	1	2.13	
2	扁钢	—60×5×150	块	3	1.07	
3	扁钢	—20×10×20	块	1	0.03	
	圆钢	φ14×650	条	1	0.78	

说明：1. 阴影部分为焊接。

　　　2. 铁件均需热镀锌，材料为 Q235。

图 16-24　四线垂直布置支架加工示意图

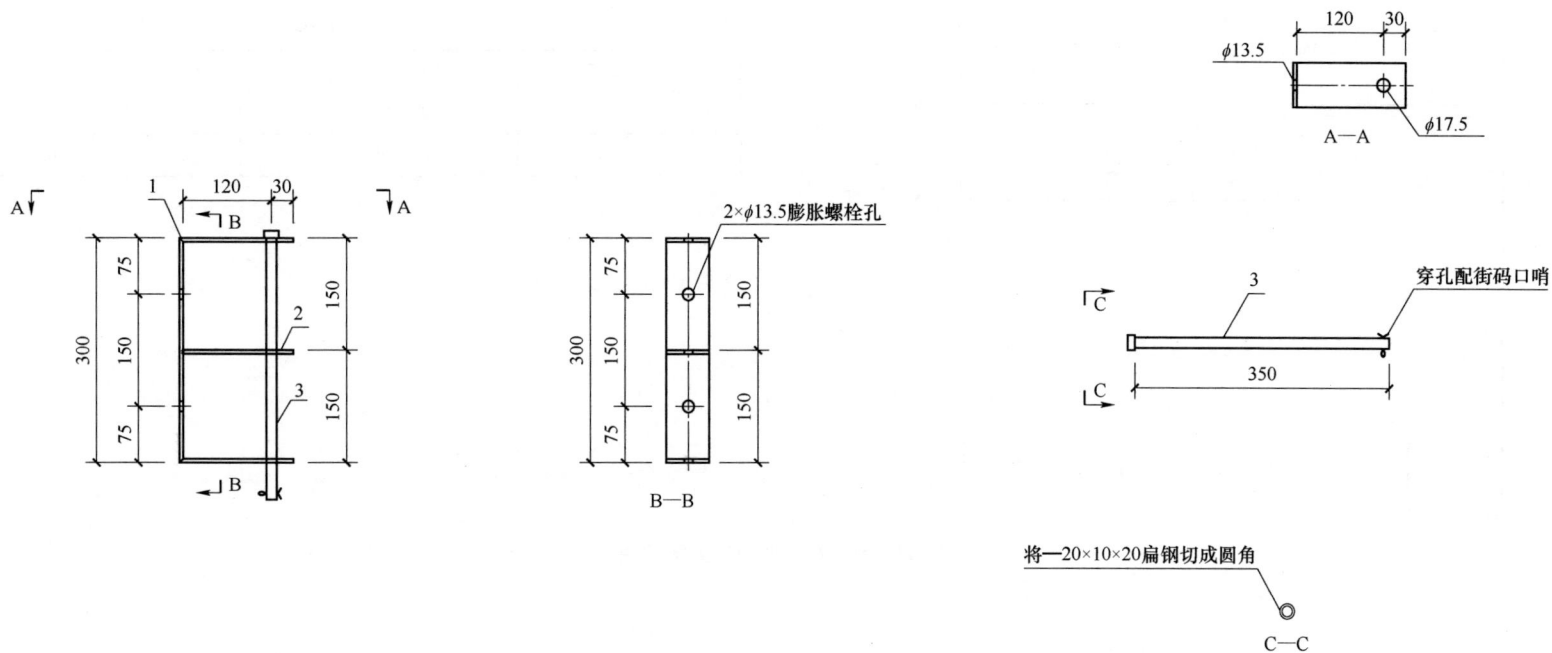

编号	名称	规格	单位	数量	质量（kg）	备注
1	扁钢	—60×5×600	块	1	1.42	
2	扁钢	—60×5×150	块	1	0.36	
3	扁钢	—20×10×20	块	1	0.03	
	圆钢	φ14×350	条	1	0.42	

材　料　表

说明：1. 阴影部分为焊接。

2. 铁件均需热镀锌，材料为Q235。

图 16-25　二线垂直布置支架加工示意图

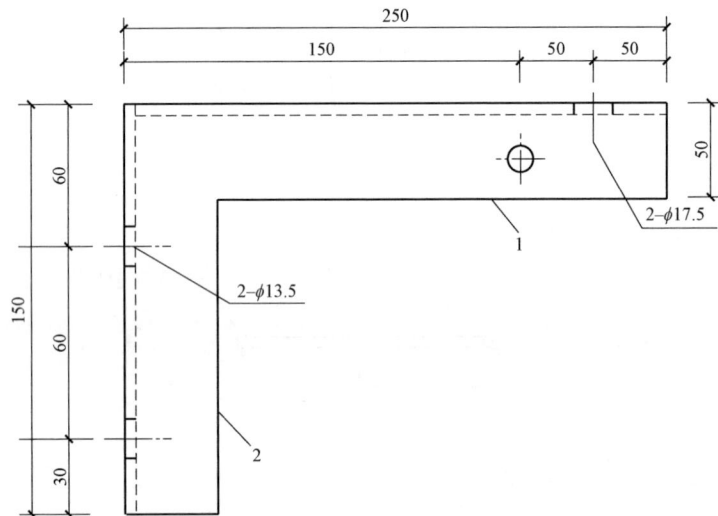

材 料 表

编号	名称	规格	单位	数量	质量（kg）	备注
1	角钢	∠50×5×250	块	1	0.49	
2	角钢	∠50×5×150	块	1	0.3	

说明：铁件均需热镀锌，材料为Q235。

图 16-26　L 型墙担支架加工图

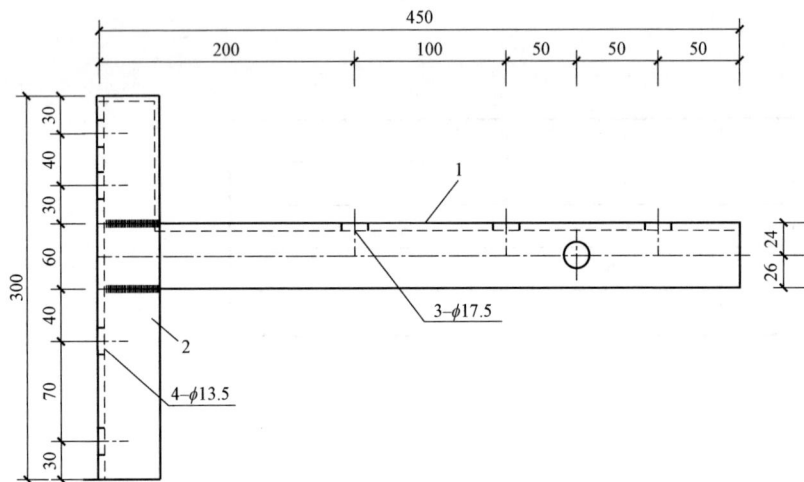

材 料 表

编号	名称	规格	单位	数量	质量（kg）	备注
1	角钢	∠50×5×450	块	1	0.89	
2	角钢	∠50×5×300	块	1	0.59	

说明：1. 阴影部分为焊接。

　　　　2. 铁件均需热镀锌，材料为Q235。

图 16-27　T 型墙担支架加工图

材料表

型号	R （mm）	下料长度 （mm）	质量 （kg）	单位 （副）	总质量 （kg）
BG6－200	100	457	1.29	1	2.78
	100	527	1.49		
BG6－210	105	470	1.33	1	2.86
	105	540	1.53		
BG6－220	110	484	1.37	1	2.9
	110	554	1.53		
BG6－240	120	514	1.45	1	3.1
	120	584	1.65		
BG6－260	130	545	1.54	1	3.28
	130	615	1.74		

材料表

编号	名称	规格	单位	数量	质量（kg）	备注
1	扁钢	—60×6×L	块	2	见材料表	

说明：铁件均需热镀锌，材料为Q235。

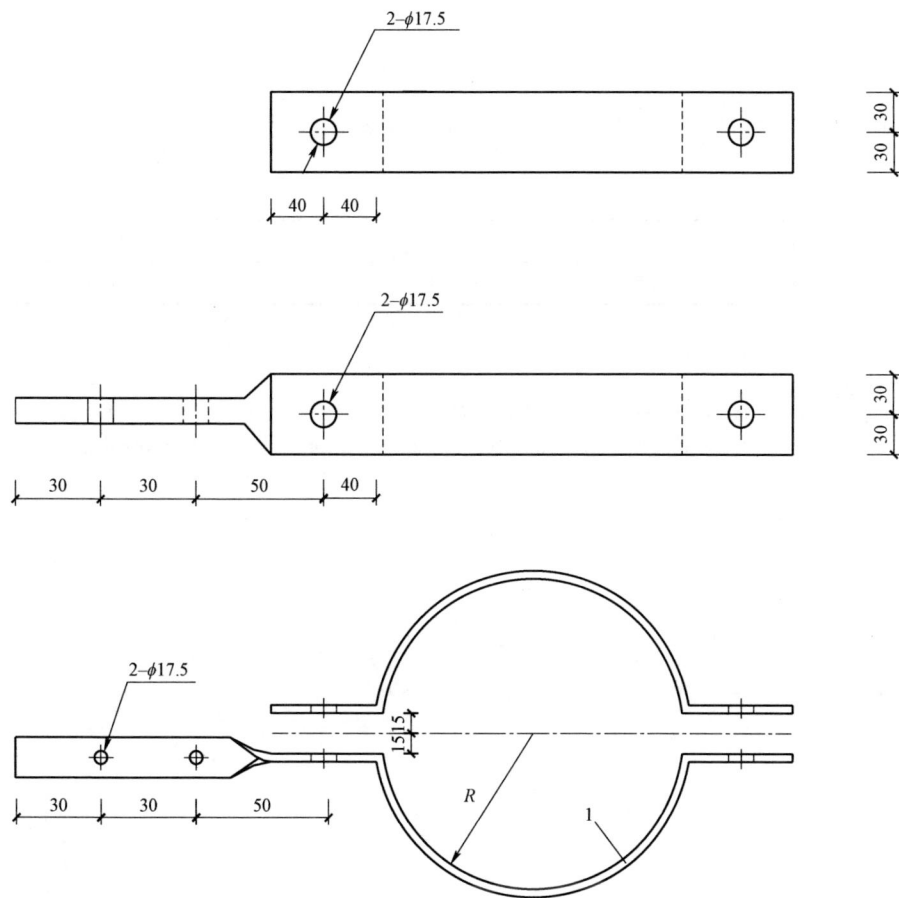

图 16－28　跳线抱箍加工图

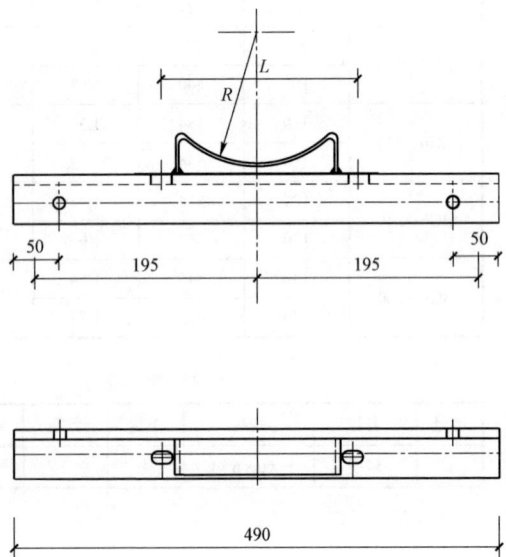

材　料　表

编号	名称	规格	单位	数量	质量（kg）	备注
1	角钢	∠50×5×490	块	1	0.89	

说明：1. 铁件均需热镀锌，材料为 Q235。

　　　2. 图中 R 的尺寸是根据铁件安装在距混凝土杆顶的不同高度和电杆梢径来决定的。

图 16-29　角钢横担加工图

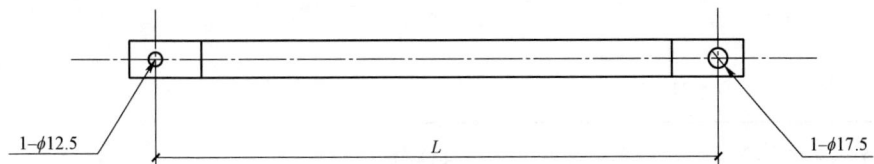

材 料 表

编号	名称	规格	长度	单位	数量	质量（kg）	备注
1	拉铁 L-1	—50×5×L	360	块	1	0.71	
2	拉铁 L-2	—50×5×L	460	块	1	0.91	

说明：铁件均需热镀锌，材料为 Q235。

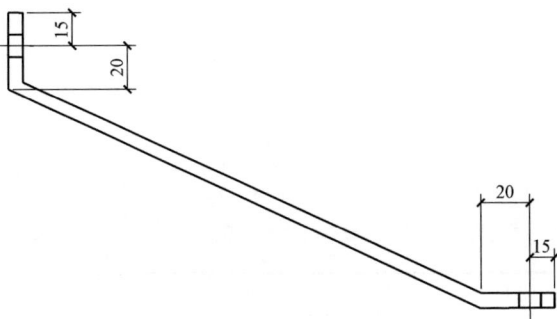

图 16－30　墙担拉铁加工图

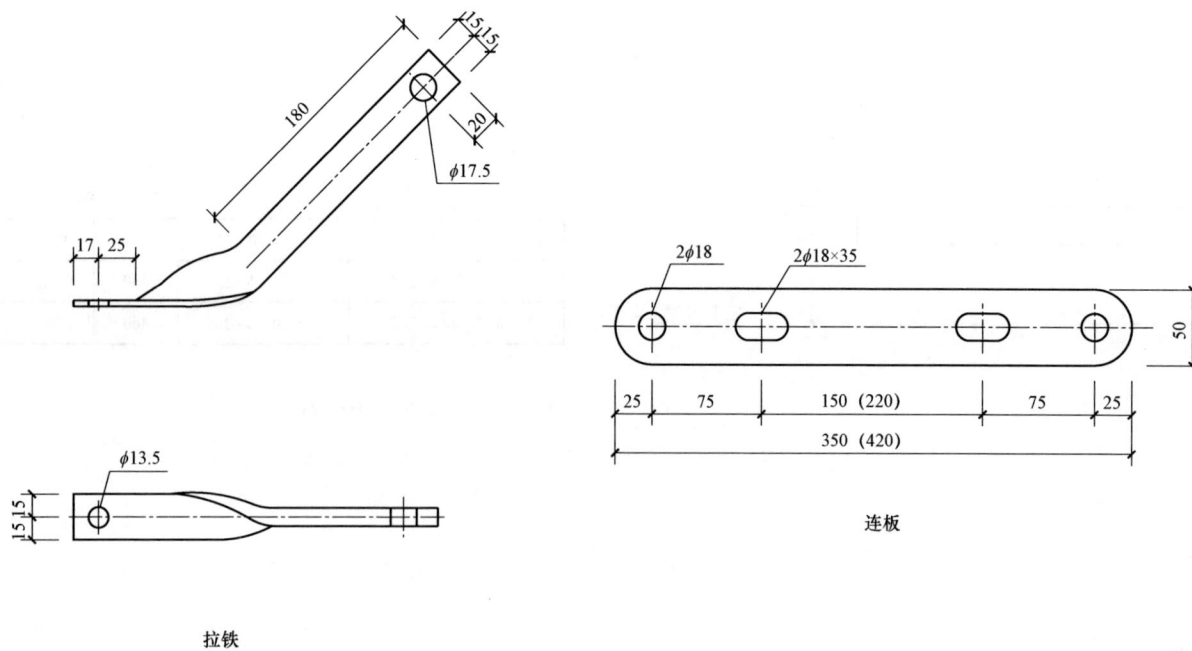

拉铁

连板

材 料 表

编号	名称	规格	单位	数量	质量（kg）	备注
1	拉铁	—30×4×300	块	1	0.28	
2	连板	—50×5×350（420）	块	3	0.69（0.82）	

说明：1. 阴影部分为焊接。

2. 铁件均需热镀锌，材料为Q235。

图 16-31　垂直拉铁及连板加工图

第 17 章 380/220V 金具及绝缘子

17.1 设计说明

17.1.1 380/220V 金具选用

（1）380/220V 金具概述。

1）380/220V 金具类型包括导线线夹、接续金具、连接金具、拉线金具等。

2）导线线夹主要用于导线杆上安装固定，包括悬垂线夹及耐张线夹等类型。

3）导线承力接续宜采用对接液压型接续管，导线非承力接续宜采用液压型导线接续线夹或其他连接可靠的线夹，设备连接宜采用液压型接线端子或其他连接可靠的线夹。接续金具主要用于导线与导线、导线与接地线等连接，包括接续管、并沟线夹、C 型线夹、弹射楔形线夹等类型。导线的铜铝连接采用铜铝过渡线夹或铜铝接续管。

4）连接金具主要用于绝缘子与电杆横担铁件、绝缘子与耐张线夹等连接，包括 Z 型挂板、U 型挂板（环）及平行挂板等类型。

（2）380/220V 金具选用要求。

1）金具选用应考虑强度、耐冲击性能、耐用性、紧密性和转动灵活性等要求，根据导线类型和最大使用拉力、绝缘子强度等要求在国家电网公司标准物料库内选用匹配的金具。

2）380/220V 导线耐张串串内金具技术要求和详细结构形式尺寸应参照《国家电网公司配电网工程典型设计 10kV 金具图册（2020 版）》。

3）为了减少线路运行中产生的磁滞损耗和涡流损耗，与导线直接接触的金具部件应采用铝质材料，其他部件可采用铁质材料。楔型耐张线夹及螺栓型耐张线夹应选用节能型铝合金材料。

4）对现有国家电网公司标准物料库范围内的物料进行整理，本章提供了 380/220V 配电线路常用金具（见表 17−1）供参照。使用前表格应核对物料，应以使用时所查询的国家电网公司标准物料库内的标准物料名称为准。

表 17−1　　　　　　　　　　　　　　　　　　　　　380/220V 配电线路常用金具

金具类型			金具型号	适用范围	金具图片
	悬垂线夹		XJG 型	XJG−2，XJG−3	集束导线悬垂安装	
导线线夹	耐张线夹	楔型	NXL 型	NXL−1，（−2、−3、−4）	JKLYJ 绝缘导线剥皮使用	
			NXJ（G/L）型	NXJG−1，（−2、−3、−4）/ NXJ−70/0.4kV（−150、−185）	JKYJ/JKLYJ 绝缘导线 不剥皮使用	

金具类型			金具型号	适用范围	金具图片
导线线夹	耐张线夹	螺栓型	NLL 型	NLL－1，（－2、－3、－4）	JL/G1A 钢芯铝绞线及 JL 铝绞线	
接续金具	预绞式接续条		JL 型	JL－50/8（70/10、95/15、120/20、150/20、185/25、240/30）	JL/G1A 钢芯铝绞线	
				JL－120L（150、185、240）	JL 铝绞线	
	接续管		JY 型（液压）	JY－120L（150、185、240）	JL 铝绞线	
			JT 型（钳压）	JT－50/8（70/10、95/15、120/20、150/20、185/25、240/30）	JL/G1A 钢芯铝绞线	
				JT－150L（240L）	JL 铝绞线	
			GTL 型（钳压）	GTL－25（35、50、70、95、120、150、185、240）	铜铝绞线	
	C 型线夹		JC 型	JC－1，（－2，－3，－4，－5，－6）	导线接续	

金具类型		金具型号	适用范围	金具图片
接续金具	楔型并沟线夹（弹道型）JXD 型	JXD-1（-2、-3、-4、-5、-6、-7、-8、-9、-10）	导线接续	
	异型并沟线夹 JBT 型/JBL 型/JBTL 型	JBT-50-150/JBL-16-120（50-240）/JBTL-16-120（50-240）	导线接续	
	H 型并沟线夹 JH 型	JH-2（-3、-4、-5、-6）	导线接续	
	接地线夹 JBCD 绝缘穿刺接地线夹	绝缘穿刺接地线夹，10kV，240mm²，16mm²	绝缘导线不剥皮使用	
	JDL 绝缘接地线夹	JDL-25-120（-50-240）	绝缘导线剥皮使用	

金具类型		金具型号	适用范围	金具图片
连接金具	联塔金具 Z 型挂板	Z-7（-10）	装置连接	
	U 型挂环/U 型挂板	U-7（-7B、-10、-10B）/ UB-7（-10）	装置连接	
	平行挂板 PD 型/P 型/PS 型	PD-7（-10、-12）/P-7/PS-7	装置连接	
	球头挂环 Q 型/QP 型	Q-7，QP-7	装置连接	
	碗头挂板 W 型 MS 型	L7，WS-7	装置连接	
拉线金具	楔型线夹 NX 型	NX-（1、2、3）	拉线	
	T 型线夹 NUT 型	NUT-（1、2、3）	拉线	
	GUT 型	GUT-（10、20）	预绞式拉线	

金具类型		金具型号	适用范围	金具图片
拉线金具	心形环 TH 型	TH－（2535、5070）	预绞式拉线	
	预绞式耐张线夹 NL 型	NL－70－（35G、50G、80G、100G）	预绞式拉线	

说明：1. 本表所列内容为 380/220V 配电线路常用金具，其他金具可参照《国家电网公司输变电工程通用设计 10kV 及 35kV 配电线路金具图册（2013 年版）》在国网公司标准物料库范围内选用。

      2. 本表所列金具在使用前应核对，应以使用时所查国家电网公司标准物料库范围内的标准物料名称为准。

5）金具的选用应与国家电网公司《配电网架空导线及附件选型技术原则和检测技术规范》一致。

6）380/220V 耐张杆上导线耐张串也可参照《配电网建设及改造标准物料目录（2017 版）》（运检三〔2017〕149 号）示范应用物料目录中的"1kV 导线耐张串"进行选择使用。

17.1.2 380/220V 绝缘子选用

（1）380/220V 绝缘子类型包括针式瓷绝缘子、蝶式瓷绝缘子、线轴式瓷绝缘子、盘形悬式瓷绝缘子、柱式瓷绝缘子等。

（2）380/220V 绝缘子选用一般要求。

1）根据导线类型和最大使用拉力、地区所处海拔和环境污秽等级，在国家电网公司标准物料库范围内选用适用的绝缘子类型及数量。

2）绝缘子及绝缘子串选用按海拔最高至 5000m 考虑，共分为 4000m 及以下、4000～5000m 两种情况；环境污秽等级划分参照 GB 50061《66kV 及以下架空电力线路设计规范》附录 B 架空电力线路环境污秽等级标准，按 a 至 e 级考虑，并归类为 a、b、c、d、e 级五种情况。

3）对现有国家电网公司标准物料库范围内的物料进行整理，本章提供了 380/220V 配电线路常用绝缘子（见表 17－2）供参考。使用表格前应核对物料，应以使用时所查询的国家电网公司标准物料库内的标准物料为准。

表 17－2   380/220V 配电线路常用绝缘子

绝缘子类型	绝缘子型号	适用范围		
		海拔 H（m）	环境污秽等级	备注
针式绝缘子	P－10T/157，120，150	H≤5000		最小弯曲破坏负荷 14kN
蝶式绝缘子	ED－1/90，100，90	H≤5000	a、b、c、d、e 级	最小弯曲破坏负荷 12kN
	ED－2/75，80，75			最小弯曲破坏负荷 10kN
	ED－3/65，70，65			最小弯曲破坏负荷 8kN
	ED－4/50，60，50			最小弯曲破坏负荷 5kN

绝缘子类型	绝缘子型号	适用范围		
		海拔 H（m）	环境污秽等级	备注
线轴式绝缘子	EX-1	$H\leqslant5000$	a、b、c、d、e 级	最小弯曲破坏负荷 15kN
	EX-2			最小弯曲破坏负荷 12kN
	EX-3			最小弯曲破坏负荷 10kN
	EX-4			最小弯曲破坏负荷 7kN
盘形悬式绝缘子	U40C/140，190，140，200	$H\leqslant1000$		槽式盘形悬式瓷绝缘子 1 片组装
	U70C/146，255，146，320	$1000<H\leqslant3000$		槽式盘形悬式瓷绝缘子 1 片组装
	U70C/146，255，146，320	$3000<H\leqslant5000$		球窝式盘形悬式瓷绝缘子 2 片组装
拉线绝缘子	JH10-90、JH10-120	$H\leqslant3000$		物资上报时须明确拉紧绝缘子两端拉环均调整为方钢截面结构型式，其强度须保持与原圆钢结构型式强度一致
	U70C/146，255，146，320	$3000<H\leqslant5000$		槽式盘形悬式瓷绝缘子 2 片组装

说明：1. 本表所列内容为 380/220V 配电线路常用绝缘子，如需选用其他类型绝缘子可在国家电网公司标准物料库范围内选用。

2. 本表所列常用绝缘子在使用前应核对，应以使用时所查国家电网公司标准物料库范围内的标准物料名称为准。

3. 环境污秽等级划分根据 GB 50061《66kV 及以下架空电力线路设计规范》附录 B 架空电力线路环境污秽等级标准并归类。

4. 中、高海拔地区绝缘子选型参照国家电网公司物资采购标准《高海拔外绝缘配置技术规范》相关技术要求。

5. 蝶式绝缘子和线轴式绝缘子在中、高海拔地区如需使用，由使用单位根据运行经验和《高海拔外绝缘配置技术规范》要求自行校验和复核。

4）380/220V 直线杆上绝缘子宜采用线路针式瓷绝缘子，蝶式绝缘子可根据地区运行经验选用。选配表详见图 17-1、图 17-2。线轴式绝缘子用于绝缘导线垂直布线方式，见图 17-3。

5）380/220V 耐张杆上 380/220V 导线耐张串由 1 片交流悬式盘形瓷绝缘子、耐张线夹（接续金具）和匹配的连接金具组成。选配表详见图 17-4。

6）380/220V 导线耐张串中耐张线夹与导线连接，可分为裸导线连接安装方式（见图 17-5、图 17-6）和绝缘导线连接安装方式两种。绝缘导线连接又可分为用剥皮安装（见图 17-7、图 17-8）和不剥皮安装（见图 17-9、图 17-10）两种方式（多雷地区宜采用剥皮安装方式）。剥皮安装时裸露带电部位须加绝缘罩或包覆绝缘带保护，并做防水处理。绝缘罩或绝缘带应满足阻燃要求。

7）对导线截面小于 120mm² 的耐张串可采用蝶式绝缘子安装方式。

8）对于绝缘导线，应按规定安装接地线夹。

9）因 0.4kV 柱式瓷绝缘子缺少相关技术标准，各地区可根据运行经验选用柱式绝缘子用于 380/220V 直线杆，并自行校验。

（3）中、高海拔地区 380/220V 绝缘子选用要求。

1）随着海拔逐渐增高，大气压力随之下降，空气密度也同步减少。中、高海拔地区由于气压低、空气密度小，使得处于这些地区线路的绝缘子或绝缘子串实际放电电压低于标准气象条件下的放电电压，故在中、高海拔地区线路的绝缘配合设计时须进行气象条件修正，以保障中、高海拔地区线路的安全运行。

2）中、高海拔地区线路绝缘子的爬电距离、结构高度及片数应根据 380/220V 线路经过地区的海拔和环境污秽等级，按工频电压下所要求的爬电比距初步选定绝缘子片数和绝缘子长度，再根据操作过电压和雷电过电压进行校核和复核。中、高海拔地区绝缘子应根据国家电网公司物资采购标准《高海拔外绝缘配置技术规范（2014年版）》相关技术要求选取。

3）因针式瓷绝缘子及盘形悬式瓷绝缘子在我国大部分地区广泛使用，具有一定的代表性和通用性，且国家电网公司标准物料库中上述绝缘子规格系列齐全，故本次通用设计提供了针式瓷绝缘子（见图17-1）及盘形悬式瓷绝缘子（见图17-4）在各海拔、各环境污秽等级情况下的选用配置表。其他类型绝缘子可根据地区运行经验和需求，在国家电网公司标准物料库范围内补充对应物料后选用。

4）绝缘子的选用应与国家电网公司《配电网架空导线及附件选型技术原则和检测技术规范》一致。

17.2 设计图

380/220V金具、绝缘子选用图纸目录见表17-3。

表17-3   **380/220V 金具、绝缘子选用图纸目录**

图序	图名
图17-1	380/220V 直线针式瓷绝缘子选用配置表
图17-2	380/220V 直线蝶式瓷绝缘子选用配置表
图17-3	380/220V 直线线轴式瓷绝缘子选用配置表
图17-4	380/220V 耐张盘形悬式瓷绝缘子选用配置表
图17-5	380/220V 槽型盘形悬式瓷绝缘子耐张串（铝合金螺栓式线夹）安装图
图17-6	380/220V 球窝型盘形悬式瓷绝缘子耐张串（铝合金螺栓式线夹）安装图
图17-7	380/220V 槽型盘形悬式瓷绝缘子耐张串（铝合金楔形线夹）安装图
图17-8	380/220V 球窝型盘形悬式瓷绝缘子耐张串（铝合金楔形线夹）安装图
图17-9	380/220V 耐张蝶式瓷绝缘子耐张串安装图
图17-10	380/220V 接地线夹安装示意图

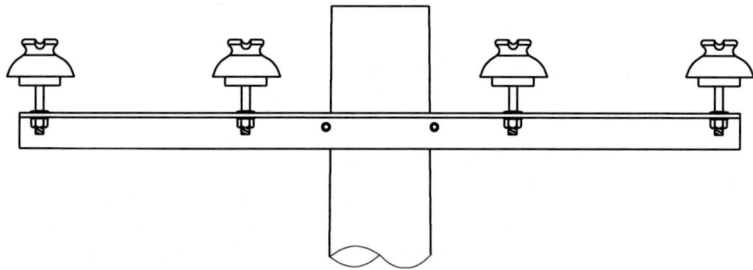

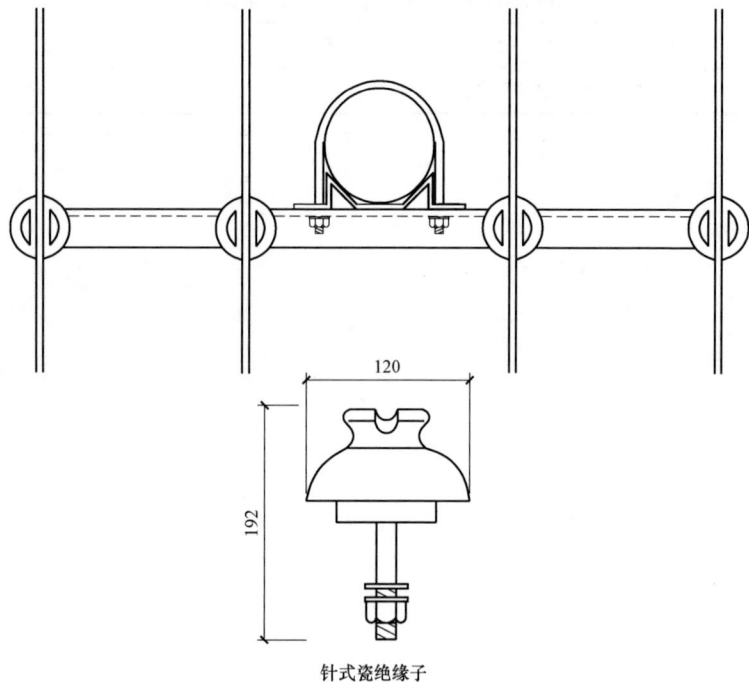

针式瓷绝缘子配置表

绝缘子型号 \ 污区等级 海拔	a、b、c	d	e
5000m 及以下	P－10T	P－10T	P－10T
5000m 及以下	P－10T	P－10T	P－10T
5000m 及以下	P－10T	P－10T	P－10T

说明：绝缘子配置按海拔分类范围值上限考虑。

针式瓷绝缘子参数表

绝缘子参数 \ 绝缘子型号	P－10T	备注
最小公称爬电距离（mm）	150	
工频耐压 （1min 不小于，kV）	50	干闪
	28	湿闪
	65	
50%全波冲击闪络电压 （不小于，kV）	70	
瓷件弯曲破坏负荷（kN）	13.7	
铁脚抗弯强度（kN）	1.6	

说明：针式瓷绝缘子（国网物料名称：针式瓷绝缘子，P－10T，120，280，150）。

120

192

针式瓷绝缘子

图 17－1 380/220V 直线针式瓷绝缘子选用配置表

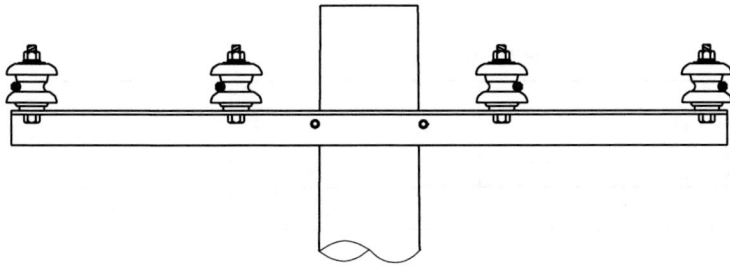

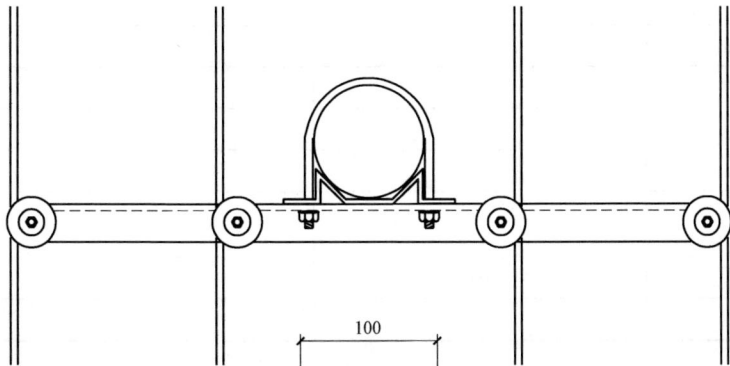

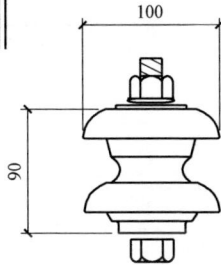

蝶式瓷绝缘子配置表

绝缘子型号 污区等级 海拔	a、b、c	d	e
1000m 及以下	ED-1	ED-1	ED-1

说明：绝缘子配置按海拔分类范围值上限考虑。

蝶式瓷绝缘子参数表

绝缘子参数 \ 绝缘子型号	ED-1	备注
最小公称爬电距离（mm）	—	
工频耐压 （1min 不小于，kV）	22	干闪
	10	湿闪
	—	
机械破坏负荷（kN） （不小于，kN）	12	
高度（mm）	90	
直径（mm）	100	

说明：蝶式瓷绝缘子（国网物料名称：蝶式瓷绝缘子，ED-1，90，100，12）。

蝶式瓷绝缘子

图 17-2　380/220V 直线蝶式瓷绝缘子选用配置表

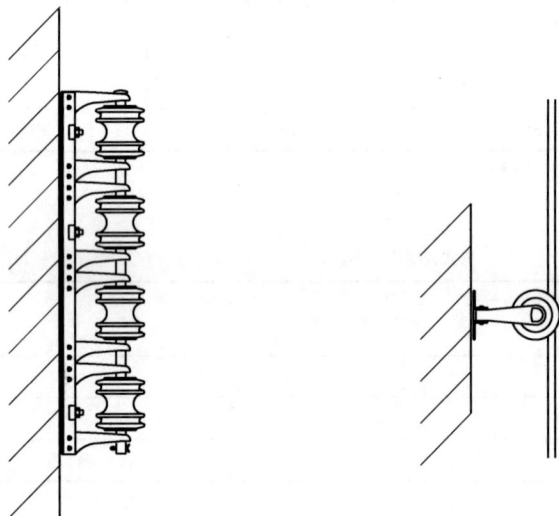

线轴式瓷绝缘子配置表

绝缘子型号 / 污区等级 / 海拔	a、b、c	d	e
1000m 及以下	EX-1	EX-1	EX-1

说明：绝缘子配置按海拔分类范围值上限考虑。

线轴式瓷绝缘子参数表

绝缘子参数 / 绝缘子型号	EX-1	备注
最小公称爬电距离（mm）	—	
工频耐压 （1min 不小于，kV）	22	干闪
	9	湿闪
	—	
机械破坏负荷（kN） （不小于，kN）	15	
高度（mm）	90	
直径（mm）	85	

85

90

线轴式瓷绝缘子

图 17-3　380/220V 直线线轴式瓷绝缘子选用配置表

连接金具　　　　　　　　　　　螺栓型耐张线夹

裸导线

连接金具　　　　　　　　　耐张线夹及绝缘罩

绝缘导线

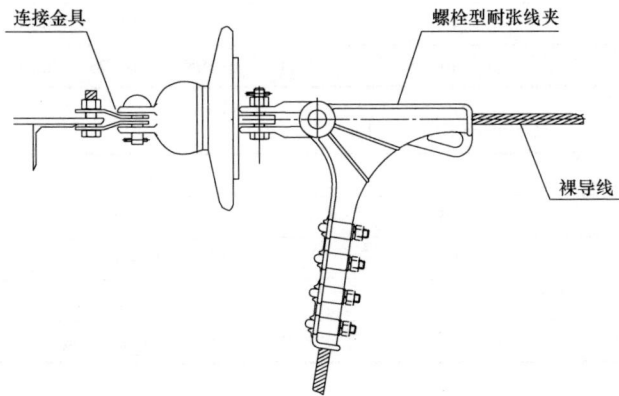

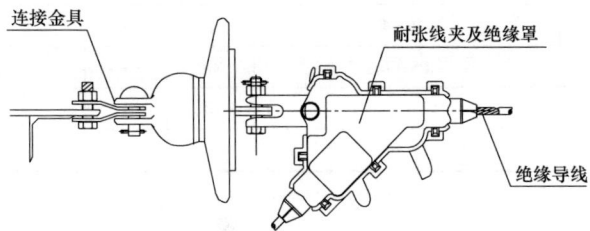

盘形悬式瓷绝缘子选用配置表

绝缘子型号 海拔	污区等级	a、b、c	d	e
5000m 及以下		U70C/1 片	U70C/1 片	U70C/1 片
5000m 及以下		U70C/1 片	U7OC/1 片	U70C/1 片
5000m 及以下		U70C/1 片	U70C/1 片	U70C/1 片

说明：1. 图例绝缘子采用槽型盘形悬式瓷绝缘子（国网物料名称：盘形悬式瓷绝缘子，U40C/140，190，200），也可采用槽型盘形悬式瓷绝缘子（国网物料名称：盘形悬式瓷绝缘子，U70C/146，255，146，320）、球窝型盘形悬式瓷绝缘子（国网物料名称：盘形悬式瓷绝缘子，U70B/146，255，146，320）替换。

2. 绝缘子配置按海拔分类范围值上限考虑。

盘形悬式瓷绝缘子参数表

绝缘子型号 绝缘子参数	U40C	U70C	U70B
最小公称爬电距离（m）	200	320	320
工频耐压 （1min 不小于，kV）	60	75	75
	30	45	45
	90	110	110
50%全波冲击闪络电压 （不小于，kV）	100	120	120
机电实验负荷（kN） （不小于，kN）	30	45	45
	40	60	60
盘高（mm）	140	146	146
盘径（mm）	190	255	255

说明：1. 根据绝缘导线的截面选择匹配的耐张线夹。

2. 绝缘导线端头应用自黏性绝缘胶带缠绕包扎并做防水处理。

3. 采用盘形悬式瓷绝缘子。

图 17－4　380/220V 耐张盘形悬式瓷绝缘子选用配置表

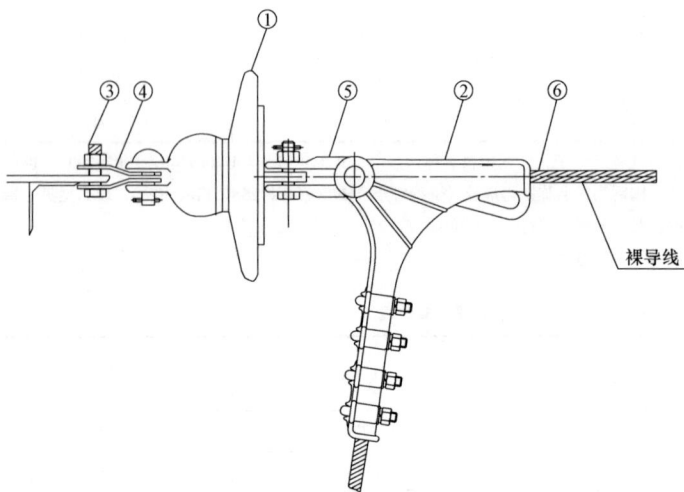

铝合金螺栓式线夹选用表

型号	质量（kg）	适用导线
NLL－1	1.5	JL/G1A－35/6～50/8
NLL－2	1.8	JL/G1A－70/10～95/15
NLL－3	4.1	JL/G1A－120/20～150/20
NLL－4	4.1	JL/G1A－185/25～240/30

铝合金螺栓式线夹选用表

型号	质量（kg）	适用导线
NLL－1	1.5	JL－35～50
NLL－2	1.8	JL－70～95
NLL－3	4.1	JL－120～150
NLL－4	4.1	JL－185～240

槽型盘形悬式瓷绝缘子耐张串材料表

编号	材料名称	型号规格	单位	数量	备注
①	悬式瓷绝缘子	U70C	片	1	
②	铝合金螺栓式线夹	NLL	个	1	设计选定
③	螺栓	M16×40	条	1	
④	平行挂板	PS－7	副	1	
⑤	U 型挂环	U－7	个	1	
⑥	铝包带	1×10	m		

说明：1. 通用设计选用的耐张绝缘子串串型参照《国家电网公司输变电工程通用设计 10kV 配电线路金具分册（2013 年版）》。

2. 通用设计选用的串内金具尺寸参照《国家电网公司输变电工程通用设计 10kV 及 35kV 配电线路金具图册（2013 年版）》。

3. 金具分册内提供串型供使用者参照，如采用其他串型应自行验证校验电气间隙、结构强度等相关参数。

4. 金具图册内提供金具尺寸供使用者参照，实际使用前应核对。

5. 金具分册、金具图册内采用的金具和绝缘子名称仅供使用者参照，通用设计应用应以使用时所查国家电网公司标准物料库范围内的标准物料名称为准。

6. 根据导线的截面选择匹配的耐张线夹。

7. 盘形悬式瓷绝缘子也可使用棒形瓷绝缘子及棒形合成绝缘子代替。

图 17－5　380/220V 槽型盘形悬式瓷绝缘子耐张串（铝合金螺栓式线夹）安装图

铝合金螺栓式线夹选用表（一）

型号	质量（kg）	适用导线
NLL－1	1.5	JL/G1A－35/6～50/8
NLL－2	1.8	JL/G1A－70/10～95/15
NLL－3	4.1	JL/G1A－120/20～150/20
NLL－4	4.1	JL/G1A－185/25～240/30

铝合金螺栓式线夹选用表（二）

型号	质量（kg）	适用导线
NLL－1	1.5	JL－35～50
NLL－2	1.8	JL－70～95
NLL－3	4.1	JL－120～150
NLL－4	4.1	JL－185～240

球窝型盘形悬式瓷绝缘子耐张串材料表

编号	材料名称	型号规格	单位	数量	备注
①	悬式瓷绝缘子	U70B	片	1	
②	铝合金螺栓式线夹	NLL	个	1	设计选定
③	螺栓	M16×40	条	1	
④	直角挂板	Z－7	个	1	
⑤	球头挂环	Q－7	个	1	
⑥	碗头挂板	W－7	只	1	
⑦	铝包带	1×10	m		

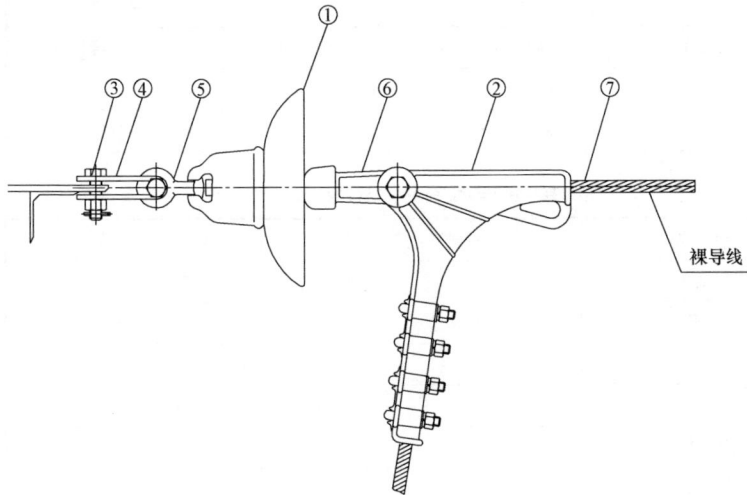

说明：1. 通用设计选用的耐张绝缘子串串型参照《国家电网公司输变电工程通用设计 10kV 配电线路金具分册（2013 年版）》。

2. 通用设计选用的串内金具尺寸参照《国家电网公司输变电工程通用设计 10kV 及 35kV 配电线路金具图册（2013 年版）》。

3. 金具分册内提供串型供使用者参照，如采用其他串型应自行验证校验电气间隙、结构强度等相关参数。

4. 金具图册内提供金具尺寸供使用者参照，实际使用前应核对。

5. 金具分册、金具图册内采用的金具和绝缘子名称仅供使用者参照，通用设计应用应以使用时所查国家电网公司标准物料库范围内的标准物料名称为准。

6. 根据导线的截面选择匹配的耐张线夹。

7. 盘形悬式瓷绝缘子也可使用棒形瓷绝缘子及棒形合成绝缘子代替。

图 17－6　380/220V 球窝型盘形悬式瓷绝缘子耐张串（铝合金螺栓式线夹）安装图

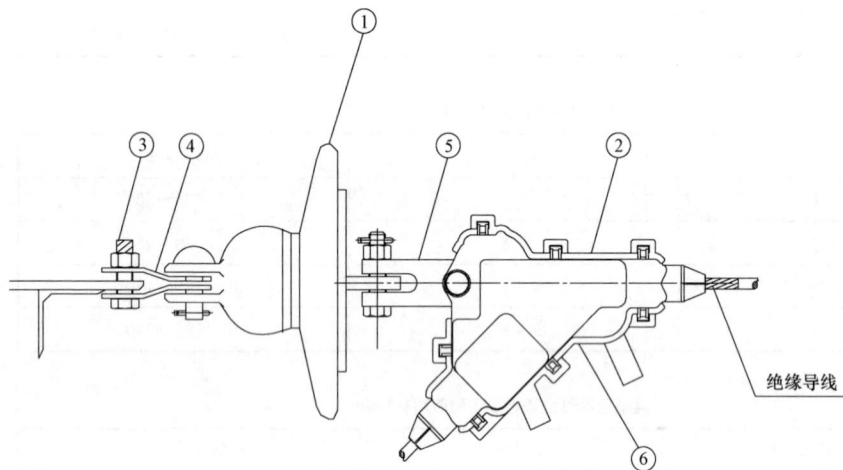

铝合金楔形线夹选用表

型号	质量（kg）	适用导线	剥线长度（mm）	备注
NXL-1	1.2	JKLYJ-35~50	225	带绝缘护罩
NXL-2	1.3	JKLYJ-70~95	245	带绝缘护罩
NXL-3	1.5	JKLYJ-120~150	255	带绝缘护罩
NXL-4	2.0	JKLYJ-185~240	300	带绝缘护罩

槽型盘形悬式瓷绝缘子耐张串材料表

编号	材料名称	型号规格	单位	数量	备注
①	悬式瓷绝缘子	U70C	片		
②	铝合金楔形线夹	NXL	个		设计选定
③	螺栓	M16×40	条		
④	平行挂板	PS-7	副		
⑤	直角挂板	Z-7	个		
⑥	绝缘护罩		个		

说明：1. 典设选用的耐张绝缘子串串型参照《国家电网公司输变电工程通用设计 10kV 配电线路金具分册（2013 年版）》。

2. 典设选用的串内金具尺寸参照《国家电网公司输变电工程通用设计 10kV 及 35kV 配电线路金具图册（2013 年版）》。

3. 金具分册内提供串型供使用者参照，如采用其他串型应自行验证校验电气间隙、结构强度等相关参数。

4. 金具图册内提供金具尺寸供使用者参照，实际使用前应核对。

5. 金具分册、金具图册内采用的金具和绝缘子名称仅供使用者参照，典设应用应以使用时所查国家电网公司标准物料库范围内的标准物料名称为准。

6. 根据绝缘导线的截面选择匹配的耐张线夹。

7. 绝缘导线端头应用自黏性绝缘胶带缠绕包扎并做防水处理。

8. 盘形悬式瓷绝缘子也可使用棒形瓷绝缘子及棒形合成绝缘子代替。

图 17-7　380/220V 槽型盘形悬式瓷绝缘子耐张串（铝合金楔形线夹）安装图

铝合金楔形线夹选用表

型号	质量（kg）	适用导线	剥线长度（mm）	备注
NXL–1	1.2	JKLYJ–35～50	225	带绝缘护罩
NXL–2	1.3	JKLYJ–70～95	245	带绝缘护罩
NXL–3	1.5	JKLYJ–120～150	255	带绝缘护罩
NXL–4	2.0	JKLYJ–185～240	300	带绝缘护罩

球窝型盘形悬式瓷绝缘子耐张串材料表

编号	材料名称	型号规格	单位	数量	备注
①	悬式瓷绝缘子	U70B	片	1	
②	铝合金楔形线夹	NXL	个	1	设计选定
③	螺栓	M16×40	条	1	
④	直角挂板	Z–7	个	1	
⑤	球头挂环	Q–7	个	1	
⑥	碗头挂板	WS–7	只	1	
⑦	绝缘护罩		个	1	

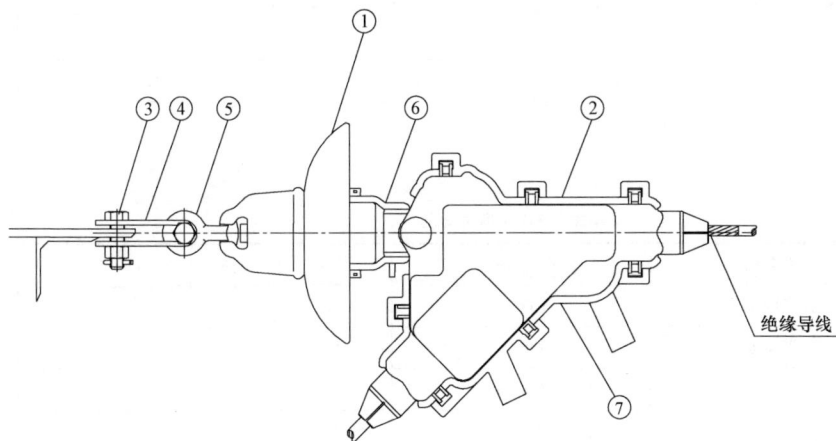

说明：1. 典设选用的耐张绝缘子串串型参照《国家电网公司输变电工程通用设计 10kV 配电线路金具分册（2013 年版）》。

2. 典设选用的串内金具尺寸参照《国家电网公司输变电工程通用设计 10kV 及 35kV 配电线路金具图册（2013 年版）》。

3. 金具分册内提供串型供使用者参照，如采用其他串型应自行验证校验电气间隙、结构强度等相关参数。

4. 金具图册内提供金具尺寸供使用者参照，实际使用前应核对。

5. 金具分册、金具图册内采用的金具和绝缘子名称仅供使用者参照，典设应用应以使用时所查国家电网公司标准物料库范围内的标准物料名称为准。

6. 根据绝缘导线的截面选择匹配的耐张线夹。

7. 绝缘导线端头应用自黏性绝缘胶带缠绕包扎并做防水处理。

8. 盘形悬式瓷绝缘子也可使用棒形瓷绝缘子及棒形合成绝缘子代替。

图 17－8　380/220V 球窝型盘形悬式瓷绝缘子耐张串（铝合金楔形线夹）安装图

蝶式瓷绝缘子

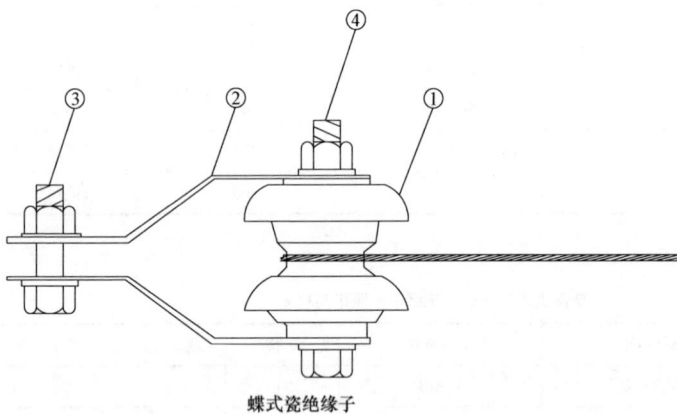

蝶式瓷绝缘子配置表

绝缘子型号 污区等级 适用导线截面	a、b、c	d	e
120mm² 及以下	ED－1	ED－1	ED－1

说明：蝶式瓷绝缘子适用于海拔≤1000m。

蝶式瓷绝缘子串材料表

编号	材料名称	型号规格	单位	数量	备注
①	蝶式瓷绝缘子	ED－1	片	1	
②	N 型拉板	60×8	块	2	
③	螺栓	M16×40	条		
④	螺栓	M16×125	条	1	

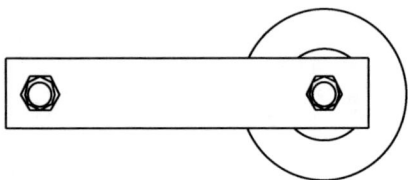

图 17－9　380/220V 耐张碟式瓷绝缘子耐张串安装图

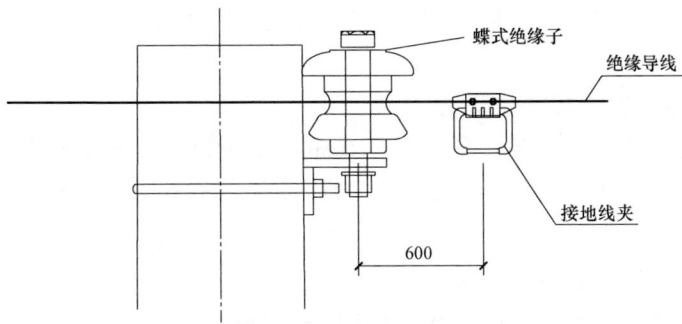

接地线夹安装示意图

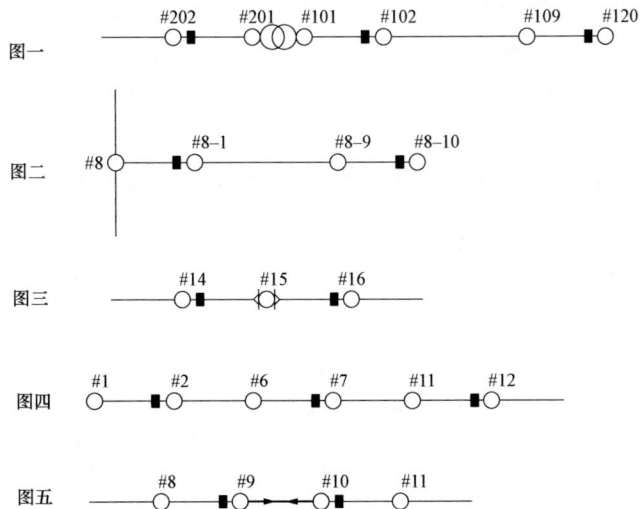

图一

图二

图三

图四

图五

接地线夹安装规范：

1. 范围

本办法规定了 0.4kV 架空绝缘线接地线夹的安装规范。

2. 引用标准

GB 14049《额定电压 10kV 架空绝缘电缆》

DL/T 5220《10kV 及以下架空配电线路设计技术规程》

DL/T 601《架空绝缘配电线路设计技术规程》

3. 接地线夹的安装规范：

（1）各相接地线夹的安装点距离绝缘导线固定点的距离应一致。接地环的颜色应与线路相色一致。

（2）安装后接地挂环应垂直向下，接地环与导线连接点应装设绝缘防护罩。

4. 0.4kV 架空绝缘线接地线夹的安装位置

（1）主干线：配变每条出线#2 杆和终端杆都需装设接地环（如：#102 杆向#101 杆侧装设一组接地线夹，终端杆#120 杆向#119 杆侧装设一组接地线夹，#202 杆向#201 杆侧装设一组接地线夹），满足全线停电检修工作。（图一）

（2）分支线：每条分支线下一根杆（如：#8－1 杆向#8 杆侧装设一组接地线夹）；在终端杆也需装设接地线夹（如#8～10 杆向#8～9 杆侧装设一组接地线夹），满足支线停电检修工作。（图二）

（3）耐张段处：在耐张杆前一根杆及下一根杆都需装设接地线夹，（如：#14 杆向#15 杆侧装设一组接地线夹，#16 杆向#15 杆侧装设一组接地线夹）。（图三）

（4）无 T 接点线路：架空绝缘线路连续超过 5 根杆的，应每 5 根杆（第 6 根杆）装设一组接地线夹（如：#2 杆向#1 杆装设一组接地线夹，#7 杆向#6 杆装设一组接地线夹，#12 杆向#11 杆装设一组接地线夹）。（图四）

（5）主干线电缆线路：主干线电缆下地，应在电缆两端电杆上装设接地线夹（如#9 杆向#8 杆装设一组接地线夹，#10 杆向#11 杆装设一组接地线夹），满足主干线停电电缆检修工作。（图五）

图 17－10　380/220V 接地线夹安装示意图

18.1　设计说明

18.1.1　设计依据

380/220V 架空配电线路防雷与接地的设计，主要依据 GB/T 50065《交流电气装置的接地设计规范》、DL/T 5220《10kV 及以下架空配电线路设计规范》、DL/T 499《农村低压电力技术规程》、GB 50173《电气装置安装工程 66kV 及以下架空电力线路施工及验收规范》、GB 50169《电气装置安装工程　接地装置施工及验收规范》。

18.1.2　防雷措施

（1）多雷区，为防止雷电波或 380/220V 侧雷电波击穿配电变压器高压侧的绝缘，宜在 380/220V 侧装设避雷器或击穿熔断器。如低压侧中性点不接地，应在低压侧中性点装设击穿熔断器。

（2）为防止雷电波沿 380/220V 绝缘线路侵入建筑物，接户线上绝缘子铁脚宜接地，其接地电阻不大于 30Ω。年平均雷暴日数不超过 30 日/年的地区和 1kV 以下配电线被建筑物屏蔽的地区以及接户线与 1kV 以下干线接地点的距离不大于 50m 的地方，绝缘子铁脚可不接地。

18.1.3　接地方式选择

（1）农村 380/220V 电力网宜采用 TT 系统；城镇、电力用户宜采用 TN－C 系统；对安全有特殊要求的可采用 IT 系统。同一 380/220V 电力网中不应采用两种保护接地方式。380/220V 配电网采用 TT 系统时，应采取分级保护，应配置中级剩余电流保护动作装置，按照 Q/GDW 10370《配电网技术导则》、Q/GDW 11008《低压计量箱技术规范》执行。

（2）采用 TN－C 系统时，1kV 以下配电线路中的零线，应在电源点接地，在干线和分干线终端处，应重复接地。在配电线路在引入大型建筑物处，如距接地点超过 50m，应将零线重复接地。为了保证在故障时保护中性线的电位尽可能保持接近大地电位，保护中性线应均匀分配地重复接地。总容量为 100kVA 以上的变压器，其接地装置的接地电阻不应大于 4Ω，每个重复接地装置的接地电阻不应大于 10Ω。总容量为 100kVA 及以下的变压器，其接地装置的接地

电阻不应大于 10Ω，每个重复接地装置的接地电阻不应大于 30Ω，且重复接地不应少于 3 处。

18.1.4　接地体装设要求及型式

（1）接地体的埋设深度应不小于 0.6m（对于永冻土地区应敷设深钻式接地极，或充分利用井管或其他深埋地下的金属构件作接地极，还应敷设深垂直接地极，其深度应保证深入冻土层下面的土壤至少 0.5m），接地体与地下（燃气管、送水管等）的间距应满足规程要求。

（2）接地体宜采用垂直敷设或水平敷设，接地体和接地线的最小规格圆钢直径不小于 8mm、扁钢截面不小于 48mm²，同时厚度不小于 4mm，角钢肢厚不小于 4mm，钢管壁厚不小于 3.5mm，绞线截面不小于 25mm²。

（3）在腐蚀严重地区，对埋入地下的接地极宜采取适合当地条件的防腐蚀措施，接地线与接地极或接地极之间的焊接点应涂防腐材料。

（4）通用设计给出"水平放射形、水平环形、垂直放射形、垂直环形"等 4 种常用的接地体安装图供设计人员选择。

（5）通用设计给出接地引上线、垂直接地铁、水平接地铁制作图。

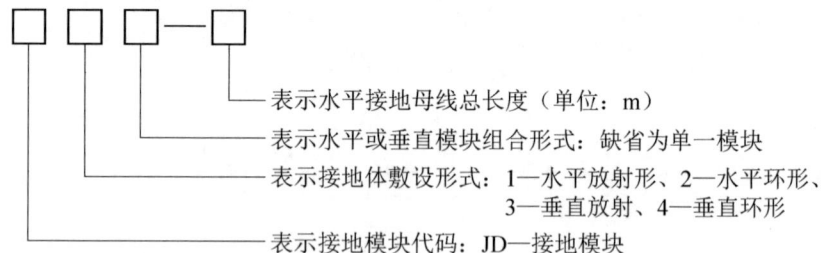

表示水平接地母线总长度（单位：m）
表示水平或垂直模块组合形式：缺省为单一模块
表示接地体敷设形式：1—水平放射形、2—水平环形、3—垂直放射、4—垂直环形
表示接地模块代码：JD—接地模块

例如："JD3－20"表示"垂直放射，接地母线长度 20m"；"JD21－30"表示"水平环形和水平放射形组合接地体，敷设接地总长度为 30m"。

18.2　设计图

接地体安装图目录见表 18－1。

水平放射形接地体材料表

接地代号	编号	名称	规格型号（mm）	单位	数量	质量（kg）		备注
						单件	小计	
JD1-10	1	接地引上线	JDS-3000	副		2.92	15.76	
	2	水平接地铁	JDP-10m	副		12.60		
	3	螺栓	M16×35	套		0.12		
JD1-40	1	接地引上线	JDS-3000	副		2.92	53.56	
	2	水平接地铁	JDP-20m	副		25.20		
	3	螺栓	M16×35	套	2	0.12		
JD1-80	1	接地引上线	JDS-3000	副	1	2.92	103.96	
	2	水平接地铁	JDP-20m	副	4	25.20		
	3	螺栓	M16×35	套	2	0.12		

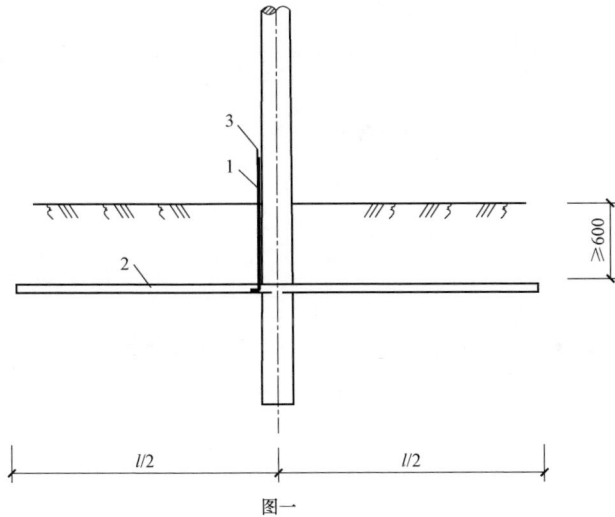

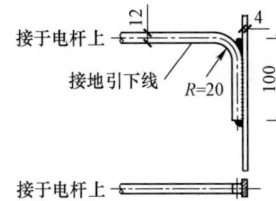

图一

接于电杆上
接地引下线　R=20
接于电杆上

1. 圆钢与扁钢连接

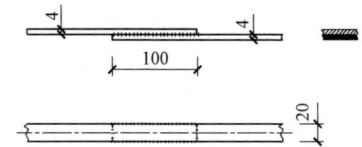

2. 扁钢与扁钢连接

说明：1. 如接地电阻不能满足 GB/T 50065—2011《交流电气装置的接地设计规范》中的要求，可另加水平或垂直接地体。

2. 图中未列接地代号可根据实际工程需要按本标准编码规定自行扩展。

3. 所有铁件均采用热镀锌防腐。

4. 铁件焊接需满足 GB 50173《电气装置安装工程 66kV 及以下架空电力线路施工及验收规范》中的要求。

图 18-1　水平放射形接地体安装示意图

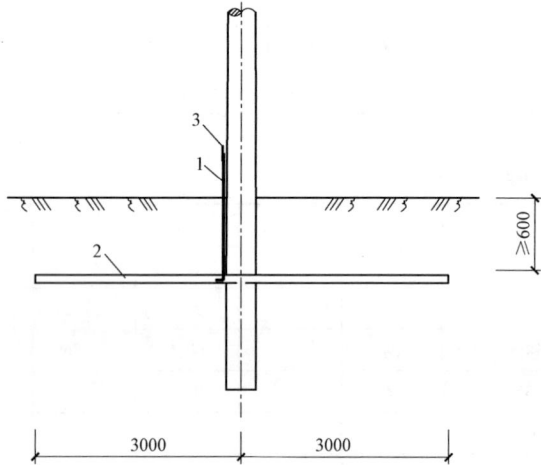

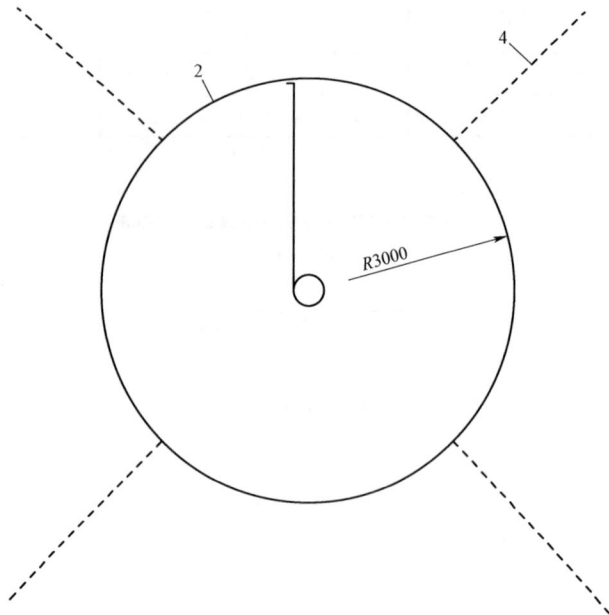

水平环形接地体材料表

接地代号	编号	名称	规格型号（mm）	单位	数量	质量（kg）		备注
						单件	小计	
JD2－20	1	接地引上线	JDS－5000	副	1	4.70	30.14	
	2	水平接地铁	JDP－20m	副	1	25.20		
	3	螺栓	M16×35	套	2	0.12		
JD21－60	1	接地引上线	JDS－5000	副	1	4.70	80.54	
	2	水平接地铁	JDP－20m	副	1	25.20		
	3	螺栓	M16×35	套	2	0.12		
	4	水平接地铁	JDP－10m	副	4	12.60		
JD21－100	1	接地引上线	JDS－5000	副	1	4.70	130.94	
	2	水平接地铁	JDP－20m	副	1	25.20		
	3	螺栓	M16×35	套	2	0.12		
	4	水平接地铁	JDP－20m	副	4	25.20		

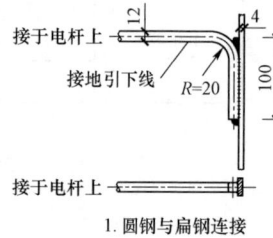

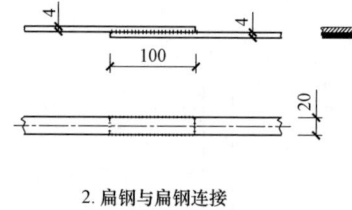

说明：1. 接地体组合宜图示虚线方向进行，如地形条件不能满足，可作行当调整。

2. 如接地电阻不能满足 GB/T 50065—2011《交流电气装置的接地设计规范》中的要求，可另加水平或垂直接地体。

3. 图中未列接地代号可根据实际工程需要按本标准编码规定自行扩展。

4. 所有铁件均采用热镀锌防腐。

5. 铁件焊接需满足 GB 50173《电气装置安装工程 66kV 及以下架空电力线路施工及验收规范》中的要求。

1. 圆钢与扁钢连接

2. 扁钢与扁钢连接

图 18－2　水平环形接地体安装示意图

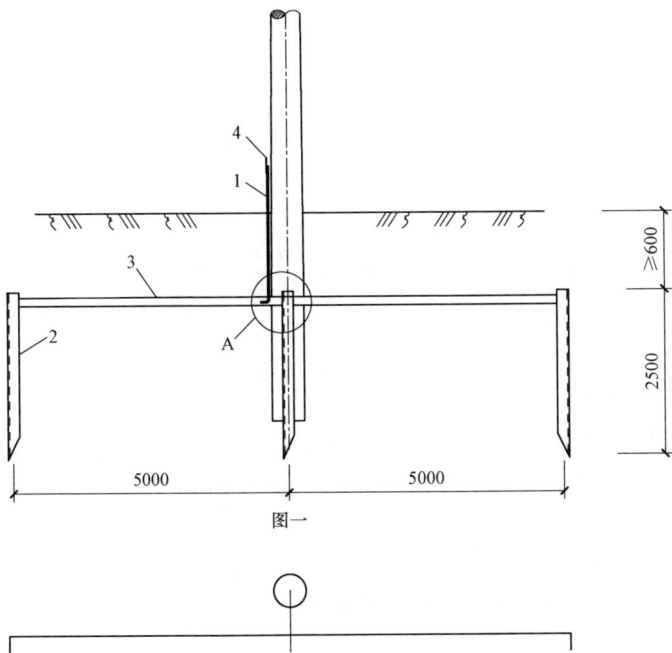

垂直放射形接地体材料表

接地代号	编号	名称	规格型号（mm）	单位	数量	质量（kg）		备注
---	---	---	---	---	---	单件	小计	
JD3－5	1	接地引上线	JDS－3000	副	1	2.92	28.32	
	2	垂直接地铁	JDZ－2500	副	2	9.43		
	3	水平接地铁	JDP－5m	副	1	6.30		
	4	螺栓	M16×35	套	2	0.12		
JD3－10	1	接地引上线	JDS－3000	副	1	2.92	44.05	
	2	垂直接地铁	JDZ－2500	副	3	9.43		
	3	水平接地铁	JDP－10m	副	1	12.60		
	4	螺栓	M16×35	套	2	0.12		
JD3－20	1	接地引上线	JDS－3000	副	1	2.92	75.51	
	2	垂直接地铁	JDZ－2500	副	5	9.43		
	3	水平接地铁	JDP－20m	副	1	25.20		
	4	螺栓	M16×35	套	2	0.12		

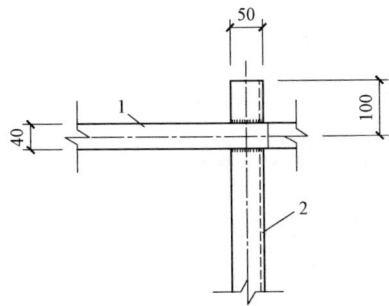

图一

A

1. 扁钢与角钢连接

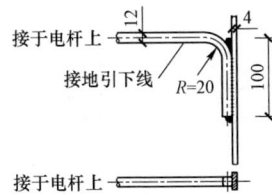

2. 圆钢与扁钢连接

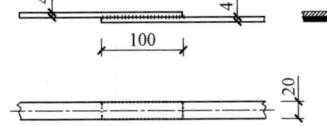

3. 扁钢与扁钢连接

说明：1. 如接地电阻不能满足 GB/T 50065—2011《交流电气装置的接地设计规范》中的要求，可另加水平或垂直接地体。

2. 图中未列接地代号可根据实际工程需要按本标准编码规定自行扩展。

3. 所有铁件均采用热镀锌防腐。

4. 铁件焊接需满足 GB 50173《电气装置安装工程 66kV 及以下架空电力线路施工及验收规范》中的要求。

图18－3　垂直放射形接地体安装示意图

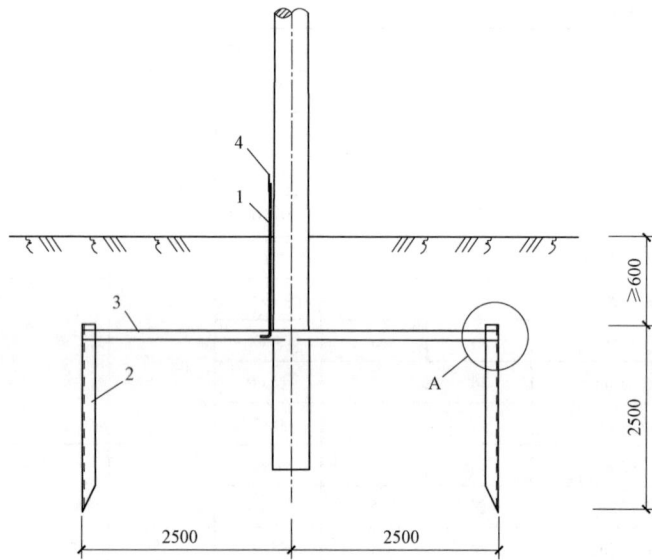

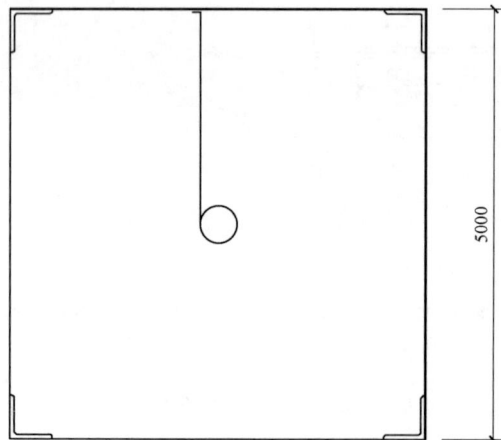

垂直环形接地体材料表

接地代号	编号	名称	规格型号（mm）	单位	数量	质量（kg） 单件	质量（kg） 小计	备注
JD4－20	1	接地引上线	JDS－5000	副	1	4.70	67.86	
	2	垂直接地铁	JDZ－2500	副	4	9.43		
	3	水平接地铁	JDP－5m	副	4	6.30		
	4	螺栓	M16×35	套	2	0.12		
JD4－40	1	接地引上线	JDS－5000	副	1	4.70	130.78	
	2	垂直接地铁	JDZ－2500	副	8	9.43		
	3	水平接地铁	JDP－5m	副	8	6.30		
	4	螺栓	M16×35	套	2	0.12		

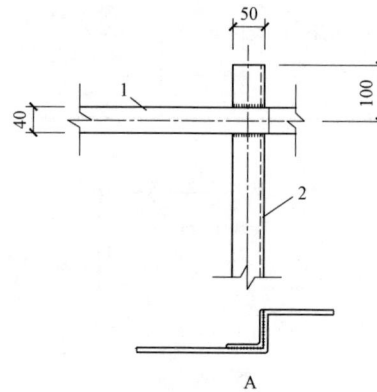

A

1. 扁钢与角钢连接

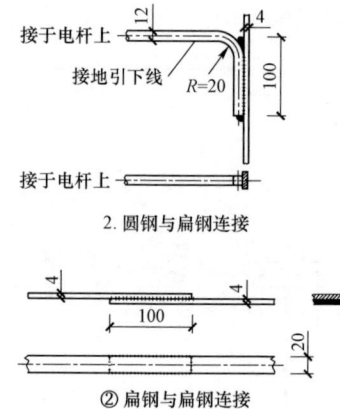

2. 圆钢与扁钢连接

② 扁钢与扁钢连接

说明：1. 如接地电阻不能满足 GB/T 50065—2011《交流电气装置的接地设计规范》中的要求，可另加水平或垂直接地体，视地形情况可向四角延伸（电杆）或加大周长（构筑物）。

2. 图中未列接地代号可根据实际工程需要按本标准编码规定自行扩展。

3. 所有铁件均采用热镀锌防腐。

4. 铁件焊接需满足 GB 50173《电气装置安装工程 66kV 及以下架空电力线路施工及验收规范》中的要求。

图 18－4　垂直环形接地体安装示意图

380/220V 电缆线路通用设计

第 19 章　设 计 技 术 原 则

19.1　概述

380/220V 电缆线路通用设计适用于国家电网公司新建、改造交流额定电压 1kV 电力电缆线路，包括电缆本体、附件与相关建（构）筑物的排水、消防和火灾报警系统等。

电缆线路设计应遵循：安全可靠、技术先进、标准统一、控制成本、环保节约的设计原则。在设计中，努力做到设计方案先进性、经济性、适用性和灵活性的协调统一。

电缆线路的敷设方式分为直埋、排管和电缆井 3 个模块。

19.2　电气部分

19.2.1　环境条件选择

本通用设计采用的环境条件见表 19-1。

表 19-1　环 境 条 件

项目	单位	参数
海拔	m	≤4000
最高环境温度	℃	+45
最低环境温度	℃	-40
土壤最高环境温度	℃	+35

续表

项目		单位	参数
土壤最低环境温度		℃	-20
日照强度（户外）		W/cm²	0.1
湿度	日相对湿度平均值	%	≤95
	月相对湿度平均值		≤90
雷电日		d/a	40
最大风速（户外）		m/s	35
电缆敷设方式			直埋、排管和电缆井

注　本通用设计以上述参数为边界条件，其他环境条件使用前请自行校验。

19.2.2　运行条件选择

本通用设计采用的运行条件见表 19-2。

表 19-2　运 行 条 件

标称电压（V）	380/220
允许电压偏差	单相+7%～-10%，三相±7%
系统频率（Hz）	50
系统接地方式	TN、TT

19.2.3 电缆路径选择

（1）电缆线路应与各种管线和其他市政设施统一安排，且应征得规划部门认可。

（2）电缆敷设路径应综合考虑路径长度、施工、运行和维护方便等因素，统筹兼顾，在符合安全性要求下，电缆敷设路径应有利于降低电缆及其构筑物的综合投资。

（3）应避开可能挖掘施工的地方，避免电缆遭受机械性外力、过热、腐蚀等危害。

（4）供敷设电缆用的土建设施宜按电网远期规划并预留适当裕度一次建成。

（5）电缆在任何敷设方式及其全部路径条件的上下左右改变部位，均应满足电缆允许弯曲半径要求。本通用设计电缆允许最小弯曲半径应为电缆外径的15倍。

（6）如遇湿陷性、淤泥、冻土等特殊地质应进行相应的地基处理。

19.2.4 电缆选择原则

（1）电力电缆的选用应满足负荷要求、热稳定校验、敷设条件、安装条件、对电缆本体的要求、运输条件等。

（2）电力电缆通常情况下采用交联聚乙烯绝缘，应具有挤塑外护套。

（3）选择电缆截面，应在电缆额定载流量的基础上，考虑环境温度、并行敷设、热阻系数、埋设深度以及户外架空敷设无遮阳时的日照影响等因素后选择。

19.2.5 电缆型号及使用范围

（1）电缆型号选择。380/220V 电力电缆线路选用铜芯阻燃 C 级交联聚乙烯绝缘聚氯乙烯护套电力电缆（ZC-YJV），不能承受机械外力。

（2）电缆截面选择。

1）导体最高允许温度按表 19-3 选择。

表 19-3　导体最高允许温度

绝缘类型	最高允许温度（℃）	
	持续工作	短路暂态
交联聚乙烯	90	250

2）电缆导体最小截面的选择，应同时满足规划载流量和通过可能的最大短路电流时热稳定的要求。

3）连接回路在最大工作电流作用下的电压降，不得超过该回路允许值。

4）电缆导体截面的选择应结合敷设环境来考虑，380/220V 常用电缆可参考表 19-4～表 19-9 中相应环境下导体载流量，并结合考虑不同环境温度、不同管材热阻系数、不同土壤热阻系数及多根电缆并行敷设时等各种载流量校正系数来综合计算。

表 19-4　380/220V 交联电缆参考载流量表

380/220V 交联电缆	电缆允许持续载流量（A）	
绝缘类型	交联聚乙烯	
缆芯最高工作温度（℃）	90	
电缆导体材质	铜	
敷设方式	空气中	直埋
缆芯截面（mm²）　25	118	117
35	150	143
50	182	169
70	228	208
95	273	247
120	314	282
150	360	321
185	410	356
240	483	408
环境温度（℃）	40	25
土壤热阻系数（℃·m/W）	—	2.0

表 19-5　380/220V 电缆在不同环境温度时的载流量校正系数　（℃）

环境温度	空气中				土壤中			
	30	35	40	45	20	25	30	35
缆芯最高工作温度　60	1.22	1.11	1.0	0.86	1.07	1.0	0.93	0.85
65	1.18	1.09	1.0	0.89	1.06	1.0	0.94	0.87
70	1.15	1.08	1.0	0.91	1.05	1.0	0.94	0.88
80	1.11	1.06	1.0	0.93	1.04	1.0	0.95	0.90
90	1.09	1.05	1.0	0.94	1.04	1.0	0.96	0.92

表 19－6　不同土壤热阻系数时 380/220V 电缆载流量的校正系数

土壤热阻系数 （℃·m/W）	分类特征（土壤特性和雨量）	校正系数
0.8	土壤很潮湿，经常下雨。如湿度大于9%的沙土；湿度大于10%的沙—泥土等	1.05
1.2	土壤潮湿，规律性下雨。如湿度大于7%但小于9%的沙土；湿度为12%～14%的沙—泥土等	1.0
1.5	土壤较干燥，雨量不大。如湿度为8%～12%的沙—泥土等	0.93
2.0	土壤干燥，少雨。如湿度大于4%但小于7%的沙土；湿度为4%～8%的沙—泥土等	0.87
3.0	多石地层，非常干燥。如湿度小于4%的沙土等	0.75

表 19－7　土中直埋多根并行敷设时电缆载流量的校正系数

根数		1	2	3	4	5	6
电缆之间净距（mm）	100	1	0.9	0.85	0.80	0.78	0.75
	200	1	0.92	0.87	0.84	0.82	0.81
	300	1	0.93	0.90	0.87	0.86	0.85

表 19－8　空气中单层多根并行敷设时电缆载流量的校正系数

并列根数		1	2	3	4	5	6
电缆中心距 d（mm）	$s=d$	1.00	0.90	0.85	0.82	0.81	0.80
	$s=2d$	1.00	1.00	0.98	0.95	0.93	0.90
	$s=3d$	1.00	1.00	1.00	0.98	0.97	0.96

注　s 为电缆中心距离，d 为电缆外径。

表 19－9　电缆户外明敷无遮阳时载流量的校正系数

电缆截面（mm²）	35	50	70	95	120	150	185	240
校正系数	—	—	—	0.90	0.98	0.97	0.96	0.94

5）采用单回路双拼电缆时，两根电缆应等长，并采用相同材质、相同截面的导体。

6）电缆线路主干线截面应不小于 150mm²。

19.2.6　电缆附件选择

（1）电缆附件的每一导体与金属护套之间的额定工频电压 U_0、任何两相线之间的额定工频电压 U、任何两相线之间的运行最高电压 U_m 应满足表 19－10 的要求。

表 19－10　电缆绝缘水平

U_0/U（kV）	0.6/1
U_m（kV）	1.2
电缆额定电压（kV）	0.6/1

（2）电缆终端的选择。目前最常用的终端类型有热缩型、冷缩型，在使用上根据安装位置、现场环境等因素进行相应选择。外露于空气中的电缆终端装置类型应按下列条件选择：

1）不受阳光直接照射和雨淋的室内环境应选用户内终端。

2）受阳光直接照射和雨淋的室外环境应选用户外终端。

3）对电缆终端有特殊要求的，选用专用的电缆终端。

（3）电缆中间接头的选择。新建 380/220V 电缆线路不应设置中间接头。

19.2.7　电缆线路的接地

电缆的铠装、电缆支架必须可靠接地，接地电阻不大于 10Ω。

19.2.8　电缆与电缆、管道、道路、构筑物等相互间距

电缆与电缆、管道、道路、构筑物等之间的容许最小距离，应符合表 19－11 的规定。

表 19－11　电缆与电缆、管道、道路、构筑物等之间的容许最小距离　（m）

电缆直埋敷设时的配置情况		平行	交叉
电力电缆之间或与控制电缆之间	10kV 及以下	0.1	0.5*
不同部门使用的电缆		0.5**	0.5*
电缆与地下管沟	热力管沟	2.0***	0.5*
	油管或易（可）燃气管道	1.0	0.5*
	其他管道	0.5	0.5*
电缆与铁路	非直流电气化铁路路轨	3.0	1.0
	直流电气化铁路路轨	10.0	1.0
电缆与建筑物基础		0.6***	—
电缆与公路边		1.0***	—
电缆与排水沟		1.0***	—
电缆与树木的主干		0.7	—

电缆直埋敷设时的配置情况	平行	交叉
电缆与 1kV 以下架空线电杆	1.0***	—
电缆与 1kV 以上架空线杆塔基础	4.0***	—

注　1. *用隔板分隔或电缆穿管时不得小于 0.25m；

　　　　**用隔板分隔或电缆穿管时不得小于 0.1m；

　　　　***特殊情况时，减小值不得大于 50%。

　　2. 对于 1000m＜海拔≤4000m 的高海拔地区的电力电缆之间的相互间距应适当增加，建议表中数值调整为平行 0.2m，交叉 0.6m。

　　3. 对于 1000m＜海拔≤4000m 的高海拔地区的电力电缆应尽量减少与热力管道等发热类地下管沟及设备的近距离平行与交叉，当无法避免时，建议表中数值调整为平行 2.5m、交叉 1.0m。

19.3　土建部分

19.3.1　荷载分类

本通用设计建（构）筑物外部荷载按表 19－12 分类。

表 19－12　　　　　荷　载　分　类

序号	荷载类别	简称	含义	实例
1	永久荷载	恒荷载	在结构使用期间，其值不随时间变化，或其变化与平均值相比可以忽略不计，或其变化是单调的并能趋于限值的荷载	侧压力
2	可变荷载	活荷载	在结构使用期间，其值随时间变化，且其变化与平均值相比不可以忽略不计的荷载	水压力、水浮力
3	偶然荷载		在结构使用期间不一定出现，一旦出现，其值很大且持续时间很短的荷载	爆炸力、冲击力等

19.3.2　荷载选定

本通用设计按以下荷载考虑：

（1）一般地面活动荷载、堆积荷载取 10kN/m²。

（2）35kN 为标准轴载进行结构设计；处于大型车辆如消防车通行区域时，应考虑按 100kN 为标准轴载进行结构设计。

（3）一般地面活动荷载和车辆荷载不考虑同时作用，按 7 度设防，在计算地震作用时，应计算结构等效重力荷载产生的水平地震作用和动土压力作用。

（4）其他荷载情况，使用前请自行校验。

19.3.3　地质条件

（1）本通用设计按表 19－13 中所列常用地质条件进行结构设计。

表 19－13　　　　　常　用　地　质　条　件

项目	条件值
地基承载力特征值（kPa）	100
地下水位距地面（mm）	≥500
土的重度（kN/m³）	18
土的内摩擦角（°）	30
土的黏聚力（kPa）	40

（2）其他地质条件，使用前应根据实际情况对结构的混凝土强度等级、结构配筋自行进行校验。

（3）土质边坡的坡率允许值应根据经验，按工程类比的原则并结合已有稳定边坡的坡率值分析确定。当无经验，且土质均匀良好、地下水贫乏、无不良地质现象和地质环境条件简单时，可按表 19－14 确定。

表 19－14　　　　　土质边坡坡率允许值

边坡土体类别	状态	坡率允许值（高宽比）	
		坡高小于 5m	坡高 5～10m
碎石土	密实	1:0.35～1:0.50	1:0.50～1:0.75
	中密	1:0.50～1:0.75	1:0.75～1:1.00
	稍密	1:0.75～1:1.00	1:1.00～1:1.25
黏性土	坚硬	1:0.75～1:1.00	1:1.00～1:1.25
	硬塑	1:1.00～1:1.25	1:1.25～1:1.50

注　1. 表中碎石土的充填物为坚硬或硬塑状态的黏性土。

　　2. 对于沙土或充填物为沙土的碎石土，其边坡坡率允许值应按自然休止角确定。

19.3.4　构件等级

本通用设计混凝土构件按混凝土结构的环境类别二 a、二 b 等级设计，其他使用环境使用前请按 GB 50010—2010《混凝土结构设计规范》自行校验。

19.3.5　电缆敷设一般规定

在电缆根数较多的情况下，宜优先与 10kV 同路径敷设。特殊场合可采用电缆桥架敷设方式，具体桥架型式需根据现场实际情况自行设计，并应满足 GB 50217—2018《电力工程电缆设计标准》中的相关要求。

不同敷设方式的电缆根数宜按表 19-15 进行选择。

表 19-15 **不同敷设方式的电缆根数**

敷设方式	电缆根数
直埋	1 根
排管	24 根及以下

19.3.6 电缆防火

应选用阻燃电缆。对电缆可能着火蔓延导致严重事故的回路、易受外部影响涉及火灾的电缆密集场所，应设置适当的阻火分隔，并应按工程重要性、火灾概率及其特点和经济合理等因素考虑防火措施。

电缆构筑物中电缆引至电气柜、盘或控制屏、台的开孔部位，电缆贯穿隔墙、楼板的孔洞处，工作井中电缆管孔等均应实施阻火封堵。

阻火封堵的设置，应按电缆贯穿孔洞状况和条件，采用相适合的防火封堵材料或防火封堵组件。阻火封堵材料的使用，对电缆不得有腐蚀和损害。

19.3.7 电缆构筑物防水、通风措施

电缆构筑物可采用防水卷材或防水涂料。电缆井出墙管位置可采用膨胀式防水措施。

电力排管、电缆构筑物的管孔在建设完成后应封堵。

第 20 章　各模块技术组合

20.1　模块分类

本通用设计按敷设方式共分为 3 个模块。按照敷设规模、断面形式、外部荷载等不同因素又划分为 8 个子模块。其中，5 个子模块直接参照《国家电网公司配电网工程典型设计（2016 年版）　10kV 电缆分册》，3 个子模块直接参照《国家电网有限公司 220/380V 配电网工程典型设计（2018 年版）》。各模块分类见表 20-1。

表 20-1　模块分类表

模块名称或敷设方式	子模块编号	电缆根数及支架层数	电缆截面（mm²）	模块特征描述	备注
直埋	A-6	电缆根数＝1 根	16～240	直埋穿保护管	
排管	B-1-1～B-1-7	电缆根数≤20 根	16～240	管外混凝土包封管顶深≥0.5m（冻土层以下）	
	B-1-8～B-1-12	电缆根数≤24 根	16～240	管外混凝土包封管顶深≥0.5m（冻土层以下）	
电缆井	E-1	电缆根数≤30 根	16～240	直线井	
	E-2	电缆根数≤30 根	16～240	转角井	
	E-3	电缆根数≤30 根	16～240	三通井	
	E-4	电缆根数≤30 根	16～240	四通井	
	E-6	电缆根数≤12 根	16～240	手孔井	

20.2　使用说明

20.2.1　适用区域及范围

各敷设方式适用区域见表 20-2。

表 20-2　各类供电区域电缆通道选型原则

供电区域	通道形式选择原则	
	直埋	排管
A	不推荐	推荐
B	不推荐	推荐
C	不推荐	推荐
D	推荐	不推荐
E	推荐	不推荐

20.2.2　使用环境

A 模块（直埋）、B 模块（排管）、E 模块（电缆井）适用于不同场合、不同敷设方式的电缆线路设计。

（1）A 模块适用于电缆数量较少、敷设距离短（不宜超过 50m）、地面荷载比较小、地下管网比较简单、不易经常开挖和没有腐蚀土壤的地段，不适用于城市核心区域及向重要用户供电的电缆。

A-6 子模块：本模块电缆根数为 1 根，适用于无通车可能城市人行道下、公园绿地、建筑物的边沿地带或城市郊区等不易经常开挖的地段，宜采用直埋穿保护管敷设方式。

（2）B 模块适用于地下管网密集的城市道路或挖掘困难的道路通道；广场区域及小区内电缆条数较多、敷设距离长等地段；城镇及小区内人行道施工不便且电缆分期敷设地段；规划或新建道路地段；易受外力破坏区域；电缆与公路、铁路等交叉处；道路狭窄且交通繁忙的地段。

B-1 子模块：新改建道路上管位较紧张、与其他管线冲突多的地段。

（3）E 模块适用于电缆排管敷设、沟道敷设中电缆转向分支、电缆施工等工艺要求的情况。

E-1 直线井子模块：用于电缆通道的直线段。

E-2 转角井子模块：用于电缆通道的转角处。

E-3 三通井子模块：用于电缆通道的直线加转弯处。

E-4 四通井子模块：用于两个电缆通道的交叉处。

E-6 手孔井子模块：用于电缆通道的直线、转角、终端及交叉处。

20.2.3 模块组合使用

实际工程设计中，应从各模块中选取子模块，通过子模块拼接、调整，得

到合适的方案，以适应实际要求。一般模块组合条件见表 20-3。

表 20-3　　　　　模 块 组 合 条 件 表

模块名称或敷设方式	电缆根数及支架层数	外部荷载	保护方式	子模块编号	直线检查	转角	分支、交叉
直埋	电缆根数＝1 根	地面活荷载≤10kN/m²	直埋穿保护管	A-6	—	—	—
排管	电缆根数≤24 根	地面活荷载≤10kN/m²；标准轴载≤100kN	管外混凝土包封管顶深≥0.5m	B-1-1～B-1-12	E-1-9～E-1-16 E-6-1 E-6-2 E-6-3	E-2-3～E-2-6 E-6-1 E-6-2 E-6-3	E-3-3～E-3-6 E-4-3～E-4-6 E-4-8 E-4-9 E-6-1 E-6-2 E-6-3

注　1. 电缆排管选择适用电缆井尺寸时，需要求电缆井净宽与净深大于电缆排管断面的宽度与高度。

　　2. 电缆通道的转角处选择适用电缆井时，需要求电缆井满足电缆转弯半径的要求。

　　3. 直埋敷设不设专用的检查井、转角井、分支交叉井等模块。

　　4. 电缆井在盖板开启时井侧壁应做好支撑防护措施，以防侧壁倒塌。

第 21 章　电缆直埋敷设方案（A 模块）

21.1　概述

电缆直埋敷设方案（A 模块）原则上参照《国家电网公司配电网工程典型设计（2016 年版）　10kV 电缆分册》，考虑西藏 380/220V 配电网特点，本通用设计只采用 A-6（直埋穿保护管）子模块。

电缆直埋敷设一般用于电缆数量少、敷设距离短（不宜超过 50m）、地面荷载比较小的地方；路径应选择地下管网比较简单、不易经常开挖和没有腐蚀土壤的地段。

电缆直埋敷设优点：电缆敷设后本体与空气不接触，防火性能好，有利于电缆散热；此敷设方式容易实施，投资少。缺点：此敷设方式抗外力破坏能力差，电缆敷设后如进行更换，则难度较大。

21.2　模块适用范围

A-6：本模块电缆根数为 1 根，适用于无通车可能城市人行道下、公园绿地、建筑物的边沿地带或城市郊区等不易经常开挖的地段，宜采用直埋穿保护管敷设方式。

21.3　模块方案说明

21.3.1　直埋模块

A 模块为电缆直埋敷设方式，按 380/220V 电压等级、电缆回路、敷设根数、保护方式和敷设间距等要求，具体分组见表 21-1。

表 21-1　　　　　电缆直埋新增模块技术参数一览表

序号	电缆敷设根数	保护方式	电缆截面（mm²）	断面规模（沟底宽）（m）	模块编号
1	1	直埋穿保护管	16～240	0.4	A-6

21.3.2　A-6 子模块

电缆应敷设于壕沟内，沿电缆全长的上、下、侧面应铺以厚度不小于 100mm 的软土或砂层，沿电缆全长应穿保护管，保护管主要的材料有氯化聚氯乙烯、热浸塑钢管、MPP 聚丙烯塑料管。所用的管材均须满足 DL/T 802.1～802.10《电力电缆用导管技术条件》或其他相关标准要求。

电缆壕沟沟底应位于原状土层，地基承载力特征值 $f_{ak} \geqslant 100$kPa。如建设地点有孔穴、虚土坑，或土层分布不均匀，应先进行地基处理，达到要求后再施工。

敷设前应将沟底铲平夯实。电缆埋设后回填土应分层夯实，压实系数应大于 0.95。地面恢复形式满足市政要求，不得造成路面塌陷。

21.3.3　附属设施

当电缆路径沿道路时，在敷设路径起、终点及转弯处，以及直线段每隔 20m 应设置一处标识桩，当电缆路径在绿化隔离带、灌木丛等位置时可延至每隔 50m 设置一处标识桩。

21.3.4　使用说明

直埋电缆的覆土深度不应小于 0.7m，农田中覆土深度不应小于 1.0m。

电缆应埋在冻土层下，应根据当地冻土层厚度确定电缆埋置深度，当受条件限制时，应采取防止电缆受损的保护措施。

电缆进入电缆沟、电缆井、建筑物以及配电屏、开关柜、控制屏时，应做阻火封堵。

直埋敷设应避开含有酸、碱强腐蚀或杂散电流电化学腐蚀严重影响的地段。

未采取防护措施时，应避开白蚁危害地带、热源影响和易遭外力损伤的区段。

禁止电缆与其他管道上下平行敷设，电缆与管道、地下设施、铁路、公路平行交叉敷设的要求参见《国家电网公司配电网工程典型设计（2016 年版）10kV 电缆分册》中图 6-16～图 6-19 的公共图纸部分。该部分图纸详注了电缆采用直埋敷设方式时，与管道及地下设施平行交叉允许的最小距离。

21.4　设计图

A 模块设计图清单见表 21-2，尺寸未注明者均为 mm。

表 21-2　　　　　A 模块设计图清单

图序	图名	图纸编号
图 21-1	电缆直埋穿保护管敷设断面图	A-6

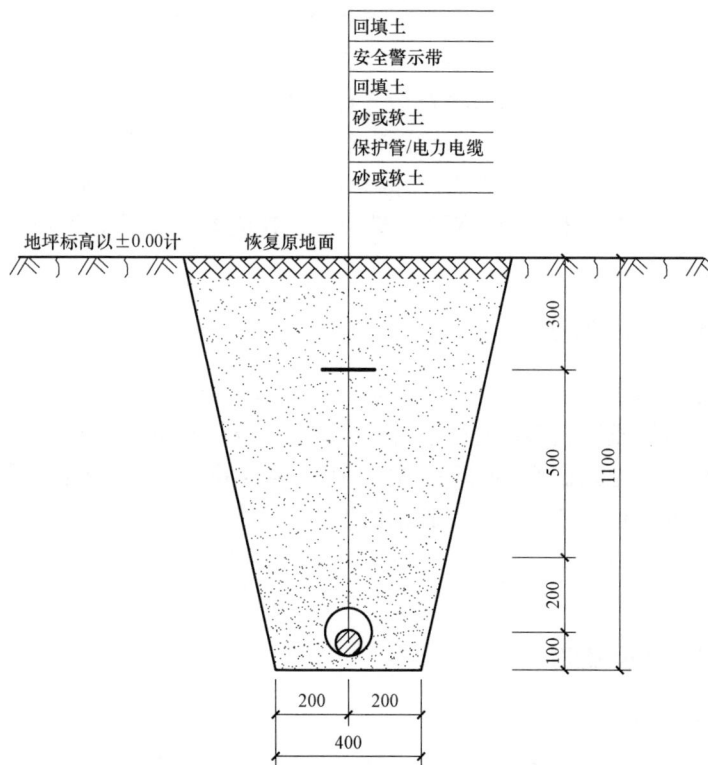

说明：1. 如遇垃圾等有腐蚀性杂物须清除换土。
　　　2. 沟底须铲平夯实，电缆周围土层须均匀密实。
　　　3. ⊙为直埋敷设电缆，此电缆位置需经有关单位审核后方可施工。
　　　4. 设计要求用 ϕ140×1000mm 钢管拉棒试通。

图 21-1　电缆直埋穿保护管敷设断面图 A-6

第 22 章 电缆排管敷设方案（B 模块）

22.1 概述

电缆排管敷设方案（B 模块），原则上参照《国家电网公司配电网工程典型设计（2016 年版） 10kV 电缆分册》B－1（开挖排管）7 个子模，参照《国家电网有限公司 220/380V 配电网工程典型设计（2018 年版）》5 个新增敷设方案。

排管敷设一般适用于城市道路边人行道下、电缆与各种道路交叉处、广场区域及小区内电缆条数较多、敷设距离长等地段。

电缆排管敷设优点：受外力破坏影响少，占地小，能承受较大的荷重，电缆敷设无相互影响，电缆施工简单。缺点：土建成本高，不能直接转弯，散热条件差。

22.2 模块适用范围

电缆排管适用于地下管网密集的城市道路或挖掘困难的道路通道；广场区域及小区内电缆条数较多、敷设距离长等地段；城镇及小区内人行道施工不便且电缆分期敷设地段；规划或新建道路地段；易受外力破坏区域；电缆与公路、铁路等交叉处；道路狭窄且交通繁忙的地段。

电缆排管所需孔数，除按电网规划确定敷设电缆根数外，应有适当备用孔供更新电缆用，但排管的最大规模不宜超过 24 孔。

22.3 模块方案说明

22.3.1 开挖排管

管道起保护电缆和在发生故障后便于将电缆拉出更换的作用。开挖排管用管道主要材料有氯化聚氯乙烯、热浸塑钢管、MPP 聚丙烯塑料管。所用的管材均须满足 DL/T 802.1～802.10《电力电缆用导管技术条件》或其他相关标准的要求。电缆排管敷设可采用原状土回填，当电缆排管用于区内道路且施工周期短可采用撼砂回填。管道应按其埋设深度处受力校验力学性能，当不能满足要求时可采用混凝土包封措施。

电缆排管设计应考虑设置管枕，管枕配置跨距宜按管路底部未均匀夯实时

满足抗弯矩条件确定。

原则上 380/220V 电缆排管模块参照《国家电网公司配电网工程典型设计（2016 版） 10kV 电缆分册》。考虑 380/220V 配电网特点，在排管敷设方案中将 10kV 通信管取消后，可用于本通用设计。

B－1（开挖排管）子模块不再赘述，其余子模块技术参数见表 22－1。

表 22－1　　　　　　B－1 新增子模块技术参数一览表

序号	电缆敷设根数（层数×孔数）	电缆截面（mm²）	车辆轴载标准值（kN）	管材环刚度（kN/m）	保护方式	模块编号
1	1×4	16～240	≤100	≥8	混凝土包封	B－1－8
2	1×6	16～240	≤100	≥8	混凝土包封	B－1－9
3	2×5	16～240	≤100	≥8	混凝土包封	B－1－10
4	2×6	16～240	≤100	≥8	混凝土包封	B－1－11
5	4×6	16～240	≤100	≥8	混凝土包封	B－1－12

22.3.2 附属设施

排管敷设中，在敷设路径起、终点及转弯处，以及直线段每隔 20m 应设置一处标识桩，当电缆路径在绿化隔离带、灌木丛等位置时可延至每隔 50m 设置一处标识桩。

22.3.3 使用说明

本通用设计考虑排管壁厚不同，应用于实际工程时应明确外部荷载、管材材质、内外径几何参数、环刚度等力学性能。其具体的材质及壁厚应根据现场实际情况并对照配电网建设改造标准物料目录进行选择。

排管材质不同，排管中心距有些微小差别，实际尺寸以厂家提供的管枕尺寸为准。排管所需孔数除按电网规划敷设电缆根数外，应考虑适当备用孔供更新电缆用。敷设电缆前应对已建成段落的电缆排管进行检查和试通。严格计算整段电缆在排管中的牵引力与侧压力，控制在电缆允许值范围内。排管的内径按不小于 1.5 倍的电缆外径的规定来选择，根据相应规程规范，当负荷发展空间不大，电缆外径较小时可采用 $\phi100$ 管径。B－1 模块中排管应呈直线承插良

好且密封，埋管的保护层距路面的深度不宜小于 500mm，当埋深达不到要求或在车行道下敷设时，需加扎钢筋网以增加强度。禁止电缆与其他管道垂直平行敷设。电缆与管道、地下设施、城市道路、公路平行交叉敷设需满足有关规范规程的要求。电缆排管施工完毕后，应对排管两端严密封堵。本模块中对应相同数量的管孔时可采用不同排列模式。

22.4 设计图

B 模块新增模块设计图清单见表 22−2，图中标高尺寸为 m，尺寸未注明单位者均为 mm。

表 22−2　　　　　　　　　　　　B 模块新增模块设计图清单

图序	图名	图纸编号
图 22−1	排管 1×4 混凝土包封	B−1−8−2
图 22−2	排管 1×6 混凝土包封	B−1−9−2
图 22−3	排管 2×5 混凝土包封	B−1−10−2
图 22−4	排管 2×6 混凝土包封	B−1−11−2
图 22−5	排管 4×6 混凝土包封	B−1−12−2

人行道路面标高以±0.00计

回填土

警示带

300

≥700

C20混凝土　　　　　管枕

100

C15混凝土底板

180(c)

385(H)

105(b)

100

原土夯实

100 | 170(a) | 170(a) | 170(a) | 170(a) | 170(a) | 100

1050(L)

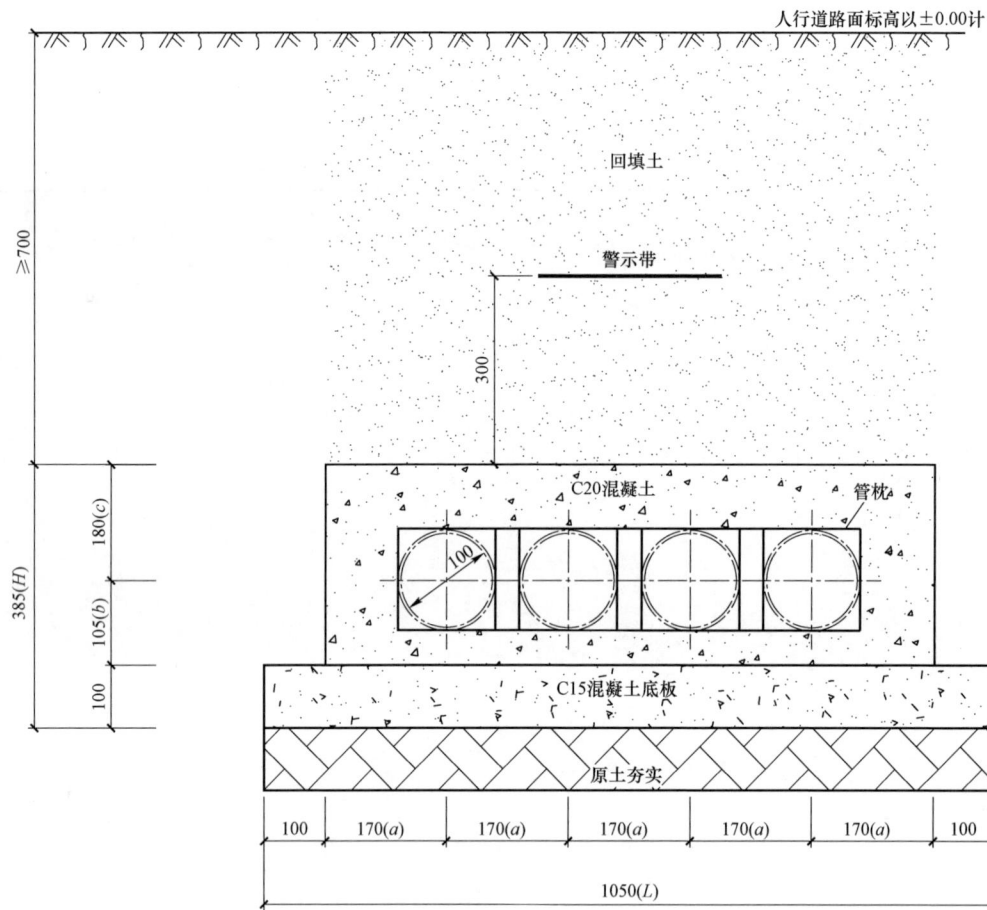

不同管内径，尺寸调整

管间尺寸 管材内径	a	b	c	L	H
100	170	105	180	1050	385
150	220	130	205	1300	435
200	270	155	240	1550	495

说明：1. 本图以排管内径 100mm 为例，排管内径为 150、200mm 时需作
　　　　相应调整。

　　　2. 具体边坡尺寸详见 "表 19−14 土质边坡坡率允许值"。

　　　3. 底板垫层采用 C15 混凝土；排管包封采用 C20 豆石混凝土。

　　　4. 排管采用混凝土包封时，覆土深度应≥500mm。

图 22−1　排管 1×4 混凝土包封 B−1−8−2

人行道路面标高以±0.00计

回填土

警示带

300

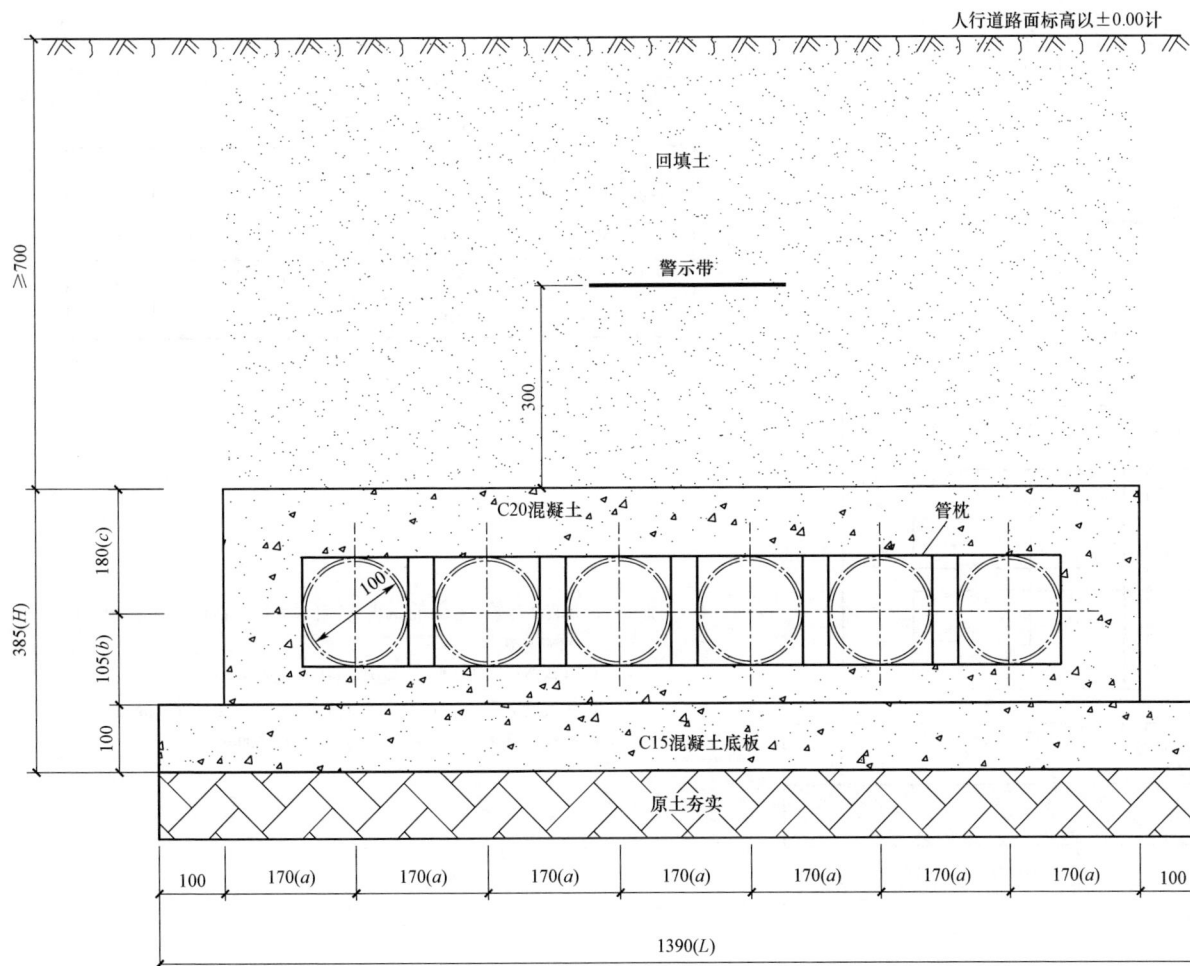

不同管内径，尺寸调整

管间尺寸 管材内径	a	b	c	L	H
100	170	105	180	1390	385
150	220	130	205	1740	435
200	270	155	240	2090	495

≥700

C20混凝土

管枕

100

180(c)

385(H)

105(b)

100

C15混凝土底板

原土夯实

100 170(a) 170(a) 170(a) 170(a) 170(a) 170(a) 170(a) 100

1390(L)

说明：1. 本图以排管内径100mm为例，排管内径为150、200mm时需作
相应调整。
2. 具体边坡尺寸详见"表19-14土质边坡坡率允许值"。
3. 底板垫层采用C15混凝土；排管包封采用C20豆石混凝土。
4. 排管采用混凝土包封时，覆土深度应≥500mm。

图 22-2　排管 1×6 混凝土包封 B-1-9-2

人行道路面标高以±0.00计

回填土

警示带

≥700

300

C20混凝土　管枕

180(c)

170(a)

105(b)

100

C15混凝土底板

原土夯实

555(H)

100　170(a)　170(a)　170(a)　170(a)　170(a)　170(a)　100

1220(L)

100

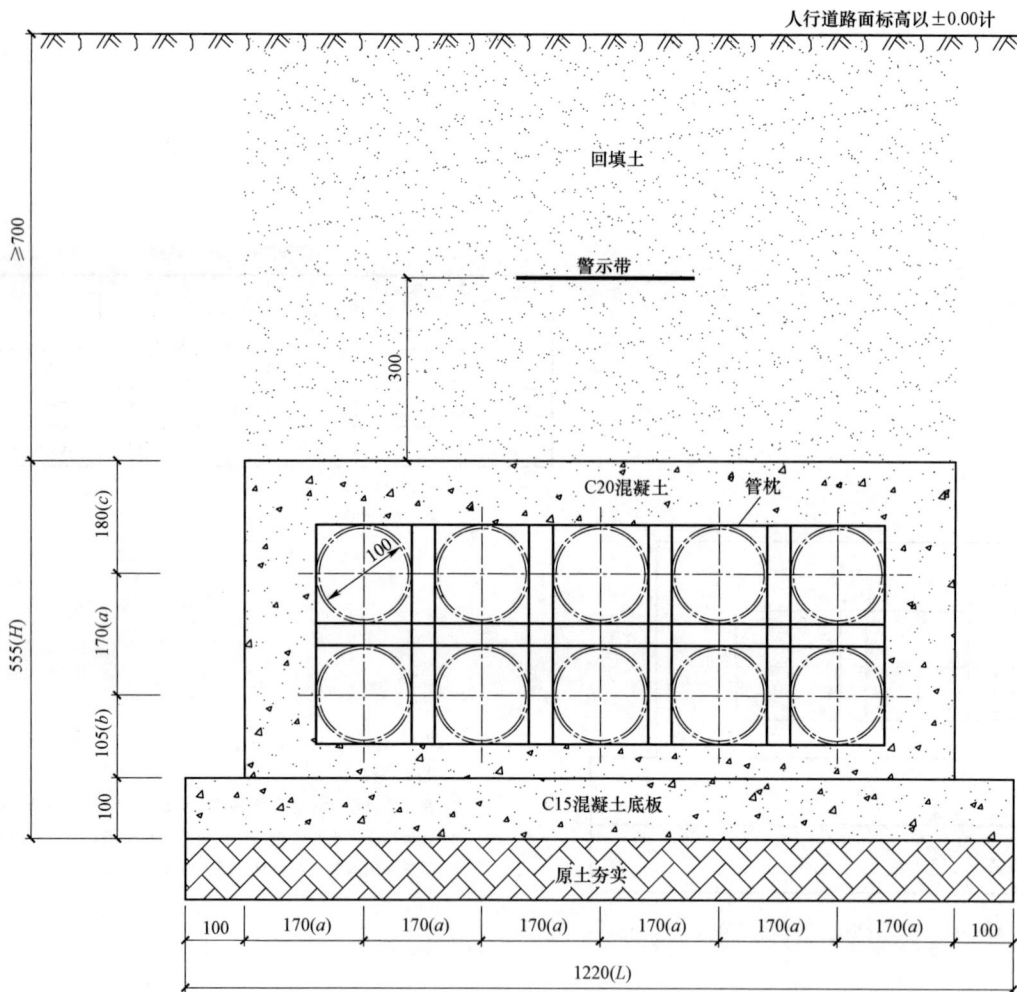

不同管内径，尺寸调整

管材内径　管间尺寸	a	b	c	L	H
100	170	105	180	1220	555
150	220	130	205	1520	655
200	270	155	240	1820	765

说明：1. 本图以排管内径 100mm 为例，排管内径为 150、200mm 时需作相应调整。

2. 具体边坡尺寸详见"表 19-14 土质边坡坡率允许值"。

3. 底板垫层采用 C15 混凝土；排管包封采用 C20 豆石混凝土。

4. 排管采用混凝土包封时，覆土深度应≥500mm。

图 22-3　排管 2×5 混凝土包封 B-1-10-2

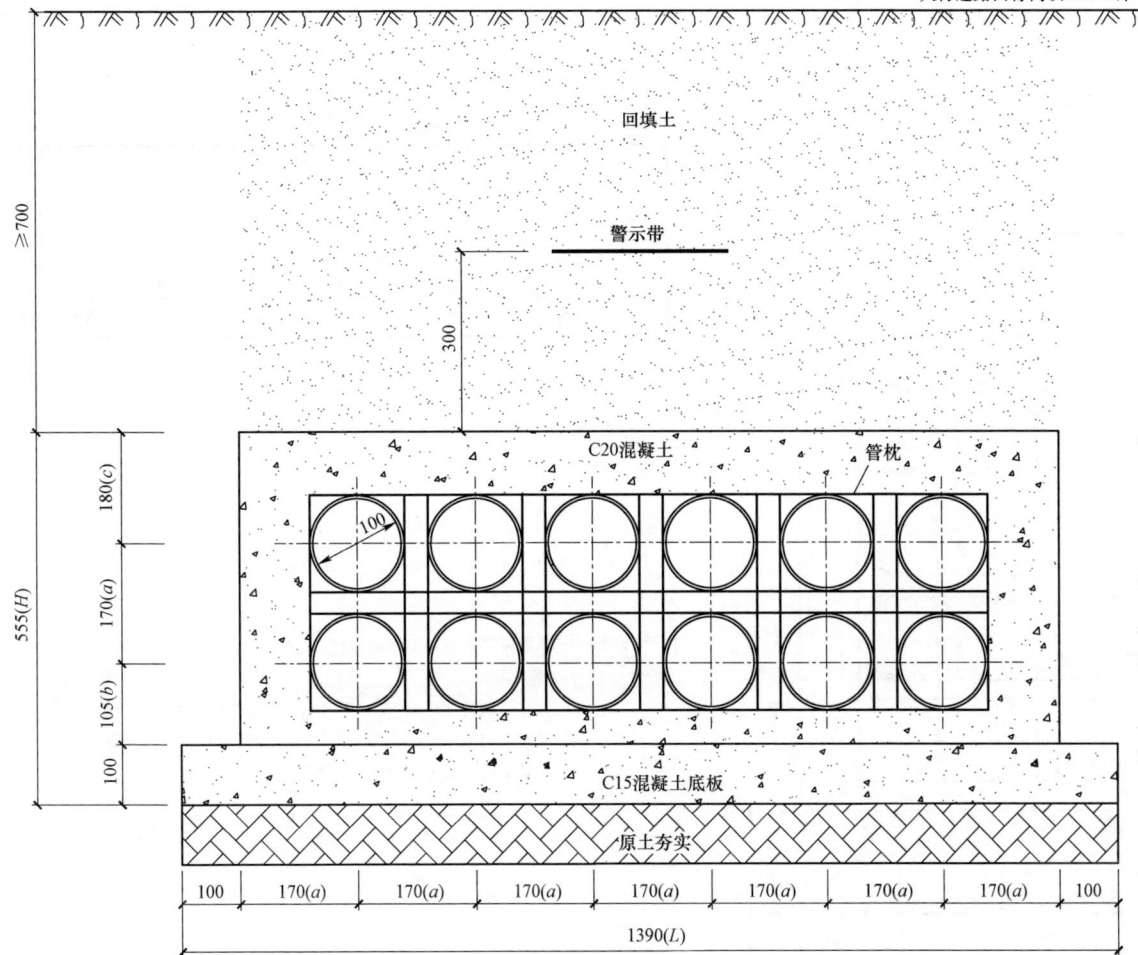

人行道路面标高以±0.00计

回填土

警示带

C20混凝土　管枕

C15混凝土底板

原土夯实

100　170(a)　170(a)　170(a)　170(a)　170(a)　170(a)　170(a)　100

1390(L)

≥700　300　180(c)　170(a)　105(b)　100　555(H)　100

不同管内径，尺寸调整

管材内径 ＼ 管间尺寸	a	b	c	L	H
100	170	105	180	1390	555
150	220	130	205	1740	655
200	270	155	240	2090	765

说明：1. 本图以排管内径100mm为例，排管内径为150、200mm时需作相应调整。

2. 具体边坡尺寸详见"表19-14 土质边坡率允许值"。

3. 底板垫层采用C15混凝土；排管包封采用C20豆石混凝土。

4. 排管采用混凝土包封时，覆土深度应≥500mm。

图22-4　排管2×6混凝土包封 B-1-11-2

人行道路面标高以±0.00计

回填土

警示带

300

≥500

C20混凝土

管枕

100

180(c)

170(a)

170(a)

170(a)

170(a)

895(H)

105(b)

100

C15混凝土底板

原土夯实

100 | 170(a) | 170(a) | 170(a) | 170(a) | 170(a) | 170(a) | 170(a) | 100

1390(L)

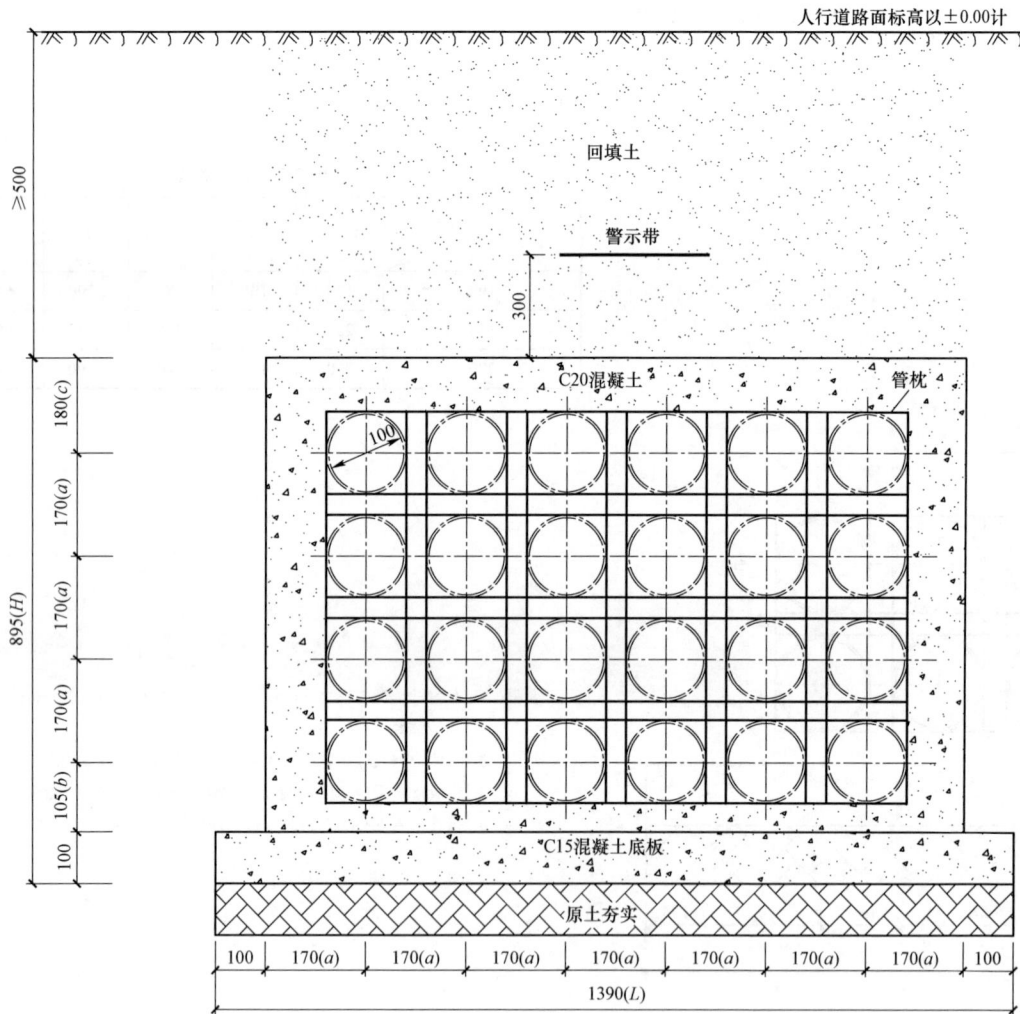

不同管内径，尺寸调整

管材内径 \ 管间尺寸	a	b	c	L	H
100	170	105	180	1390	895
150	220	130	205	1740	1095
200	270	155	240	2090	1305

说明：1. 本图以排管内径100mm为例，排管内径为150、200mm时需作相应调整。

2. 具体边坡尺寸详见"表19-14土质边坡坡率允许值"。

3. 底板垫层采用C15混凝土；排管包封采用C20豆石混凝土。

4. 排管采用混凝土包封时，覆土深度应≥500mm。

图22-5 排管4×6混凝土包封 B-1-12-2

第 23 章　电缆井敷设方案（E 模块）

23.1　概述

电缆井敷设方案（E 模块）原则上参照《国家电网公司配电网工程典型设计（2016 年版） 10kV 电缆分册》，考虑 380/220V 配电网特点，本通用设计沿用《国家电网公司配电网工程典型设计（2016 年版） 10kV 电缆分册》原有 E～1～E－4 子模块，沿用《国家电网有限公司 220/380V 配电网工程典型设计（2018 年版）》E－6 手孔井子模块。

电缆井适用于配合地下电缆通道，作为通道的中间结点，已成为入地线路安装及检修的必要设施。根据电缆敷设工艺要求，采用人员下井工作模式时，电缆井深度不小于 1.9m，其井盖尺寸应满足人员上下井；当采用人员不下井工作模式时，电缆井深度可适当调整，其盖板可开启。

电缆井敷设优点：为电缆的安装及检修提供便利条件，满足电缆转弯半径的要求，方便电缆通道结合远期规划，同一路径多根电缆敷设，减少重复开挖。

缺点：井内易产生积水，影响电缆的安装与维护，被雨水带入的泥沙，长时间积累容易阻塞电缆管道，且污水对电缆的长期腐蚀更易导致事故发生。

23.2　模块适用范围

本模块一般与 B、C 模块一起组合使用。

E－1 直线井子模块：用于电缆通道的直线段。

E－2 转角井子模块：用于电缆通道的转角处。

E－3 三通井子模块：用于电缆通道的直线加转角处。

E－4 四通井子模块：用于两个电缆通道的交叉处。

E－6 手孔井子模块：用于电缆通道的直线、转角、终端及交叉处。

23.3　模块方案说明

23.3.1　电缆井敷设

E 模块为电缆井敷设方案，按照 380/220V 电压等级、电缆回路、敷设根数、保护方式和敷设间距等要求，E－1～E－4 子模块不再赘述，手孔井子模块具体技术参数见表 23－1。

表 23－1　　　　　　　　　手孔井子模块技术参数一览表

序号	井室结构	荷载通车轴标准轴载（kN/m²）	长（m）×宽（m）×深（m）	盖板模式	模块编号
1	砖砌	≤10	0.6×0.6×0.9	全开启	E－6－1
2	砖砌	≤10	0.8×0.8×0.9	全开启	E－6－2
3	砖砌	≤10	1.0×1.0×0.9	全开启	E－6－3

23.3.2　附属设施

电缆盖板上表面应设置电力标识。

23.3.3　使用说明

电缆井土建设计应满足电气尺寸要求，遵循结构安全可靠、经济合理、技术先进、坚固耐久、施工简便并与周边环境相协调的原则。电缆井可采用砖砌或混凝土结构，应满足可能承受的荷载和适合环境耐久的要求，根据工程情况设置直线井、转角井、三通井、四通井及手孔井等型式。

（1）电缆井长度根据敷设在同一工井内最长的电缆接头以及能吸收来自排管内电缆的热伸缩量所需的伸缩弧尺寸决定，且伸缩弧的尺寸应满足电缆在寿命周期内电缆金属护套不出现疲劳现象。

（2）电缆井间距按计算牵引力不超过电缆容许牵引力来确定，直线段一般控制在 50m 左右。

（3）电缆井需设置集水坑，泄水坡度不小于 0.5%。

（4）非全开启电缆井设人孔 2 个，用于采光、通风以及施工和运行人员上下，人孔基座的具体预留尺寸及方式，各地可根据实际运行情况适当调整。

（5）安全孔直径不小于 800mm，并在安全孔内设置爬梯，安全孔井盖应采用双层结构，材质应满足载荷及环境要求，以及防盗、防水、防滑、防位移、防坠落等要求，同一地区的井盖尺寸、外观标识等应保持一致。

（6）电缆和中间接头密集及其他重要电缆井，可根据实际情况参照电缆隧道设置环境监控系统。

（7）电缆井内电缆支架等所有铁附件均需可靠接地，其接地电阻不大于 10Ω。

（8）砖砌电缆井在盖板开启时井侧壁应做好支撑防护措施，以防井室侧壁倒塌。

（9）电缆井内外侧壁做聚合物防水砂浆防水层，与预埋管结合处抹成45°喇叭口（井内侧），井底向排水孔方向应有不小于0.5%的坡度。

（10）电缆支架主要有角钢支架和复合材料支架两种。

（11）电缆排管选择适用电缆井尺寸时，需要求电缆井净宽与净深大于电缆排管断面的宽度与高度。

（12）电缆沟选择适用电缆井尺寸时，需要求电缆井净宽与净深不小于电缆沟的净宽与净深。

23.4 设计图

E模块手孔井子模块设计图清单见表23-2，图中标高尺寸为m，尺寸未注明单位者均为mm。

表23-2　　　　　　　E模块手孔井子模块设计图清单

图序	图名	图纸编号
图23-1	0.6m×0.6m×0.9m手孔井（砖砌）盖板开启式	E-6-1
图23-2	0.8m×0.8m×0.9m手孔井（砖砌）盖板开启式	E-6-2
图23-3	1.0m×1.0m×0.9m手孔井（砖砌）盖板开启式	E-6-3
图23-4	手孔井盖板制作图	E-T-19

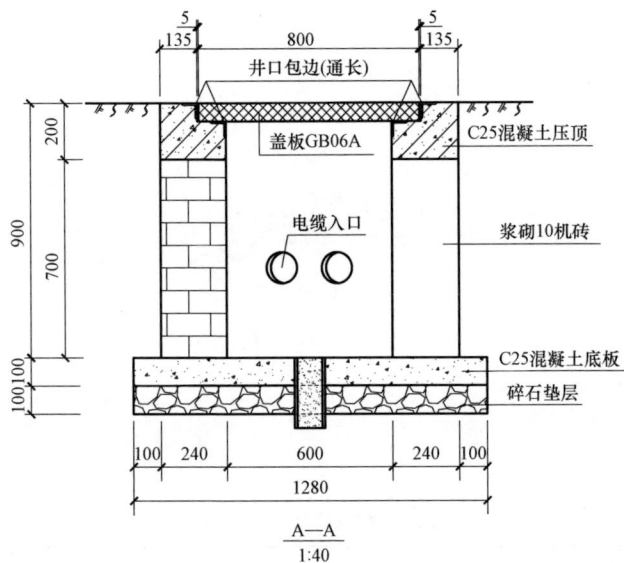

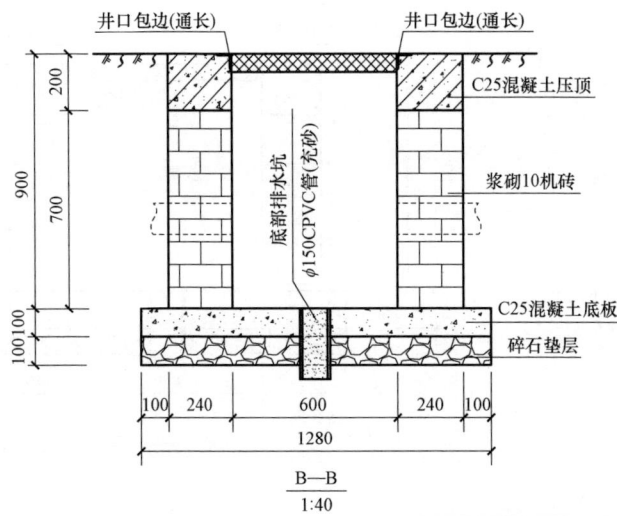

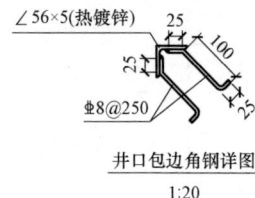

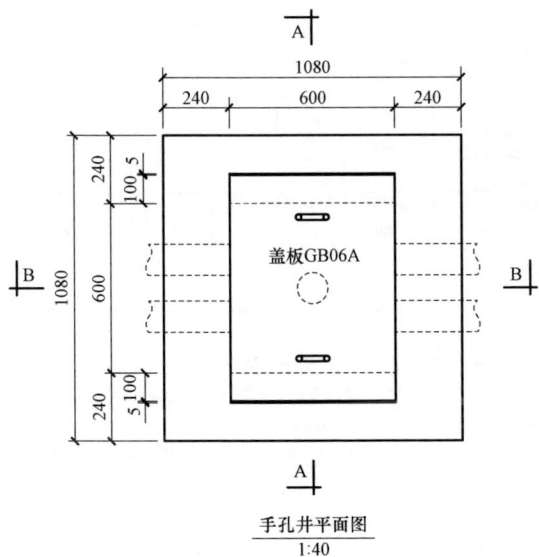

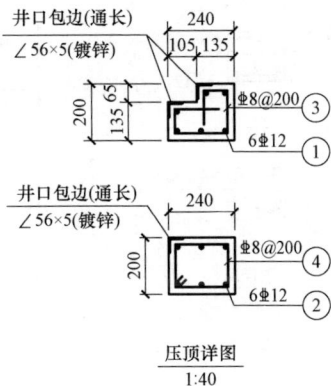

A—A
1:40

- 井口包边(通长)
- 盖板GB06A
- C25混凝土压顶
- 电缆入口
- 浆砌10机砖
- C25混凝土底板
- 碎石垫层

尺寸标注: 5 135 / 800 / 5 135, 200, 900, 700, 100 100, 100 240 600 240 100, 1280

B—B
1:40

- 井口包边(通长)
- C25混凝土压顶
- 底部排水坑
- φ150CPVC管(充砂)
- 浆砌10机砖
- C25混凝土底板
- 碎石垫层

尺寸标注: 200, 900, 700, 100 100, 100 240 600 240 100, 1280

井口包边角钢详图
1:20

∠56×5(热镀锌)
⏀8@250
尺寸: 25 25 100 25

手孔井平面图
1:40

- 盖板GB06A
- A, B剖面标注

尺寸: 1080, 240 600 240, 240 100 5, 600, 240 5 100, 1080

压顶详图
1:40

- 井口包边(通长)
- ∠56×5(镀锌)
- ⏀8@200 ③
- 6⏀12 ①
- 240, 105 135, 200, 135 65

- 井口包边(通长)
- ∠56×5(镀锌)
- ⏀8@200 ④
- 6⏀12 ②
- 240, 200

钢 筋 表

编号	规格	简图及尺寸	长度(mm)	数量	单位	质量(kg) 单件	质量(kg) 小计
①	⏀12	1030	1030	12	根	0.91	10.9
②	⏀12	1030	1030	12	根	0.91	10.9
③	⏀8	85 150 100 150 85 190	760	8	根	0.30	2.4
④	⏀8	190 150	780	12	根	0.31	3.7
合计							27.9kg

说明：1. 本图中的尺寸均以 mm 计。

2. 井壁采用浆砌 MU10 机砖，压顶及底板采用 C25 混凝土。

3. 钢筋牌号为 HPB300 及 HRB400，钢筋保护层厚度为 25mm。

4. 井内壁以 1:2 水泥砂浆光面，厚度为 20mm。

5. 井壁留孔的数量与尺寸由施工时根据实际需要确定，孔口至内壁部位应砌成喇叭口状。

6. 井盖板可采用复合材料定制产品，由相关生产厂家根据要求整体配套提供。

7. 井盖板上表面须设置电缆路径警示标识，样式及内容可由建设单位确定。

图 23-1　0.6m×0.6m×0.9m 手孔井（砖砌）盖板开启式 E-6-1

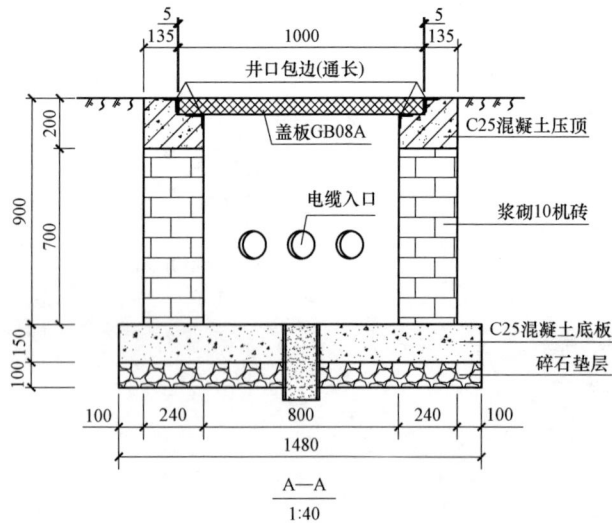

A—A
1:40

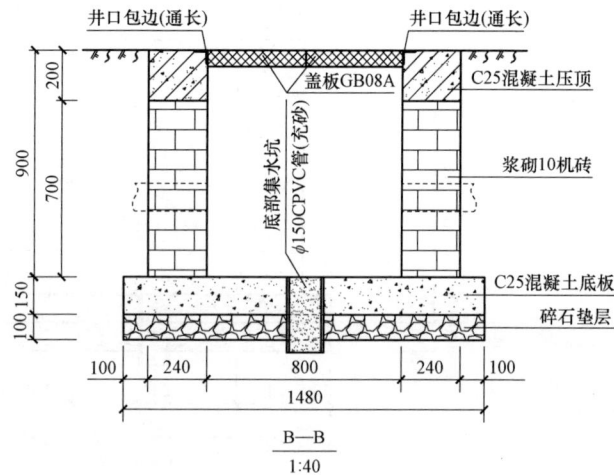

B—B
1:40

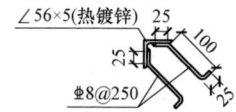

井口包边角钢详图
1:20

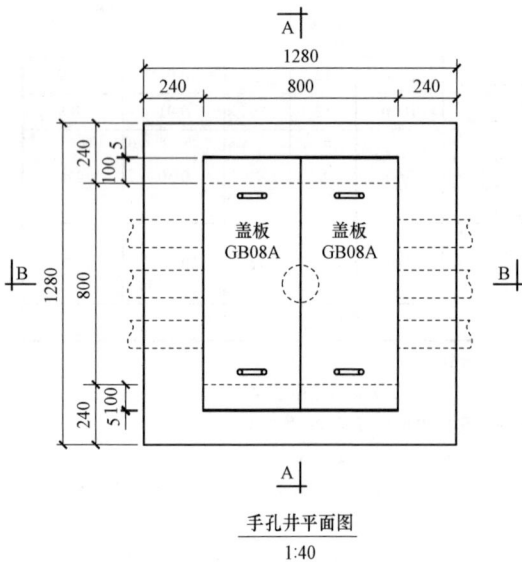

手孔井平面图
1:40

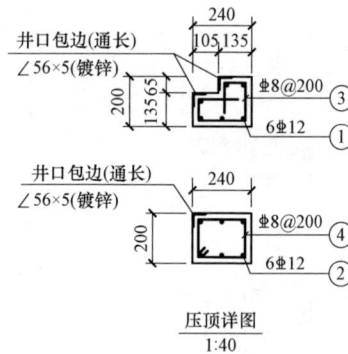

压顶详图
1:40

钢 筋 表

编号	规格	简图及尺寸	长度(mm)	数量	单位	质量（kg）	
						单件	小计
①	⏀12	1230	1230	12	根	1.09	13.1
②	⏀12	1230	1230	12	根	1.09	13.1
③	⏀8	85 150 100 150 85 190	760	10	根	0.30	3.0
④	⏀8	190 150	780	14	根	0.31	4.3
合计			33.5kg				

说明: 1. 本图中的尺寸均以 mm 计。

2. 井壁采用浆砌 MU10 机砖，压顶及底板采用 C25 混凝土。

3. 钢筋牌号为 HPB300 及 HRB400，钢筋保护层厚度为 25mm。

4. 井内壁以 1:2 水泥砂浆光面，厚度为 20mm。

5. 井壁留孔的数量与尺寸由施工时根据实际需要确定，孔口至内壁部位应砌成喇叭口状。

6. 井盖板可采用复合材料定制产品，由相关生产厂家根据要求整体配套提供。

7. 井盖板上表面须设置电缆路径警示标识，样式及内容可由建设单位确定。

图 23-2　0.8m×0.8m×0.9m 手孔井（砖砌）盖板开启式 E-6-2

A—A
1:40

井口包边(通长)　井口包边(通长)
盖板GB10A
C25混凝土压顶
电缆入口
浆砌10机砖
C25混凝土底板
碎石垫层

1200
135　5　5　135
200
900
700
100　150
100　240　1000　240　100
1680

B—B
1:40

井口包边(通长)　井口包边(通长)
盖板GB10A
C25混凝土压顶
底部集水坑
φ150CPVC管(无砂)
浆砌10机砖
C25混凝土底板
碎石垫层

200
900
700
100　150
100　240　1000　240　100
1680

∠56×5(热镀锌)　25　100
25
25
Φ8@250

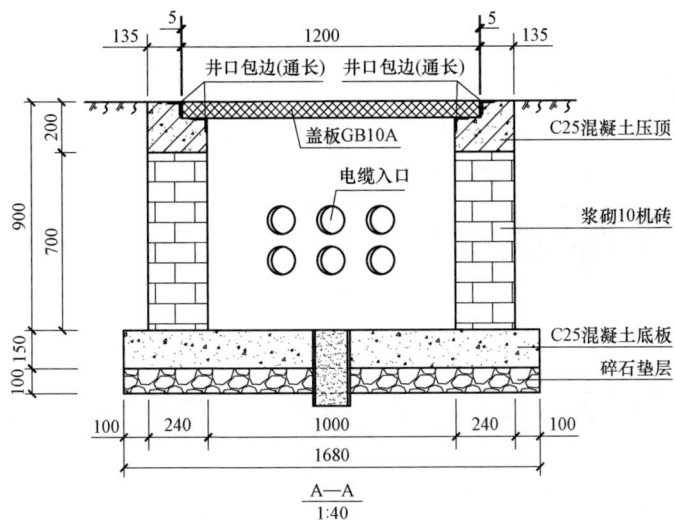

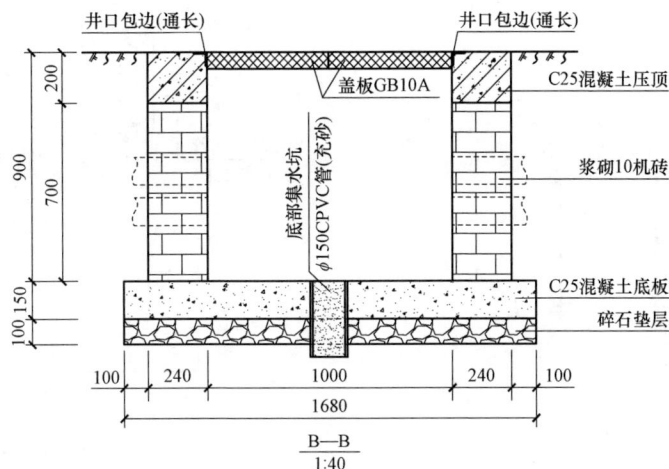

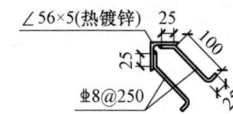

井口包边角钢详图
1:20

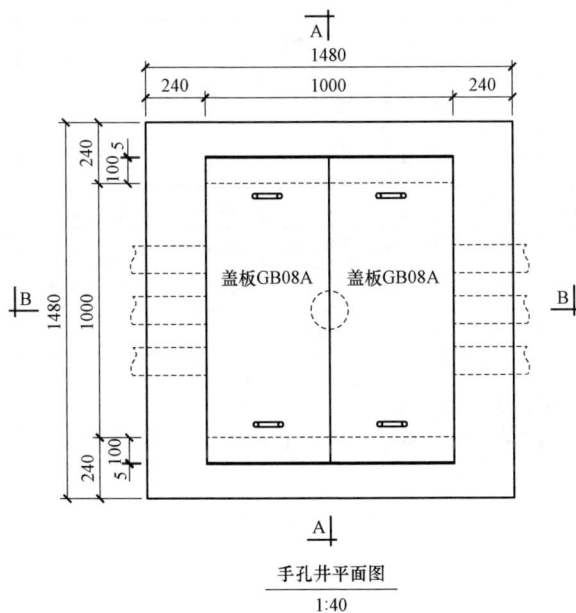

手孔井平面图
1:40

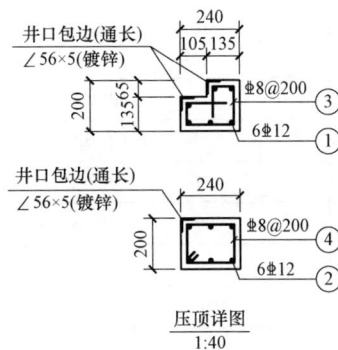

盖板GB08A　盖板GB08A

1480
240　1000　240
240　100　5
1000
240　5　100
1480

井口包边(通长)
∠56×5(镀锌)
240
105　135
135　65
200
Φ8@200 ③
6Φ12 ①

井口包边(通长)
∠56×5(镀锌)
240
200
Φ8@200 ④
6Φ12 ②

压顶详图
1:40

钢 筋 表

编号	规格	简图及尺寸	长度 (mm)	数量	单位	质量（kg）	
						单件	小计
①	Φ12	1430	1430	12	根	1.27	15.2
②	Φ12	1430	1430	12	根	1.27	15.2
③	Φ8	85 150 100 85 190 150	760	12	根	0.30	3.6
④	Φ8	190 150	780	16	根	0.31	5.0
合计			39.0kg				

说明：1. 本图中的尺寸均以 mm 计。

2. 井壁采用浆砌 MU10 机砖，压顶及底板采用 C25 混凝土。

3. 钢筋牌号为 HPB300 及 HRB400，钢筋保护层厚度为 25mm。

4. 井内壁以 1:2 水泥砂浆光面，厚度为 20mm。

5. 井壁留孔的数量与尺寸由施工时根据实际需要确定，孔口至内壁部位应砌成喇叭口状。

6. 井盖板可采用复合材料定制产品，由相关生产厂家根据要求整体配套提供。

7. 井盖板上表面须设置电缆路径警示标识，样式及内容可由建设单位确定。

图 23-3　1.0m×1.0m×0.9m 手孔井（砖砌）盖板开启式 E-6-3

拉环安装孔　　③　　拉环安装孔
65
① 两端与边框焊接

拉环安装孔
∠63×5边框
焊接，热镀锌处理
③　①
a
150　　b　　150
65

预制盖板
GB06A、GB08A、GB10A

内径φ20PVC管
拉环安装孔
100
内径φ20PVC管
拉环安装孔

两孔之间顶面开槽
25
25
盖板厚度 h
⊥16圆钢
120
200
−10钢板
10
80 丝扣长度
4M16螺母
2⊥18孔
30 30
60
30　100　30
160

盖板拉环详图
1:10

拉环安装孔　　③　　② 两端与边框焊接　拉环安装孔
100
① 两端与边框焊接
两端与边框焊接

槽钢[10边框
焊接，热镀锌处理
③
上层 ②
底层 ①
② ③ ①
a
150　　b　　150
100

预制盖板
GB06B、GB08B、GB10B

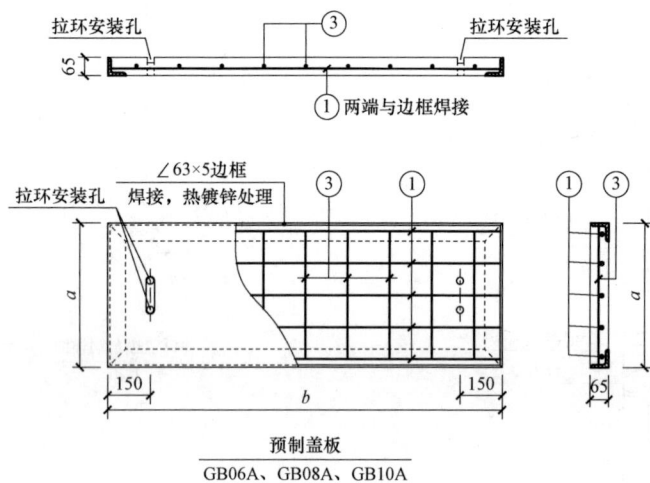

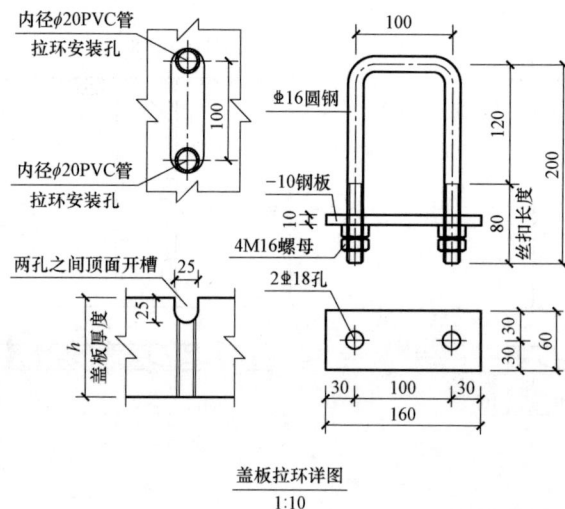

预 制 盖 板 配 置 表

序号	井口净宽 (mm)	盖板编号	盖板尺寸（mm）			钢筋配置			备注
			a（宽）	b（长）	h（厚）	①	②	③	
①	600	GB06A	598	800	65	5⊥12		⊥8@150	人行横道绿化带
②	800	GB08A	398	1000	65	4⊥12		⊥8@150	
③	1000	GB10A	498	1200	65	5⊥14		⊥10@150	
④	600	GB06B	598	800	100	6⊥12	6⊥10	⊥8@150	慢车道
⑤	800	GB08B	398	1000	100	5⊥14	5⊥10	⊥10@150	
⑥	1000	GB10B	498	1200	100	5⊥16	5⊥12	⊥10@150	

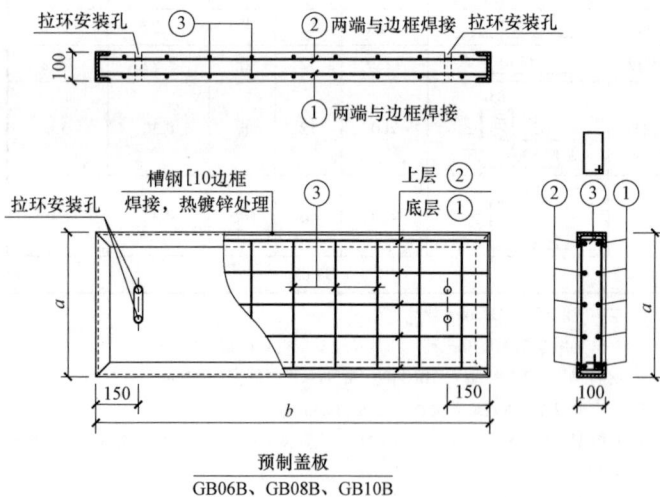

说明：1. 混凝土强度等级为 C30，主筋牌号为 HRB400，箍筋牌号为 HPB300。
　　　2. 预制盖板四周设置角钢/槽钢边框，边框外露表面采用热镀锌防腐处理，盖板下层纵向钢筋两端与边框焊接固定。
　　　3. 每块盖板均设拉环。

图 23−4　手孔井盖板制作图 E−T−19

380/220V 楼内线通用设计

第 24 章　设 计 技 术 原 则

24.1　概述

楼内线部分由多层住宅、中高层及以上住宅、沿街商户及别墅内总配电柜（箱）至户用计量箱的 380/220V 配电系统组成。

设计范围：楼内线部分由低压总配电装置至户用计量箱。

楼内线通用设计方案为推荐方案，视具体情况仅供参考。

计量装置按照 Q/GDW 11008—2013《低压计量箱技术规范》执行。

24.2　多层住宅

24.2.1　进户方式

（1）多层住宅采用 380/220V 电缆进户方式。

（2）电缆直埋进户时，穿钢管或必要的防护措施，在建筑室外地地下埋深不小于 0.5m，电缆保护管在室外端应伸出建筑基础（包括附加建筑物或散水坡）100～300mm。保护管内径不得小于使用电缆外径的 1.5 倍，且不小于 100mm，管壁厚度不应小于 4mm，敷设时应内高外低，水平倾斜应小于 30°。

（3）保护导管管口应光滑无毛刺，钢导管管口两端还应有护圈。接至电能计量箱的保护导管应伸入箱体内不小于 10mm。

（4）进户电缆的保护钢导管出、入管口，在电缆施工后应采用防水及防火的柔性封堵密封。

24.2.2　装置保护接地要求

（1）住宅宜采用联合接地方式，并应符合 GB 50057—2010《建筑物防雷设计规范》的相关规定。

（2）住宅建筑均采取总等电位连接措施，电源引入线处设置总等电位连接装置（多电源引入时，通过沿电缆桥架敷设的接地干线应将各电源处等总电位箱连成一体）。总等电位连接装置应将建筑物内保护干线、设备进线总管、建筑物金属构件进行连接，总等电位连接均采用各种型号的等电位卡子，绝不允许在金属管道上焊接。

（3）住宅建筑设专用的接地线，所有电气设备的金属外壳、构件、支架等均与 PE 线可靠连接。

（4）接地线的截面应符合热稳定要求，见表 24-1。

表 24-1　　　　　　　　接 地 线 截 面 要 求

装置的相线截面 S（mm²）	接地线的最小截面
$S \leqslant 16$	S
$16 < S \leqslant 35$	16
$35 < S \leqslant 400$	$S/2$
$400 < S \leqslant 800$	200
$S > 800$	$S/4$

24.3　中高层及以上住宅

24.3.1　进户方式

（1）中高层及以上住宅用电及建筑内 380/220V 供电的办公、商业、公建等用电采用 380/220V 电缆的进户方式，可设置安装 380/220V 供用电柜的专用配电间。配电间设置在地下一楼或一楼，层高不低于 2.6m。配电间室内地应高于室外地 0.15～0.30m。配电间门宽不小于 0.9m，高度不小于 2.1m。配电间门应向外开，室外应设有设备的运输通道。配电柜应选用上进下出方式，配电间配出电缆桥架梁下 0.3m 安装且底边距地不小于 2.2m。

（2）电缆进户应穿钢管或必要的防护措施保护，在建筑室外地地下埋深不小于 0.5m，电缆保护管在室外端应伸出建筑基础（包括附加建筑物或散水坡）100～300mm。保护管内径不得小于使用电缆外径的 1.5 倍，且不小于 100mm，管壁厚度不应小于 4mm，敷设时应内高外低，水平倾斜应小于 30°。

（3）进户电缆的保护钢导管出、入管口，在电缆施工后应采用防水及防火的柔性封堵密封。

24.3.2　380/220V 系统配置原则

（1）住宅楼的负荷等级应遵守 GB 51348—2019《民用建筑电气设计标准（共二册）》常用用电负荷分级的规定，消防电梯、应急照明等消防用电设备的负荷等级应符合消防电源的供电要求。其他未列入表 24−2 中的住宅建筑的用电负荷宜为三级。

表 24−2　　　　　　　住宅建筑主要用电负荷的分级

建筑规模	主要用电负荷名称	负荷等级
建筑高度 100m 或 35 层及以上的住宅建筑	消防用电负荷、应急照明、航空障碍照明、走道照明、值班照明、安防系统、电子信息设备机房、客梯、排污泵、生活水泵	一级
建筑高度小于 100m 且 19～34 层的一类高层住宅建筑	消防用电负荷、应急照明、航空障碍照明、走道照明、值班照明、安防系统、客梯、排污泵、生活水泵	一级
10～18 层的二类高层住宅建筑	消防用电负荷、应急照明、走道照明、值班照明、安防系统、客梯、排污泵、生活水泵	二级

（2）居民用电负荷与电梯、公共照明、消防类用电、生活用水泵等公共用电应分别设置出线回路。

（3）380/220V 配电系统，宜采用放射式、树干式或是二者相结合的方式。

供电半径原则上不得超过 150m。

（4）供电系统宜留有发展的备用回路。

（5）供配电系统设计应考虑三相用电负荷平衡。

24.3.3　垂直干线

（1）高层住宅建筑的垂直干线，每回路计算负荷电流根据计算容量确定，几个垂直干线回路的所供层面尽可能相等，采用预分支电缆、封闭式母线槽的布线方式，以三相四线及保护接地干线或三相五线全长放至各层面。

（2）预分支电缆或封闭式母线槽应敷设在独立设置的专用电气竖井内。

（3）每层面的预分支电缆分支线及封闭式母线插接式分线箱的引出接线端应为三相五线（含保护地线）。

（4）进层线一般采用三相敷设，不同楼层的单相进层线分别接于不同相位的垂直干线。零线截面与相线相同。

（5）垂直干线为预分支电缆时，应符合下列要求：

1）采用预分支电缆时，电缆截面根据计算容量确定。

2）预分支电缆的分支线应有足够的长度，进层线接入层面过路箱内，通过过路箱引出进层线接至计量箱的进线接线端。进层线的最小截面为 25mm²。

3）预分支电缆在每层面均应有明显的相色色标。

4）预分支电缆的分支接头与楼面的间距不小于 0.2m。

5）分相式预分支电缆的相序排列要求：面向预分支电缆正面从上到下、从前往后、从左到右，分别为 A、B、C、N 排列。

（6）垂直干线为普通电缆时，应符合下列要求：

1）采用普通电缆时，电缆截面根据计算容量确定。

2）普通电缆应敷设在专用电气竖井内的有实体盖板托盘式电缆桥架内，且电缆在托盘内横断面的填充率不应大于 40%。

3）电缆桥架内的电缆垂直敷设时，在上端及每隔 1～1.5m 处进行固定；水平敷设时，电缆的首、尾两端、转弯两侧及每隔 5～10m 处进行固定。

4）电缆桥架转弯处的弯曲半径，不应小于桥架内电缆最小允许弯曲半径的最大值。

（7）垂直干线为封闭母线形式时，应符合下列要求：

1）高层建筑 380/220V 配电干线宜采用封闭式母线形式，母线电流应根据计算容量确定，并宜留有裕度。一般可选用 400、630A 两种规格。

2）垂直敷设的封闭母线电源由电缆引入时，其始端应设母线转接箱；当终端无引出、引入线时，其顶端端头应封闭。

3）当封闭母线直线敷设长度超过80m时，每50～60m宜设置膨胀节；当跨越建筑物的伸缩缝及沉降缝时，应采取增设膨胀节及沉降节等防止母线伸缩或沉降的措施。当封闭母线随线路长度的增加和负荷的减少其截面需要变化时，应设置变容节。

4）垂直敷设的封闭母线的分支线应采用插接箱与母线相连，母线插接箱内设塑壳断路器，断路器额定电流根据分支线计算容量确定，一般选用160、250A两种规格。

5）多根封闭式母线并列敷设时，各相邻封闭母线间应预留维护、检修距离。

（8）其他要求按相关规范执行。

24.3.4　电气竖井

（1）电气竖井应尽量靠近用电负荷中心。

（2）避免邻近烟道、热力管道及其他散热量大的或潮湿的设施，在条件允许时要避开与电梯井相邻。

（3）强电和弱电线路不设置在同一竖井内，竖井内不应有与电气系统无关的管道通过。

（4）竖井井壁耐火极限不低于1h。

（5）竖井内应设置检修电源插座和照明灯。

（6）电气竖井应设置防水门槛，高度200mm。

（7）检修门应开向公共走廊，耐火等级不低于三级，竖井门应不小于0.8m×2.1m。

（8）竖井的大小应便于日后的运行维护。

（9）竖井内操作、维护间距不小于800mm（弹簧锁）。

（10）建筑内的电缆井、管道井应在每层楼板处采用不低于楼板耐火极限的不燃烧体或防火封堵材料封堵。

24.3.5　装置保护接地要求

（1）符合本章24.2.2的规定。

（2）接地应采用TN-C-S系统。

（3）金属电缆桥架及其支架和引入或引出电缆的金属导管应可靠接地，全长应不少于2处与接地干线（PE）相连。

（4）封闭式母线外壳及支架应可靠接地，全长应不少于2处与接地干线（PE）相连。

24.4　沿街商铺及别墅

（1）沿街商铺宜采用相对集中的户外装表方式，尽量靠近商铺但不妨碍正常通行的过道。

（2）独幢别墅。电能计量箱可采用落地式户外计量箱，计量箱应在公共区域；或采用挂墙式计量箱，安装在外墙合适位置，避免阳光直射造成表箱和表计老化故障。380/220V电缆由电缆分支箱穿保护管敷设进计量箱。进线380/220V电缆截面不低于25mm²（保护管管径不小于50mm²），用电容量大的，按实际需求选择电缆截面。

（3）联排别墅。采用相对集中的户外装表方式，有条件的联排别墅采用多表位计量箱，应安装在门洞、廊檐处的墙面或其他适合位置，避免阳光直射造成表箱和表计老化故障。

进线380/220V电缆截面不低于25mm²（保护管管径不小于50mm²）用电容量大的，按实际需求选择电缆截面。

24.5　方案划分

楼内线部分共分为3种方案，见表24-3。根据楼内线工程设计实际情况，设计略有差异。在10kV配电室（箱）低压出线后，分别考虑直接至户表、通过建设楼内低压总配电室（柜）再至户表、建设低压配电箱再至户表三种方式。以上三种方式是考虑满足不同地区应用方式、设计特点及地方有关建筑设计需求，供参考应用。

表24-3　　　　　楼　内　线　方　案　划　分

编号	方案名称	设计范围
LN-1	预分支电缆形式	楼内低压总配电柜—户用计量箱
LN-2	普通电缆形式	配电室低压侧—楼内低压配电箱—户用计量箱
LN-3	封闭母线形式	配电室低压侧—户用计量箱

第 25 章　楼内线预分支电缆形式通用设计方案

25.1　概述

本方案为楼内线预分支电缆形式通用设计,对应方案号 LN-1。

本方案采用两回路进线电源,需取自小区变电站不同低压母线侧,分别供居民用电负荷。

本方案住宅计量按一户一表原则,采用每层设置表箱方式,居民用电每层用户同一相供电,逐层逐相分配。

本方案配电间宜设置在一层或地下一楼,内设落地式低压电缆分支箱。

住宅低压配电采用分区树干式结构,供电半径原则上不宜超过 150m。

25.2　预分支电缆系统

25.2.1　电气部分

(1)本方案居民用电采用预分支电缆布线方式,设两路垂直干线,以三相四线及保护接地干线全长放至各层面。

(2)进层线:每层预分支电缆的分支线均采用电缆接入各层面过路箱内,通过过路箱引出进层线,再接至计量箱的进线接线端。

25.2.2　安装要求

(1)预分支电缆应敷设在独立设置的专用电气竖井内,竖井的大小应便于日后的运行维护,同时满足以下要求:

1)电气竖井应尽量靠近用电负荷中心。

2)避免邻近烟道、热力管道及其他散热量大的或潮湿的设施,在条件允许时要避开与电梯井相邻。

3)竖井内不应有与电气系统无关的管道通过。

4)竖井井壁耐火极限不低于 1h。

5)竖井内应设置检修电源插座和照明灯。

6)电气竖井应设置防水门槛,高度 200mm。

7)检修门应开向公共走廊,耐火等级不低于三级。

8)竖井内操作、维护间距不小于 800mm(弹簧锁)。

9)竖井内安装电能计量箱且不含其他线路时,竖井建议尺寸不小于

1.5m×0.8m(宽×深),竖井门应不小于 0.8m×2.1m(宽×高)。

(2)强电线路和弱电线路不宜设置在同一竖井内。

(3)预分支电缆安装按照 04D701-1《电气竖井设备安装》图集执行。

25.3　装置保护接地要求

住宅配电系统、外部防雷装置、防闪电感应、内部防雷装置、电气与电子等系统的接地系统共用接地装置,并应与引入的金属管线做等电位连接,联合接地电阻应小于 1Ω。利用建筑物基础钢筋作为接地装置,实测不满足 1Ω 要求需要增设人工接地装置。

当采用单独接地系统时,采用水平敷设的圆钢、扁钢或镀铜扁钢、镀铜钢绞线,垂直敷设的角钢、钢管、圆钢或镀铜钢棒。垂直敷设时,接地极的长度不应小于 2.5m,两根接地极之间的水平间距不应小于 5m。引出地面的接地线可采用圆钢、扁钢。

住宅建筑均采取总等电位连接措施,电源引入线处设置总等电位连接装置(多电源引入时,通过沿电缆桥架敷设的接地干线应将各电源处等总电位箱连成一体)。总等电位连接装置应将建筑物内保护干线、设备进线总管、建筑物金属构件进行连接,总等电位连接均采用各种型号的等电位卡子,不允许在金属管道上焊接。

金属电缆桥架及其支架和引入或引出电缆的金属导管应可接地,全长应不少于 2 处与接地干线(PE)相连。

25.4　案例

一栋 15 层高层居民住宅,一梯两户,每户用电容量按 8kW/户配置,每层两户用电容量共 16kW,每单元住户总用电容量共 240kW。计量采用一户一表,以每层设置 2 表位电能计量箱为例,居民用电每层用户同一相供电,逐层逐相分配,为使用电负荷尽量达到三相平衡,分两回路供电,一路供 1~9 楼居民用电负荷,总设备容量 144kW;另一路供 10~15 楼居民用电负荷,总设备容量 96kW。本楼配电间设置在地下一层,配置 2 台一进二出落地式低压电缆分支箱。

25.5 使用说明

实际设计方案参照 GB 51348—2019《民用建筑电气设计标准（共二册）》相关要求执行，本案例仅供参考，具体工程可根据住宅建筑面积及实际公建负荷确定。

计算负荷时，可根据地区经济发展水平选用合适的同时系数。

380/220V 配电干线的载流量裕度可按需确定。

住宅计量按一户一表原则分层集中设置。采用 380/220V 计量，可按不同用电类别装设总表或分回路集中装表计量。

25.6 设备材料清单

主要设备材料见表 25-1。

表 25-1 　　　　　　主 要 设 备 材 料

序号	设备名称	型号及规格	单位	数量	备注
1	一进二出电缆分支箱		台	2	
2	380/220V 阻燃预分支电缆	YFD－WDZC－YJY－0.6/1kV－1×185/1×35	m	200	以实测为准，附电缆终端

续表

序号	设备名称	型号及规格	单位	数量	备注
3	380/220V 阻燃预分支电缆	YFD－WDZC－YJY－0.6/1kV－1×120/1×35	m	260	以实测为准，附电缆终端
4	380/220V 阻燃电缆	WDZC－YJY－0.6/1kV－2×25+1×16	m	30	以实测为准，附电缆终端
5	热镀锌扁钢	50×5	m	100	以实测为准
6	过路箱		台	15	
7	电能计量箱	2 表位	台	15	

25.7 设计图

图纸目录见表 25-2。

表 25-2 　　　　　　图 　纸 　目 　录

图序	图名	备注
图 25-1	预分支电缆 15 层住宅单元垂直干线系统图（一梯二户）	

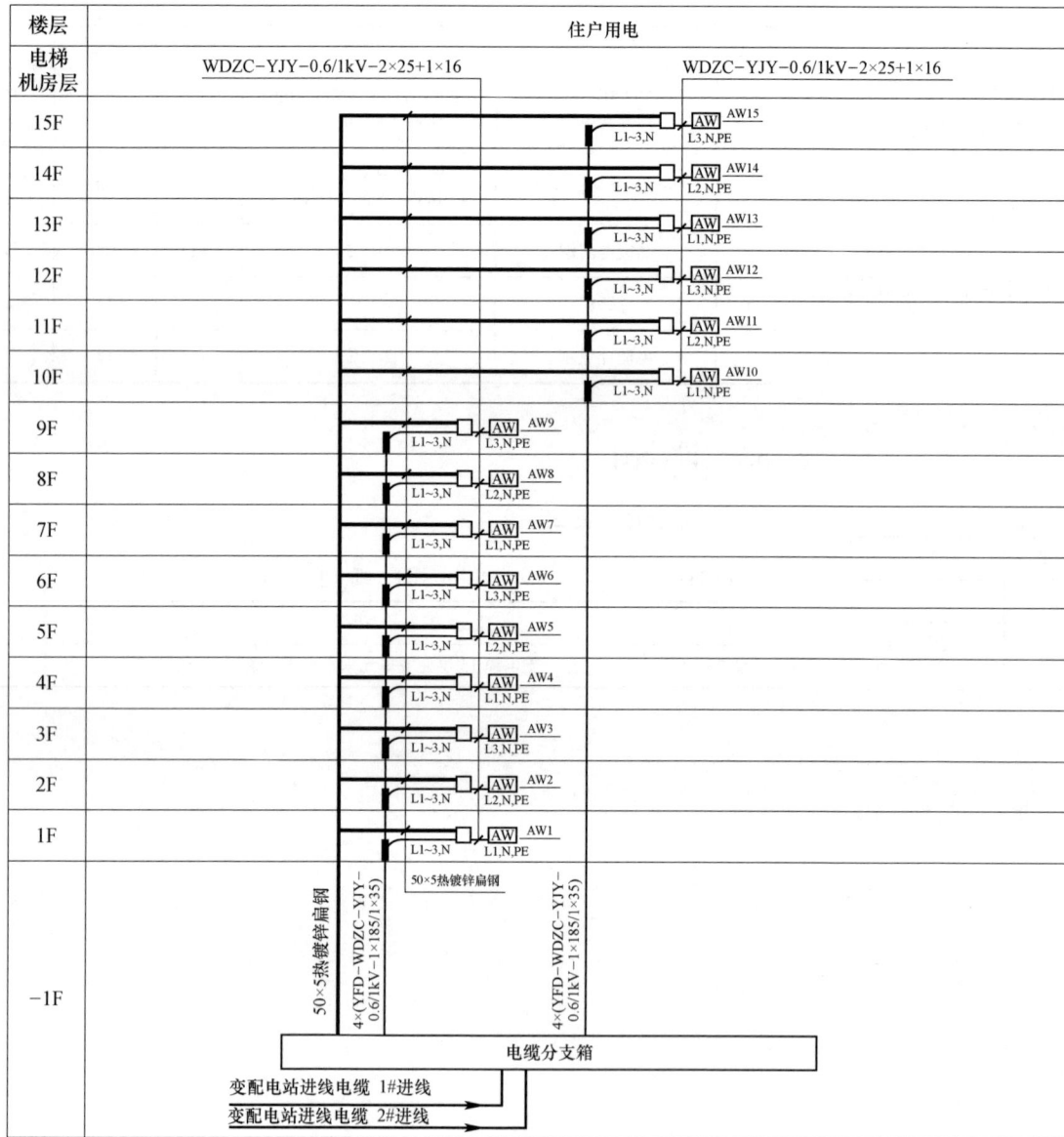

序号	符号	名称型号规格
1	□	过路箱
2	AW	2 表位电能计量箱
3	—	预分支电缆 $4 \times (\text{YFD} - \text{WDZC} - \text{YJY} - 0.6/1\text{kV} - 1 \times 185/1 \times 35\text{mm}^2)$
4	—	预分支电缆 $4 \times (\text{YFD} - \text{WDZC} - \text{YJY} - 0.6/1\text{kV} - 1 \times 120/1 \times 35\text{mm}^2)$
5	—	电力电缆 $\text{WDZC} - \text{YJY} - 0.6/1\text{kV} - 2 \times 25 + 16\text{mm}^2$
6	—	$50\text{mm} \times 50\text{mm}$ 热镀锌扁钢

图 25-1 预分支电缆 15 层住宅单元垂直干线系统图（一梯二户）

第 26 章　楼内线普通电缆形式通用设计方案

26.1　概述

本方案为普通电缆形式通用设计，对应方案号 LN-2。

380/220V 配电网一般采用放射式结构，供电半径原则上不得超过 150m。

26.2　普通电力电缆系统

26.2.1　电气部分

本方案居民用电采用普通电缆布线方式，设垂直干线，以三相四线及保护接地干线全长放至各层面。

26.2.2　安装要求

（1）普通电缆应敷设在独立设置的专用电气竖井内，竖井的大小应便于日后的运行维护，同时满足以下要求：

1）电气竖井应尽量靠近用电负荷中心。

2）避免邻近烟道、热力管道及其他散热量大或潮湿的设施，在条件允许时要避开与电梯井相邻。

3）竖井内不应有与电气系统无关的管道通过。

4）竖井井壁耐火极限不低于 1h。

5）竖井内应设置检修电源插座和照明灯。

6）电气竖井应设置防水门槛，高度 200mm。

7）检修门应开向公共走廊，耐火等级不低于三级。

8）竖井内操作、维护间距不小于 800mm。

9）竖井内安装电能计量箱且不含其他线路时，竖井建议尺寸不小于 1.5m×0.6m（宽×深），竖井门应不小于 0.8m×2.1m（宽×高）。

（2）普通电缆应敷设在专用电气竖井内的有实体盖板托盘式电缆桥架内，电缆桥架安装同时应满足以下要求：

1）电缆在托盘内横断面的填充率不应大于 40%。

2）电缆桥架内的电缆垂直敷设时，在上端及每隔 1～1.5m 处进行固定；水平敷设时，电缆的首、尾两端、转弯两侧及每隔 5～10m 处进行固定。

3）电缆桥架内的电缆应在首端、末端、分支处及每隔 50m 处，设有编号、型号及起、止点等标记。

4）电缆桥架水平敷设时，宜按荷载曲线选取最佳跨距进行支撑，跨距一般为 1.5～3m。垂直敷设时，其固定点间距不宜大于 2m。

5）直线段钢制超过 30m，铝合金或玻璃钢制超过 15m 时，宜设置伸缩节。电缆桥架跨越建筑物变形缝处，应设置补偿装置。

6）电缆桥架转弯处的弯曲半径，不应小于桥架内电缆最小允许弯曲半径的最大值。

7）电缆桥架不得在穿过楼板或墙壁处进行连接。

8）电缆桥架、构架应满足 GB 50217—2018《电力工程电缆设计标准》和 T/CECS 31—2017《钢制电缆桥架工程技术规程》的要求。

（3）强电线路和弱电线路不设置在同一竖井内。

（4）电缆桥架安装按照 04D701-1《电气竖井设备安装》图集执行。

26.3　装置保护接地要求

住宅配电系统、外部防雷装置、防闪电感应、内部防雷装置、电气与电子等系统的接地系统共用接地装置，并应与引入的金属管线做等电位连接，联合接地电阻应小于 1Ω。利用建筑物基础钢筋作为接地装置，实测若不满足小于 1Ω 要求需要增设人工接地装置。

住宅建筑均采取总等电位连接措施，电源引入线处设置总等电位连接装置（多电源引入时，通过沿电缆桥架敷设的接地干线应将各电源处等总电位箱连成一体）。总等电位连接装置应将建筑物内保护干线、设备进线总管、建筑物金属构件进行连接，总等电位连接均采用各种型号的等电位卡子，绝不允许在金属管道上焊接。

金属电缆桥架及其支架和引入或引出电缆的金属导管应可靠接地，全长应不少于 2 处与接地干线（PE）相连。

26.4　案例

一栋 6 层居民住宅，一梯两户，每户用电容量按 8kW/户配置，每层两户用电容量共 16kW，每单元住户总用电容量共 96kW。计量采用一户一表，以负一层设置 6 表位电能计量箱为例。本楼配电间设置在地下一层，配置 1 台一进三出落地式低压电缆分支箱。

一栋 15 层高层居民住宅，一梯四户，每户用电容量按 8kW/户配置，每层4 户用电容量共 32kW，每单元住户总用电容量共 480kW。计量采用一户一表，以分层设置 9 表位电能计量箱为例。本楼配电间设置在地下一层，配置 2 台一进六出落地式低压电缆分支箱。

26.5　使用说明

实际设计方案参照 GB 51348—2019《民用建筑电气设计标准（共二册）》相关要求执行，本案例仅供参考，具体工程可根据住宅建筑面积及实际公建负荷确定。

计算负荷时，可根据地区经济发展水平选用合适的同时系数。

380/220V 配电干线的载流量裕度可按需确定。

住宅计量按一户一表原则分层集中设置。采用 380/220V 计量，可按不同用电类别装设总表或分回路集中装表计量。

本设计方案可根据情况采用五芯电缆。

高层居民住宅宜采用无毒阻燃电缆。

26.6　设备材料清单

主要设备材料见表 26-1 和表 26-2。

表 26-1　　　　　主要设备材料（6 层，一梯两户）

序号	设备名称	型号及规格	单位	数量	备注
1	380/220V 电缆	ZC-YJY-0.6/1kV-4×35	m	60	以实测为准，附电缆终端
2	380/220V 电缆分支箱	一进三出	个	1	—
3	电能计量箱	6 表位	个	2	—
4	热镀锌扁钢	50×5	m	50	以实测为准

表 26-2　　　　　主要设备材料（15 层，一梯四户）

序号	设备名称	型号及规格	单位	数量	备注
1	380/220V 电缆	WDZC-YJY-0.6/1kV-4×50+25	m	320	以实测为准，附电缆终端
2	380/220V 电缆分支箱	一进六出	个	2	—
3	电能计量箱	9 表位	个	8	—

26.7　设计图

图纸目录见表 26-3。

表 26-3　　　　　　　图　纸　目　录

图序	图名	备注
图 26-1	普通电缆 6 层住宅单元垂直干线系统图（一梯二户）	
图 26-2	普通电缆 15 层住宅单元垂直干线系统图（一梯四户）	

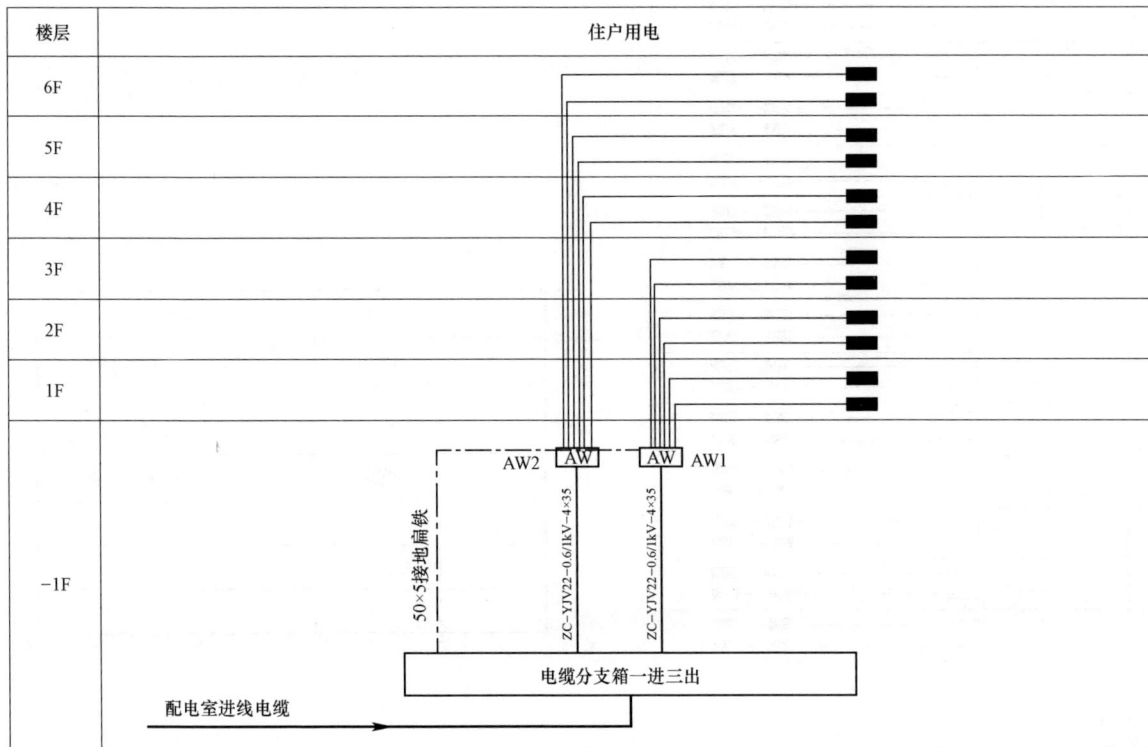

序号	符号	名称型号规格
1	$\boxed{AW}$	6 表位电能计量箱
2	——	电力电缆 ZC－YJV22－0.6/ 1kV－4×35mm²
3	—·—	接地扁铁 50×5
4	▉	住户配电箱（开发商负责）

图 26－1　普通电缆 6 层住宅单元垂直干线系统图（一梯两户）

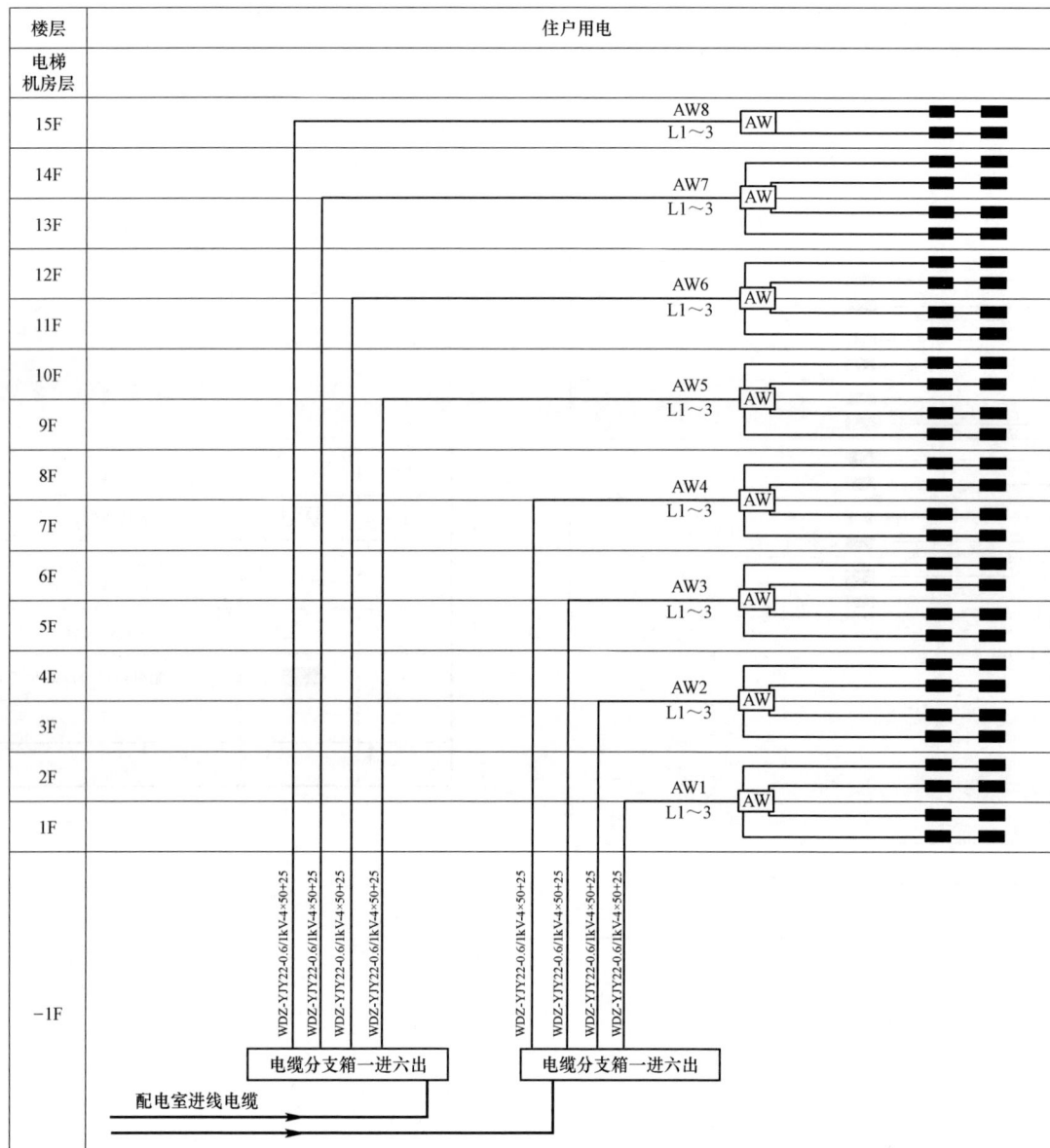

图 26-2　普通电缆 15 层住宅单元垂直干线系统图（一梯四户）

第27章 楼内线封闭母线形式通用设计方案

27.1 概述

本方案为楼内线封闭母线形式通用设计,对应方案号为LN-3。

住宅计量按一户一表原则采用每两层设置集中表箱方式设置,同时为满足今后居民负荷增长可能存在的三相用电需求,集中表箱进线均按三相供电考虑,三相负荷的平衡通过箱内单相电能表的合理分相配线实现;公建设施按不同用电类别以380/220V侧装设总表方式计量。

住宅380/220V配电采用分区树干式结构,供电半径原则上不宜超过150m。

考虑满足居民住宅负荷10年自然增长而不更换电缆及封闭母线的情况,本方案从配电室380/220V出开关至集中表箱段的所有导体均按1.5倍计算电流配置。

27.2 封闭母线系统

27.2.1 电气部分

(1)垂直干线:采用多组密集型母线槽,敷设在同一专用电气竖井内。其始端设电缆转接箱,顶端终端头应封闭。

(2)进层线:通过母线插接箱采用电缆接出至楼层集中电能表箱的进线接线端。插接箱内设塑壳断路器一只。

27.2.2 安装要求

(1)封闭母线应敷设在独立设置的专用电气竖井内,竖井的大小应便于日后的运行维护,同时满足以下要求:

1)电气竖井应尽量靠近用电负荷中心。

2)避免邻近烟道、热力管道及其他散热量大的或潮湿的设施,在条件允许时要避开与电梯井相邻。

3)竖井内不应有与电气系统无关的管道通过。

4)竖井井壁耐火极限不低于1h。

5)竖井内应设置检修电源插座和照明灯。

6)电气竖井应设置防水门槛,高度200mm。

7)检修门应开向公共走廊,耐火等级不低于三级。

8)竖井内操作、维护间距不小于800mm。

9)竖井内不安装电能计量箱且不含其他线路时,竖井建议尺寸不小于2.5m×1.2m(宽×深)或2m×1.5m(宽×深),竖井门应不小于0.8m×2.1m(宽×高)。

10)如表箱与封闭母线同竖井安装,需在竖井内考虑表箱安装及检修位置。

(2)强电线路和弱电线路不设置在同一竖井内。

(3)封闭母线安装按照04D701-1《电气竖井设备安装》图集执行。

27.3 装置保护接地要求

住宅配电系统、外部防雷装置、防闪电感应、内部防雷装置、电气与电子等系统的接地系统共用接地装置,应并与引入的金属管线做等电位连接,联合接地电阻应小于1Ω。利用建筑物基础钢筋作为接地装置,若实测不满足小于1Ω要求,需要增设人工接地装置。

当采用单独接地系统时,采用水平敷设的圆钢、扁钢或镀铜扁钢、镀铜钢绞线,垂直敷设的角钢、钢管、圆钢或镀铜钢棒。垂直敷设时,接地极的长度不应小于2.5m,两根接地极之间的水平间距不应小于5m。引出地面的接地线可采用圆钢、扁钢。

住宅建筑均采取总等电位连接措施,电源引入线处设置总等电位连接装置(多电源引入时,通过沿电缆桥架敷设的接地干线应将各电源处等总电位箱连成一体)。总等电位连接装置应将建筑物内保护干线、设备进线总管、建筑物金属构件进行连接,总等电位连接均采用各种型号的等电位卡子,不允许在金属管道上焊接。

封闭式母线外壳及支架应可靠接地,全长应不少于2处与接地干线相连。

接地系统为TN-C-S系统。

27.4 案例

本方案以高层居民住宅24层一梯四户为例,住宅用电容量按小户型8kW/户,中户型12kW/户配置,每层4户用电容量为40kW,每单元住宅总用电容量共960kW。宅计量按一户一表原则采用每两层设置9表位集中表箱方式设置。方案住宅分 4 路，采用封闭母线布线型式，分别供 1～6 楼、7～12 楼、13～18 楼及 19～24 楼居民用电负荷，每路计算容量 240kW。

27.5 使用说明

实际设计方案参照 GB 51348—2019《民用建筑电气设计标准（共二册）》相关要求执行。本方案仅供参考，具体工程可根据住宅建筑面积及实际公建负荷确定。

380/220V 配电干线的载流量裕度可按需确定。

封闭母线及插接箱可根据工程需要预留备用。

消防部门有要求时，插接箱内断路器应具备增加 2 组辅助触点（一动合一动断）和分励线圈的功能。

住宅计量按一户一表原则分层集中设置。采用 380/220V 计量，可按不同用电类别装设总表或分回路集中装表计量。

建筑物内电涌保护器的设置及选用由建筑电气根据 GB 50057—2010《建筑物防雷设计规范》统一考虑。

27.6 设备材料清单

主要设备材料见表 27－1。

表 27－1　　　　主 要 设 备 材 料

序号	名称	型号及规格	单位	数量	备注
1	380/220V 电缆	WDZC－YJY－4×50＋1×25	m	60	以实测为准，附电缆终端
2	密集型母线槽	630A	m	170	以实测为准
（1）	电缆转接箱	630A	只	4	—
（2）	母线插接箱	160A/3P	只	12	—
（3）	弹簧支架	—	副	30	—
3	集中电能表箱	9 表位	只	12	—

27.7 设计图

图纸目录见表 27－2。

表 27－2　　　　图 纸 目 录

图序	图名	备注
图 27－1	封闭母线 24 层住宅单元垂直干线系统图（一梯四户）	

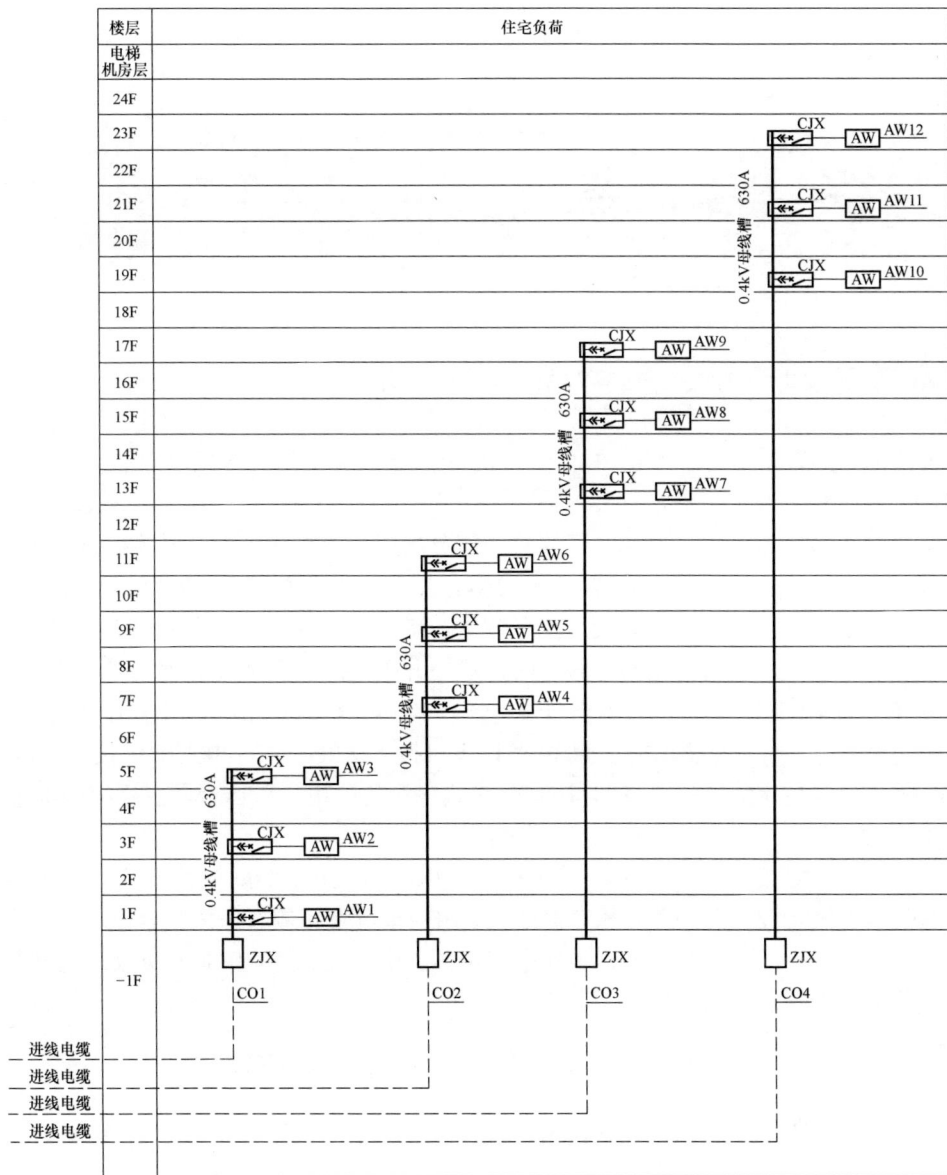

图 27-1 封闭母线 24 层住宅单元垂直干线系统图（一梯四户）

序号	符号	图例	名称
1		——	密集型母线槽
2		——	电缆
3	ZJX	▭	电缆转接箱
4	CJX	▧	母线插接箱
5	AW	AW	集中电能表箱（9 位表）

第六篇

综 合 篇

第28章 分布式电源接入、电动汽车接入部分

本章参照 Q/GDW 11147《分布式电源接入配电网设计规范》、Q/GDW 11148《分布式电源接入系统设计内容深度规定》、Q/GDW 11149《分布式电源接入配电网经济评估导则》和 GB/T 36278—2018《电动汽车充换电设施接入配电网技术规范》相关规定执行。

28.1 分布式电源接入配电网基本原则

（1）接入配电网的分布式电源按照类型主要包括变流器型分布式电源、感应电机型分布式电源及同步电机型分布式电源。

（2）分布式电源并入电网后应能有效输送电力并且确保电网的安全稳定运行。当公共连接点处并入一个以上的电源时，应总体考虑它们的影响。

（3）分布式电源接入系统方案应明确用户进线开关、并网点位置，并对接入分布式电源的配电线路载流量、变压器容量、开关短路电流遮断能力进行校核。

（4）分布式电源接入配电网，其电能质量、有功功率及其变化率、无功功率及电压、在电网电压/频率发生异常时的响应，均应满足现行国家和行业标准的有关规定。

（5）分布式电源接入系统工程应选用参数、性能满足电网及分布式电源安全可靠运行的设备。

（6）分布式电源的接地方式应与配电网侧接地方式一致，并应满足人身设备安全和保护配合的要求。

（7）通过380V电压等级并网的分布式电源的启停方式应与电网企业协商确定。

（8）变流器类型分布式电源接入容量超过本台区配变额定容量25%时，配变380/220V侧刀熔总开关应改造为380/220V总开关，并在配变380/220V母线处装设反孤岛装置；380/220V总开关应与反孤岛装置间具备操作闭锁功能，母线间有联络时，联络开关也应与反孤岛装置间具备操作闭锁功能。

（9）分布式电源并网电压等级可根据各并网点装机容量进行初步选择，推荐如下：8kW及以下可接入220V；8～400kW可接入380V。

（10）接有分布式电源的配电变压器台区，不得与其他台区建立低压联络（配电室低压母线间联络除外）。

（11）接入分布式电源的380（220）V用户进线计量装置后开关应具备电网侧失压延时跳闸、用户单侧及两侧有压闭锁合闸、电网侧有压延时自动合闸等功能，确保电网设备、检修（抢修）作业人员以及同网其他客户的设备、人身安全。

28.2 电动汽车接入配电网基本原则

应符合 GB/T 36278—2018《电动汽车充换电设施接入配电网技术规范》的要求。

（1）电压等级。充换电设施所选择的标称电压应符合 GB/T 156—2017《标准电压》的要求。电动汽车充换电设施（充电桩）接入电压等级建议：100kW

以上接入 10kV 电压等级，100kW 及以下采用 380V 接入，10kW 及以下单相设备 220V 接入。当供电半径超过本级电压规定时，应采用高一级电压供电。

（2）用户等级。具有重大政治、经济、安全意义的充换电站，或中断供电将对公共交通造成较大影响或影响重要单位的正常工作的充换电站，可作为二级重要用户，其他可作为普通用户。

（3）接入点。220V 充电设备，宜接入 380/220V 配电箱；380V 充电设备，宜接入 380/220V 线路或配电变压器的 380/220V 母线。

（4）设备、材料选择。供电线路、变/配电设备选择应满足 Q/GDW 1738 有关要求。

供电线路应有较强的适应性，导线截面宜综合充换电设施远期规划容量、线路全寿命周期一次选定。220/380V 线路原则上不宜超过 400m。

（5）供电电源。

1）充换电设施供电电源点应具备足够的供电能力，提供合格的电能质量，并确保电网和充换电设施的安全运行。

2）供电电源点应根据城市地形、地貌和道路规划选择，路径应短捷顺直，避免近电远供、交叉迂回。

3）属于二级重要用户的充换电设施宜采用双回路供电。

4）属于一般用户的充换电设施可采用单回线路供电。

（6）电能质量。电动汽车充换电设施接入配电网，其谐波、电压偏差、电压不平衡度、直流分量等均应满足现行国家和行业标准的有关规定。

（7）充电设施均应配备电能计量装置，宜具有以下功能：

1）提供对于有序充电的技术支持，使高峰负荷不叠加；

2）具备经济模式，能够适应峰谷电价的机制；

3）谐波检测和电能质量监测。

（8）新建居住小区应考虑给充电设施的配电容量留有裕度，交流小功率充电桩可设置在居住小区，应引导有序充电，避免高峰负荷叠加冲击配电网和谐波污染。

第 29 章　380/220V 标识及警示装置

29.1　概述

（1）380/220V 配电网标识及警示装置需满足"同时设计、同时施工、同时投产"的原则，遵循 Q/GDW 742《施工检修工艺规范》的要求。标识设计一方面参照我国变电站、开关站、配电网线路的相关设计规范，另一方面也结合日常的工作经验。标志设计力求简单、易用，同时兼顾降低成本，提高可执行性。

（2）380/220V 标识装置可分为搪瓷、不锈钢、粘贴式聚酯材料、油漆涂写、铝板材料等；380/220V 标识装置按功能可分为电杆号标识牌、柱上开关标识牌、电缆标识牌、线路相序标识牌、站号牌、站外组合标牌、设备室标牌、设备相关标识等。

（3）380/220V 警示装置可分为搪瓷、不锈钢、反光铝板和荧光材料等；380/220V 警示装置按功能可分为配电线路保护区警示牌、交叉跨越安全警示牌、禁止攀登警示牌、拉线反光警示标识、防撞警示标识、警示线标识、防撞警示台等。

29.2　配电

电力设备应按国家电网公司相关要求统一设置标识标牌，包括站号牌、站外组合标牌、设备室标牌、设备相关标识、警示线标识等。

（1）接地标识。接地线标识牌固定在地线接地端线夹上。

（2）室内及箱式设备内间隔名称标识牌。间隔名称标识牌贴在间隔设备的醒目位置。

（3）设备柜体上应粘贴（喷涂）设备名称、"止步""当心触电"等警示牌。

29.3　线路

（1）单回线路电杆号标识牌应悬挂在巡视易见一侧，多回线路电杆号标识牌在电杆上排列顺序、朝向应与线路一致，安装高度一般离地面 3m 处；柱上开关标识牌采用挂牌方式，一般悬挂于柱上开关构架上，单回路应悬挂在巡视易见一侧；多回路在电杆上的排列顺序、朝向应与线路一致；配电所出口处第一基电杆（电缆出线）、配电架空线路电缆引下处，悬挂于户外电缆头下方；

线路相序标识牌一般安装在每条线路的第一基电杆、分支杆及支线第一基杆、变换排列方式的电杆及其两侧电杆，排列方式采用从左至右方式。

（2）警示装置安装位置应正确、醒目，一般面向人员、车辆活动频繁的方向，一般应遵循以下原则。

1）先塔后路：对道路出入口或交叉地段有电杆且安装位置较明显的地段，应先考虑安装在电杆上，对无电杆地段再考虑安装在地面，但应注意安装位置避免成为交通安全隐患。

2）先面后点：对同一地段有多条线路跨越时，可适当考虑合并，在该地段区域两侧醒目位置安装标识牌。

3）先外后内：对人口密集区、施工作业区等地段应先考虑在主要道路出入口及有危及线路运行的机械设备附近安装标识牌。

4）先重后轻：标识牌安装应先考虑重点隐患地段，如交跨限距不够、施工作业区域、线路下方河道有船吊、堆场或易发生车辆撞杆事故的人口密集区等地段。

29.4 电缆

电缆路径沿途设置的警示带、标识桩、标识牌、标识块等应采用统一的电力标识。

29.4.1 警示带

主要用于直埋敷设电缆、排管敷设电缆、电缆沟敷设电缆和隧道敷设电缆的覆土层中。应在外力破坏高风险区域电缆通道宽度范围内两侧设置，如宽度大于 2m 应增加警示带数量。警示带颜色宜为黄底红字，并需留有服务电话，样式如图 29-1 所示。

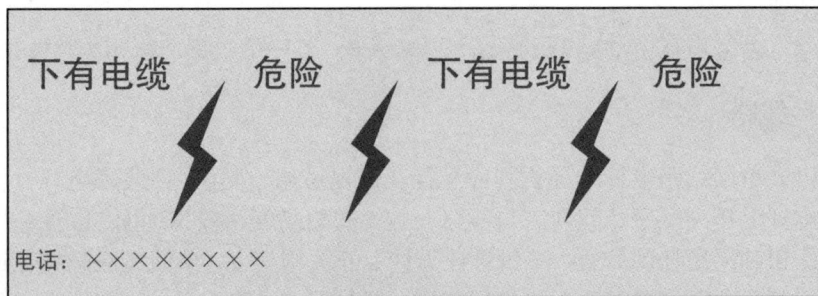

图 29-1　警示带样式

29.4.2 标识牌

在电缆终端头、电缆接头、拐弯处、夹层内、隧道的两端、井室内等地方的电缆上应装设标识牌。电缆沟、隧道内电缆本体上，应每间隔 50m 加挂电缆标识牌。电缆排管进出口处，加挂电缆标识牌。标识牌上应标明线路编号。无编号时，应写明电缆型号、规格及起讫点、投运日期、施工单位等信息。并联使用的电缆应有顺序号。标识牌的字迹应清晰不易脱落，规格应统一，材质应能防腐，挂装应牢固。

标识牌规格宜为 80mm×150mm，白底黑字，在其长边两端打孔。采用塑料扎带、捆绳等非导磁金属材料牢固固定。电缆标识牌样式如图 29-2 所示。

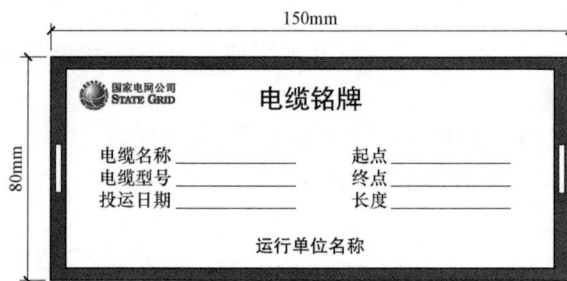

图 29-2　电缆标识牌样式

29.4.3 标识桩、标识贴

标识桩一般为普通钢筋混凝土预制构件，表面喷涂料，颜色宜为黄底红字。敷设路径起、终点及转弯处，以及直线段每隔 20m 应设置一处，当电缆路径在绿化隔离带、灌木丛等位置时可延至每隔 50m 设置一处。样式如图 29-3 所示，具体根据周边环境决定尺寸及埋深，标识桩参数见表 29-1。

直埋电缆在人行道、车行道等不能设置高出地面的标志时，可采用平面标识贴。电缆标识贴应牢靠固定于地面，宜选用树脂反光或不锈钢等耐磨损耐腐蚀的材料。树脂反光材料背面用网格地胶固定；不锈钢材料背面做好锚固件。

标识贴规格宜为 120mm×80mm，形状、大小可根据地面状况适当调整。

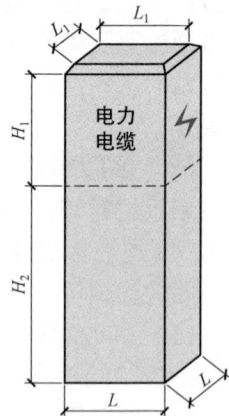

图 29-3　标识桩样式

表 29－1　　　　　　　标 识 桩 参 数

参数符号	数值（mm）
L_1	80
H_1	150
H_2	250
L	100
α	45°

表 29－2　　　　　　　线路常见低压标识及警示装置示例图清单

图序	图名	备注
图 29－5	单回路杆塔标识牌图	
图 29－6	多回路杆塔标识牌图	
图 29－7	户外柱上开关标识牌图	
图 29－8	配电线路相序标识牌图	
图 29－9	禁止标识牌图	
图 29－10	警告标识牌图	
图 29－11	拉线标志套管标识牌图	
图 29－12	380V 配电线路电杆防撞标识图	

标识贴上应有电缆线路方向指示，电缆井周围 1m 范围内，各方向通道上均应设置标识贴，样式如图 29－4 所示。

图 29－4　标识贴样式

29.5　常见线路标识及警示装置示例图

线路常见低压标识及警示装置示例图清单见表 29－2。

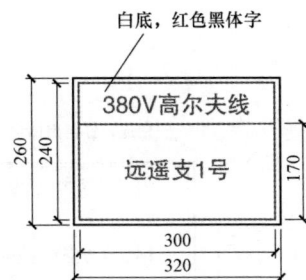

说明：1. 杆塔标识牌的基本形式一般为矩形，白底，红色黑体字，字号可根据设备大小进行适当调整。
　　　2. 杆号牌采用铝板制作，推荐采用热转印打印粘贴、腐蚀、丝网印刷工艺，不允许采用搪瓷牌。标识牌应柔软、韧性好、不断裂、不变色，四边打孔用宽 10mm，长不低于 1200mm 的不锈钢闭锁式扎带穿过。
　　　3. 标识牌应具有防水、防腐、耐候功能。

图 29－5　单回路杆塔标识牌图

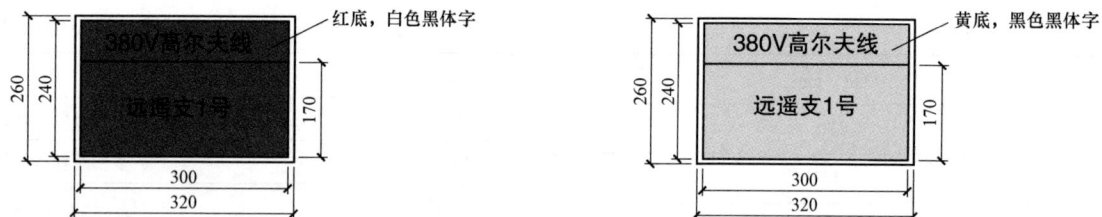

说明：1. 杆塔标识牌的基本形式一般为矩形，白底，红色黑体字，字号可根据设备大小进行适当调整。

2. 同杆塔架设的双回线路应在横担上设置鲜明的异色标识加以区分，各回路标识牌底色应与本回路色标一致，白色黑体字（黄底时为黑色黑体字），色标颜色按照红黄排列使用。

3. 杆号牌采用铝板制作，推荐采用热转印打印粘贴、腐蚀、丝网印刷工艺，不允许采用搪瓷牌。标识牌应柔软、韧性好、不断裂、不变色，四边打孔用宽 10mm，长不低于 1200mm 的不锈钢闭锁式扎带穿过。

4. 标识牌应具有防水、防腐、耐候功能。

图 29-6　多回路杆塔标识牌图

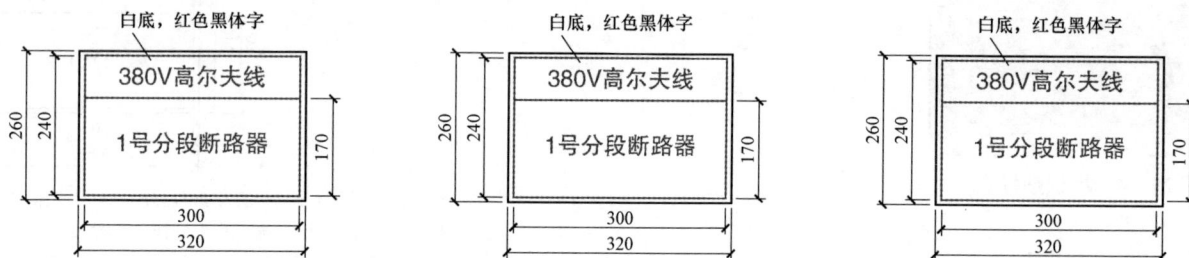

说明：1. 杆塔标识牌的基本形式一般为矩形，白底，红色黑体字，字号可根据设备大小进行适当调整。

2. 标识牌采用铝板制作，推荐采用热转印打印粘贴、腐蚀、丝网印刷工艺，不允许采用搪瓷牌。标识牌应柔软、韧性好、不断裂、不变色，四边打孔用宽 10mm，长不低于 1200mm 的不锈钢闭锁式扎带穿过。

3. 标识牌应具有防水、防腐、耐候功能。

图 29-7　户外柱上开关标识牌图

A、B、C文字字体颜色均为白色

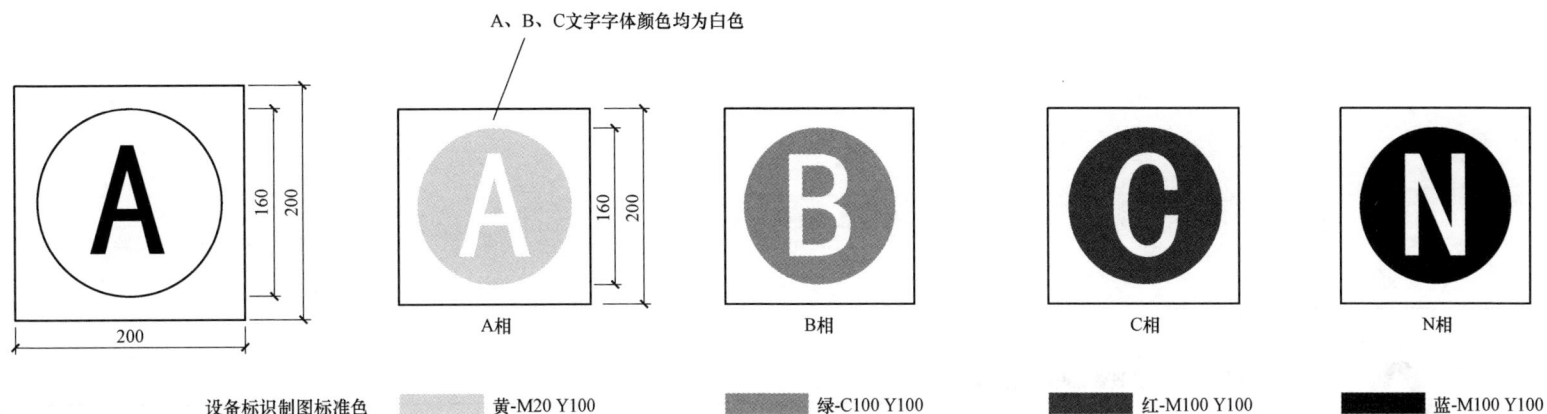

A相

B相

C相

N相

设备标识制图标准色   ▬ 黄-M20 Y100   ▬ 绿-C100 Y100   ▬ 红-M100 Y100   ▬ 蓝-M100 Y100

说明：1. 架空配电线路相序标识采用黄、绿、红、蓝4色表示A、B、C、N相，材质采用铝板。

2. 相序标识基本形状如图所示，字体颜色白色，字体采用黑体加粗。

3. 杆塔距离观测地点太远，也可适当改变相序牌尺寸。

图29-8　配电线路相序标识牌图

设备标识制图标准色

▬ 红-M100 Y100

▬ 黑-K100

禁止攀登 高压危险

未经许可 不得入内

禁止合闸 有人工作

说明：1. 禁止标识牌长方形衬底色为白色，带斜杠的圆边框为红色，标识符号为黑色，辅助标识为红底白字、黑体字，字号根据标识牌尺寸、字数调整，采用铝合金板制成。

2. 提示性文字一般以"禁止""严禁"开始。

图29-9　禁止标识牌图

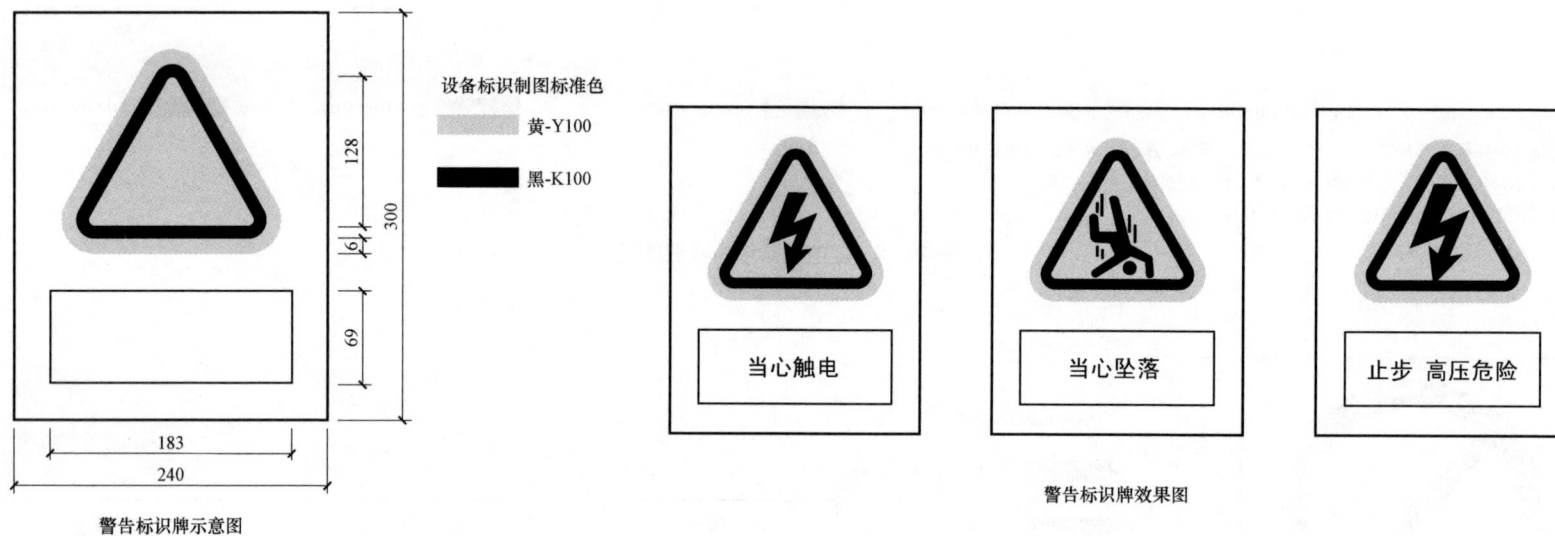

设备标识制图标准色

黄-Y100

黑-K100

警告标识牌示意图

当心触电

当心坠落

止步 高压危险

警告标识牌效果图

说明：1. 警告类标识基本形式如图所示。标识是一长方形衬底牌，上方是警告标识（正三角形边框），下方是文字辅助标识（矩形边框）。图形上、中、下间隙，左、右间隙相等。
     2. 警告标识牌长方形衬底色为白色，正三角形边框底色为黄色，边框及标识符号为黑色，辅助标识为白底黑字、黑体字，字号根据标识牌尺寸、字数调整，采用铝板制成。

图 29－10 警告标识牌图

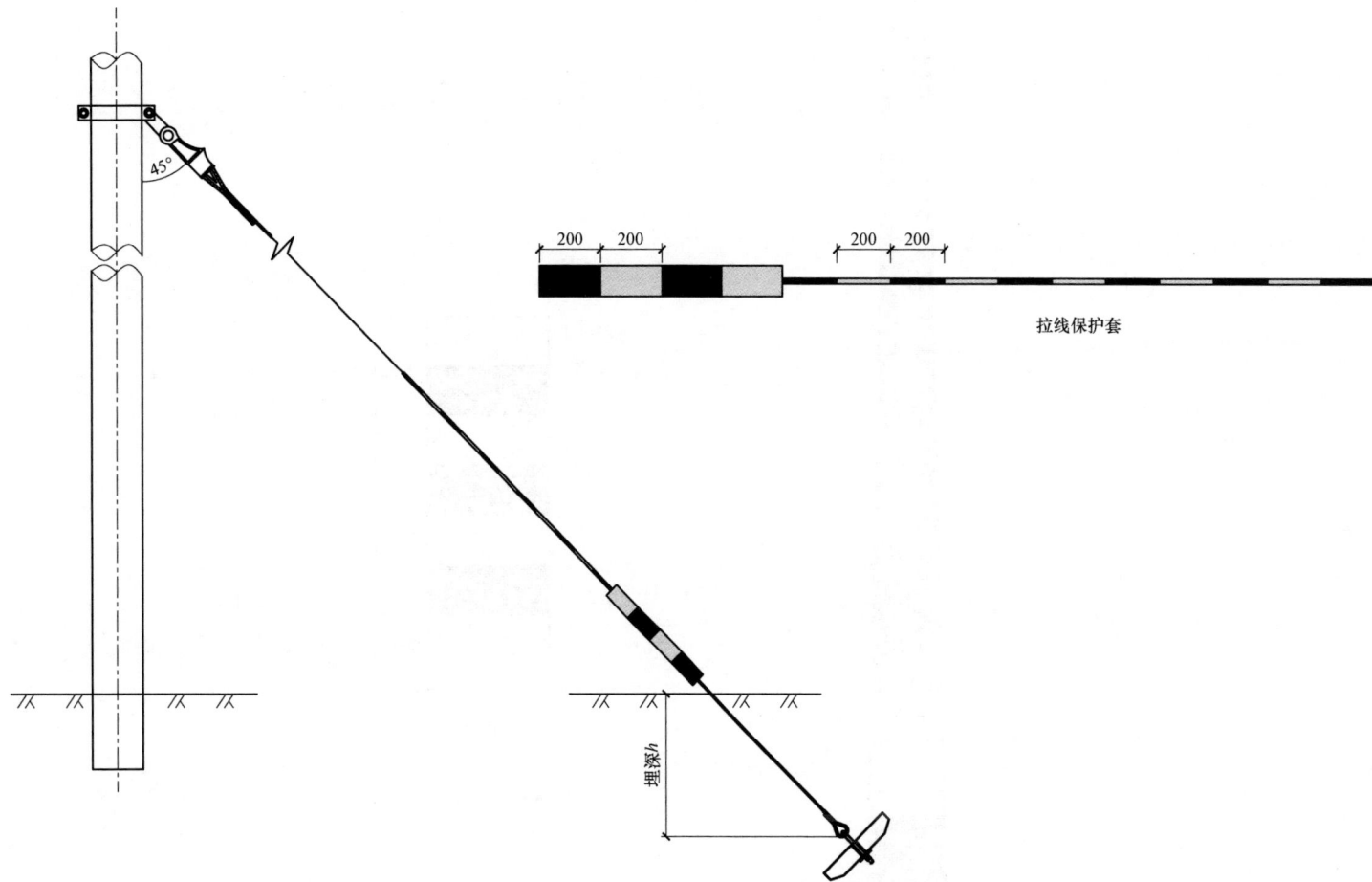

说明：1. 城区或村镇的 10kV 及以下架空线路的拉线，应根据实际情况配置拉线警示管，拉线警示管黑黄相间，黑黄相间 200mm。

2. 拉线警示管应使用反光漆。

3. 拉线警示管应紧贴地面安装，顶部距离地面垂直距离不得小于 2m。

图 29-11　拉线标志套管标识牌图

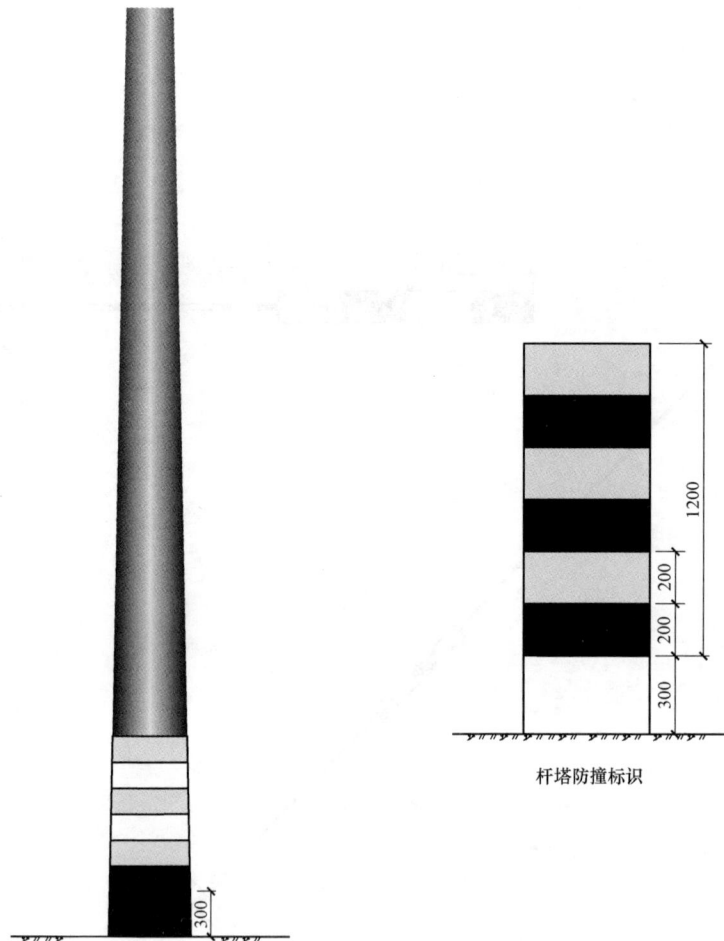

杆塔防撞标识

说明：1. 在公路沿线的杆塔，容易被车辆碰撞时，应粘贴警示板或喷涂反光涂料进行警示标识。

2. 应在杆部距地面 300mm 以上面向公路侧沿杆一周粘贴警示板或喷涂警示标识，警示板或喷涂标识为黑黄相间，高 1200mm（黑 3、黄 3、宽 200mm）。

图 29－12　380V 配电线路电杆防撞标识图